JN084198

ΣBEST シグマベスト

これでわかる理科 小学6年

文英堂編集部　編

文英堂

特別ふろく 要点チェックカード

1 燃え続ける方法 (p.5)

たえず 新しい ［　］ が必要。

上下２か所に出入り口をつくると，よく燃える。

2 空気の成分 (p.5)

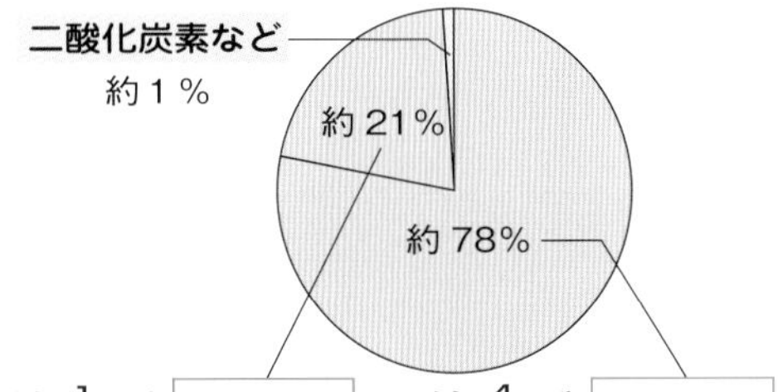

約$\frac{1}{5}$が ［　］　約$\frac{4}{5}$が ［　］

3 燃える前と後の空気 (p.5)

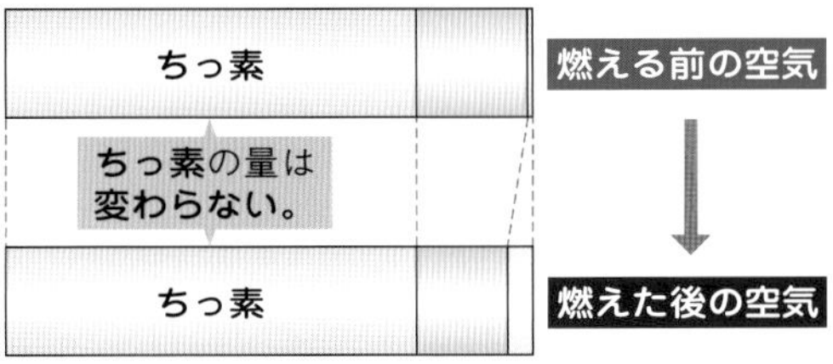

［　］がへる。［　］がふえる。

4 呼(こ) 吸(きゅう) (p.21)

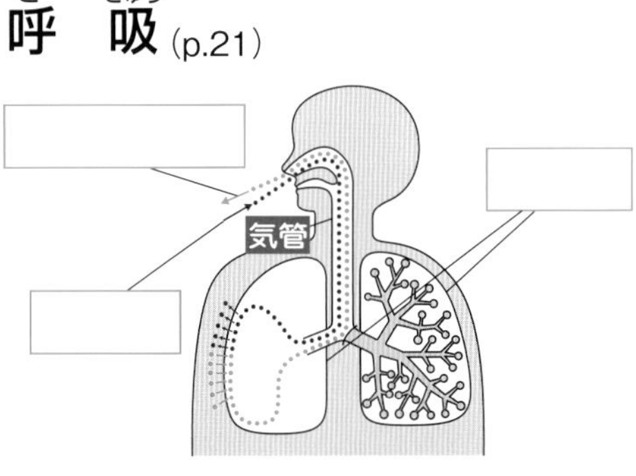

5 食物の消化 (p.21)

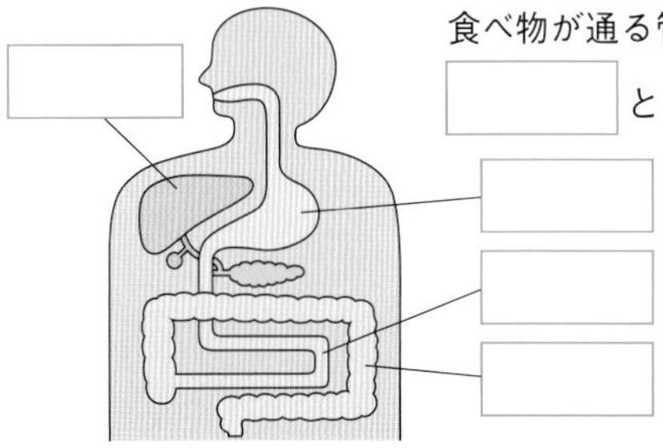

食べ物が通る管を ［　］ という。

6 養分の吸収 (p.21)

［　］で吸収される。

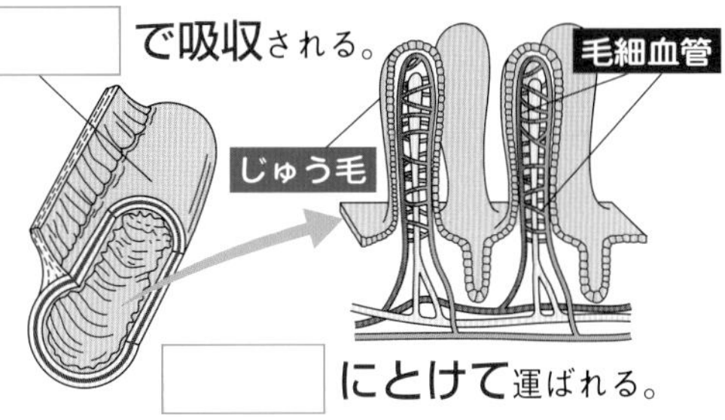

［　］にとけて運ばれる。

7 血液のじゅんかん (p.21)

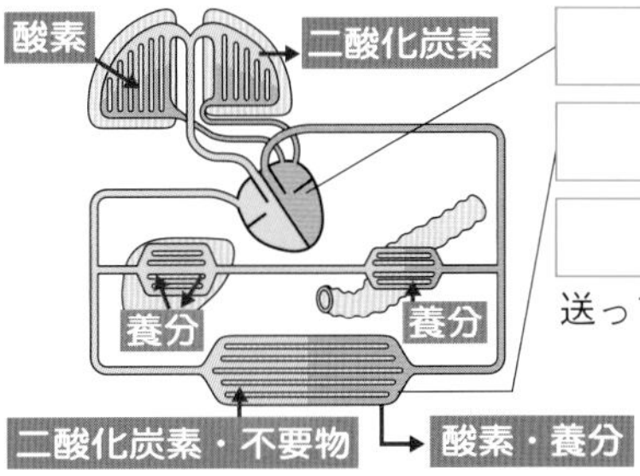

［　］が ［　］に ［　］を 送っている。

8 たねいものでんぷん (p.41)

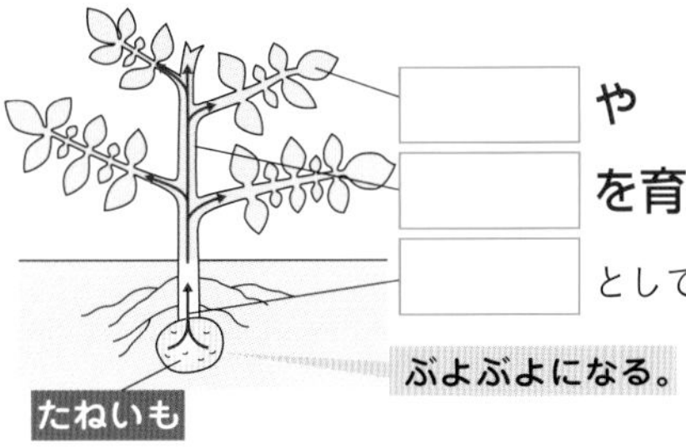

［　］や ［　］を育てる ［　］として使われる。

9 植物の中の水 (p.41)

［　］から とり入れた水は，［　］の中を 通って葉まで運ばれる。

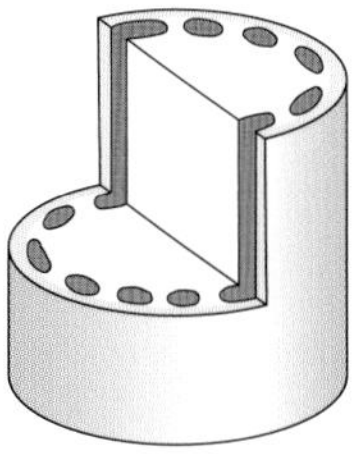

5 食物の消化

かん臓

食べ物が通る管を 消化管 という。

胃

小腸

大腸

カードの使い方としくみ

ミシン目で切り取ってください。リングにとじて使えば便利です。

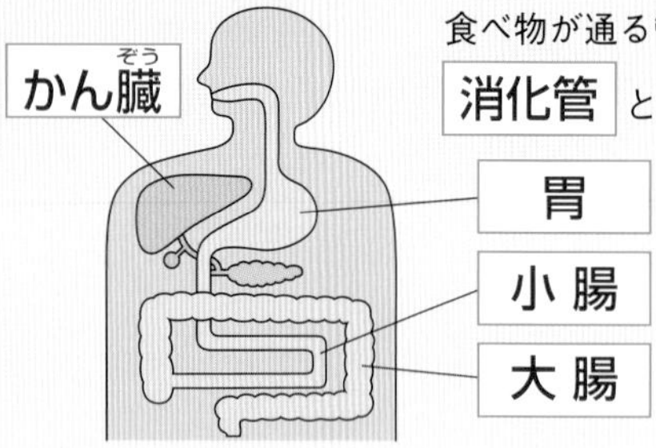

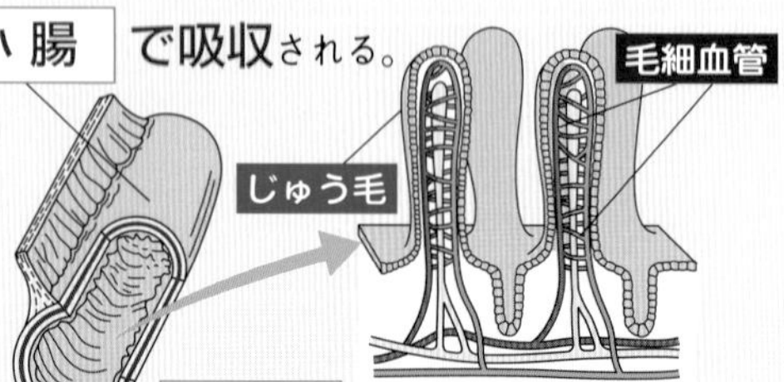

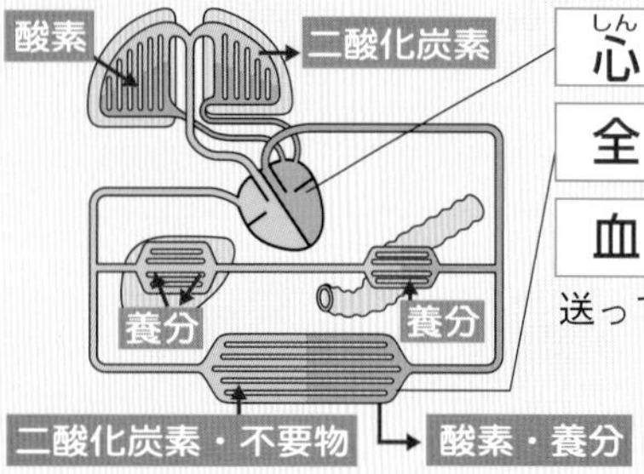

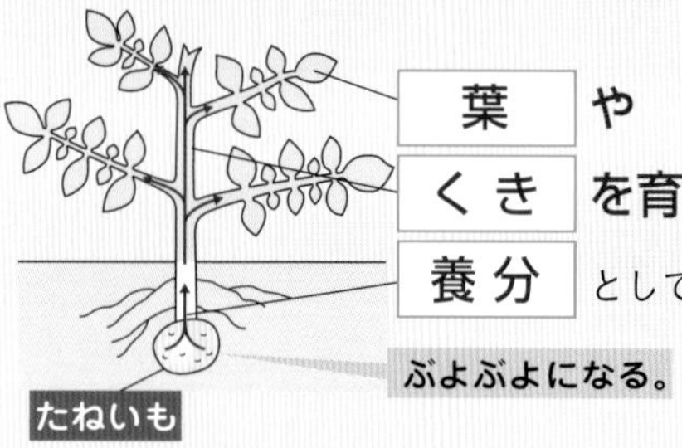

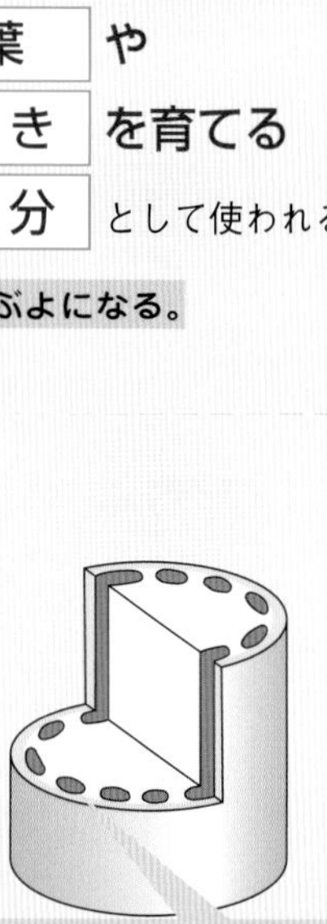

● カードの表には要点チェックの問題が，カードの裏にはチェック問題の答えと説明がのっています。
● わからなかったり，まちがえたりしたところは，本冊を読み直しましょう。

6 養分の吸収

小腸 で吸収される。

毛細血管

じゅう毛

血液 にとけて運ばれる。

1 燃え続ける方法

たえず新しい 空気 が必要。

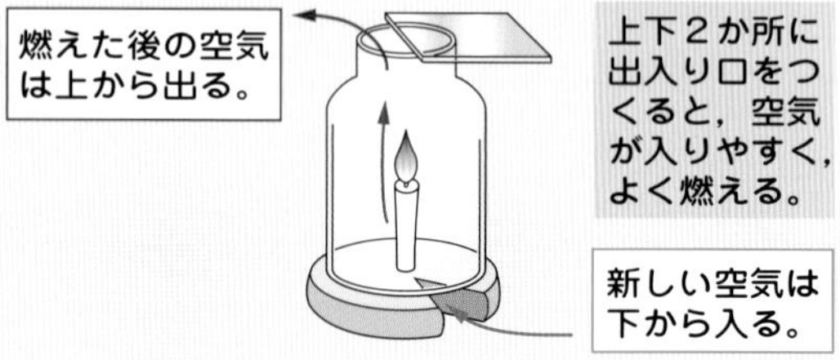

燃えた後の空気は上から出る。

上下2か所に出入り口をつくると，空気が入りやすく，よく燃える。

新しい空気は下から入る。

7 血液のじゅんかん

酸素 ➡ 二酸化炭素

心臓 が

全身 に

血液 を送っている。

養分　養分

二酸化炭素・不要物 ➡ 酸素・養分

2 空気の成分

二酸化炭素など 約1%

約21%

約78%

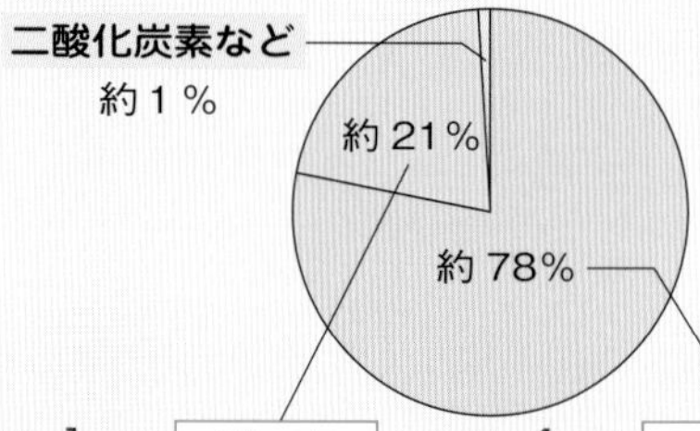

約 $\frac{1}{5}$ が 酸素　約 $\frac{4}{5}$ が ちっ素

8 たねいものでんぷん

葉 や

くき を育てる

養分 として使われる。

ぶよぶよになる。

たねいも

3 燃える前と後の空気

| ちっ素 | 酸素 |
燃える前の空気
二酸化炭素など

ちっ素の量は変わらない。

| ちっ素 | 酸素 |
燃えた後の空気
二酸化炭素など

酸素 がへる。 二酸化炭素 がふえる。

9 植物の中の水

根 から

とり入れた水は，

くき の中を

通って葉まで運ばれる。

ホウセンカのくきには，水の通る管が，輪になってならんでいる。

4 呼 吸

二酸化炭素

鼻

肺

気管

酸素

肺ほう

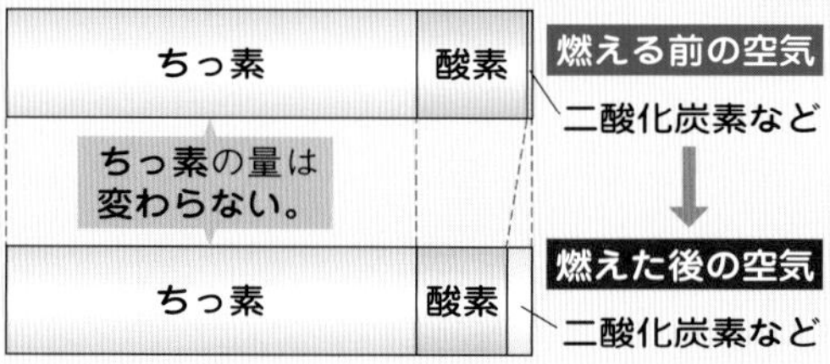

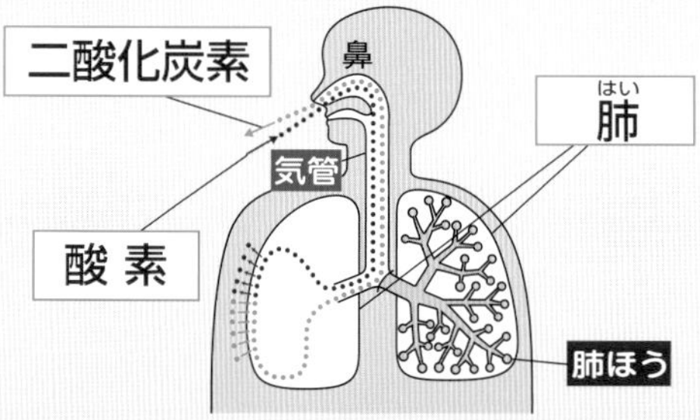

10 光合成 (p.41)

植物は [　　　] を受け，

養分となる [　　　] をつくる。

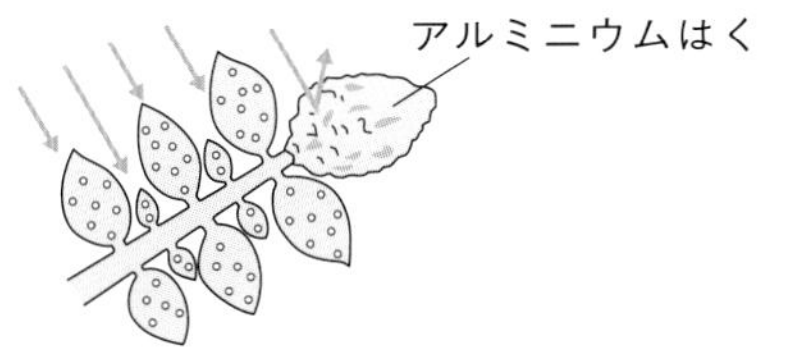

11 植物の水の蒸発(じょうはつ) (p.41)

植物の水は [　　　] の表面にある [　　　]

から蒸発する。

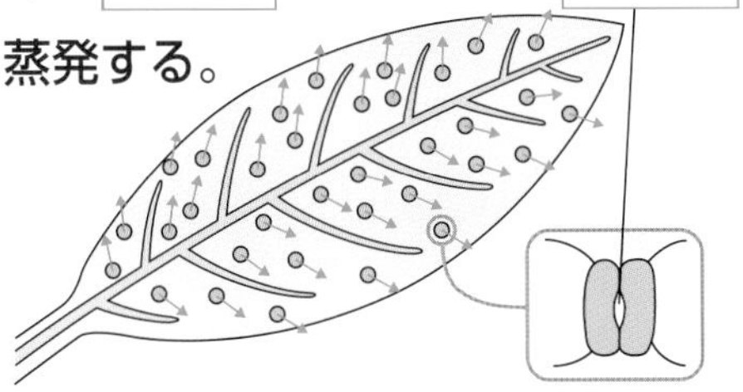

12 生物と水 (p.57)

生物に必要な物やいらない物は，

体内の [　　　] が運んでいる。

13 生物と空気 (p.57)

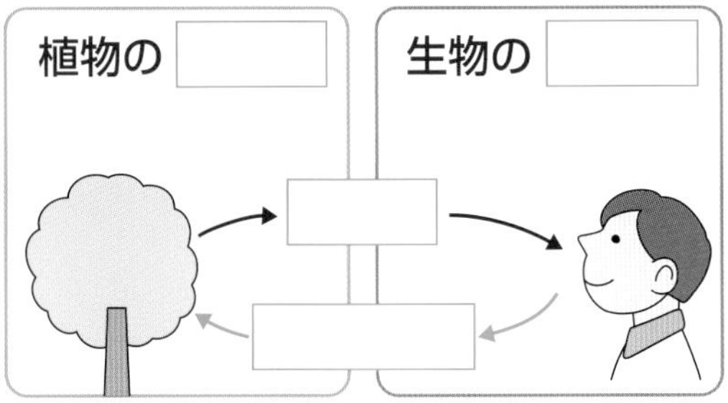

14 食物連鎖(れんさ)① (p.57)

植物は [　　　] を

受けて [　　　] を

おこない，養分をつく

りだすことができる。

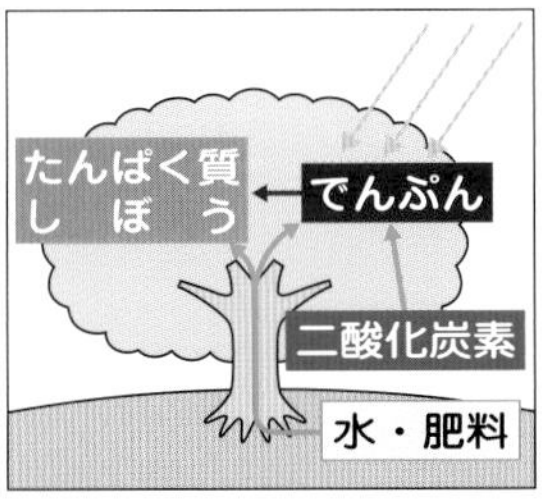

15 食物連鎖(れんさ)② (p.57)

[　　　] は，ほかの生物を

[　　　] て，養分をとり入れている。

16 分　解 (p.57)

かれ葉やふんは，カビや細きんなどの

[　　　] が分解し，[　　　] となる。

17 月の満ち欠け① (p.73)

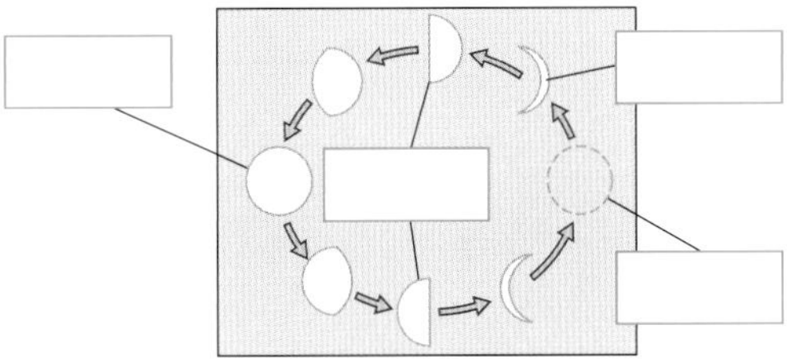

約 [　　　] 日で同じ形にもどる。

18 月の満ち欠け② (p.73)

[　　　] が

変わるので，満ち

欠けが起こる。

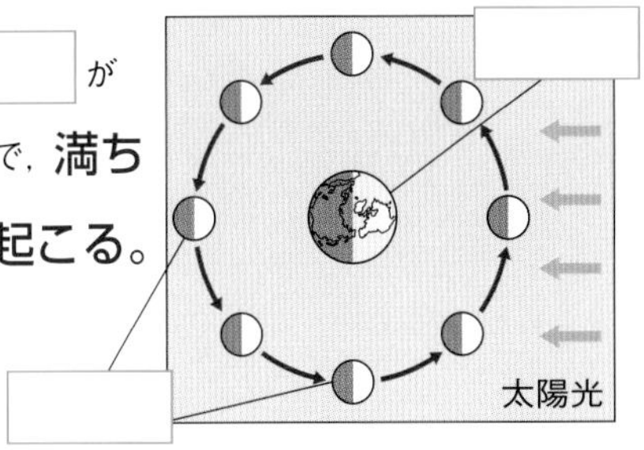

19 太陽の表面 (p.73)

たえず [　　　] を出している。

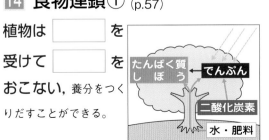

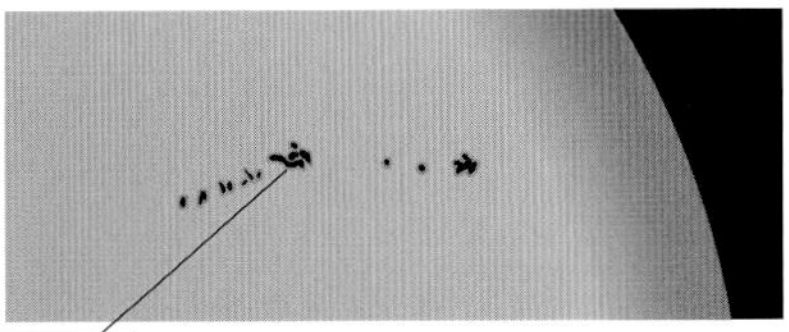

[　　　] という温度の低い部分がある。

15 食物連鎖（れんさ）②

動物 は，ほかの生物を

食べ て，養分をとり入れている。

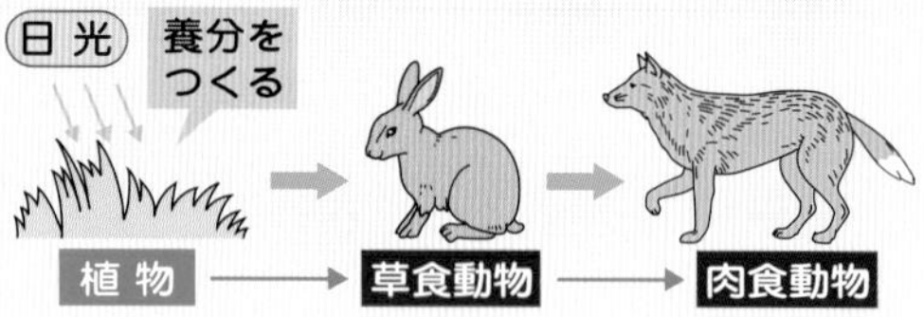

16 分　解

かれ葉やふんは，カビや細きんなどの

び生物 が分解し，肥料 となる。

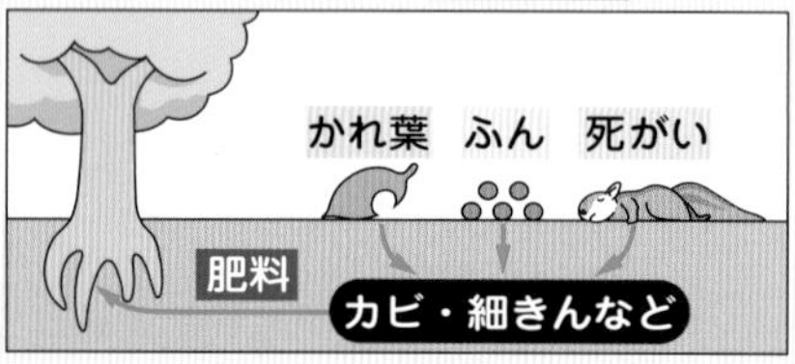

17 月の満ち欠け①

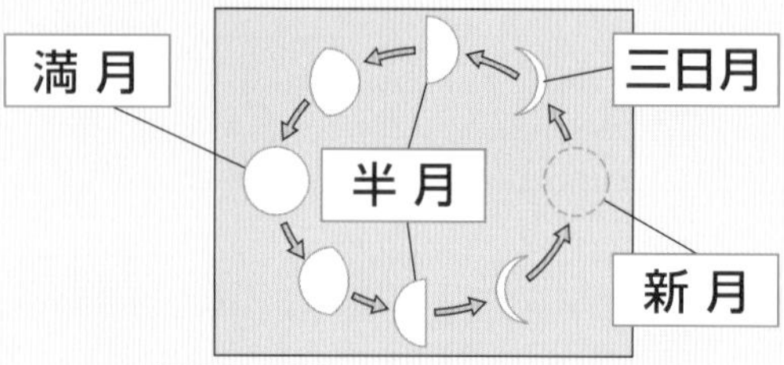

約 29.5 日で同じ形にもどる。

18 月の満ち欠け②

位置関係 が変わるので，満ち欠けが起こる。

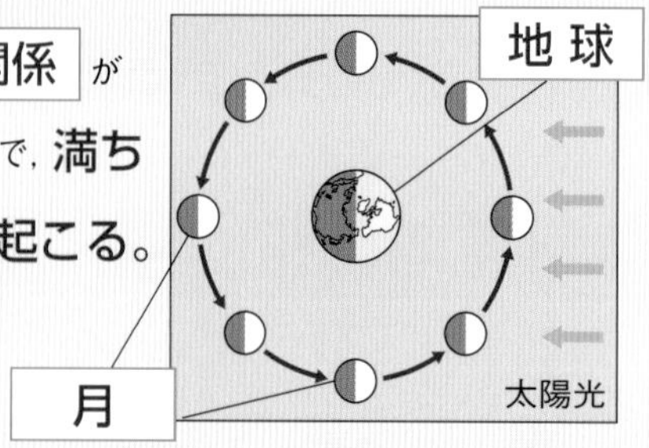

19 太陽の表面

たえず 強い光 を出している。

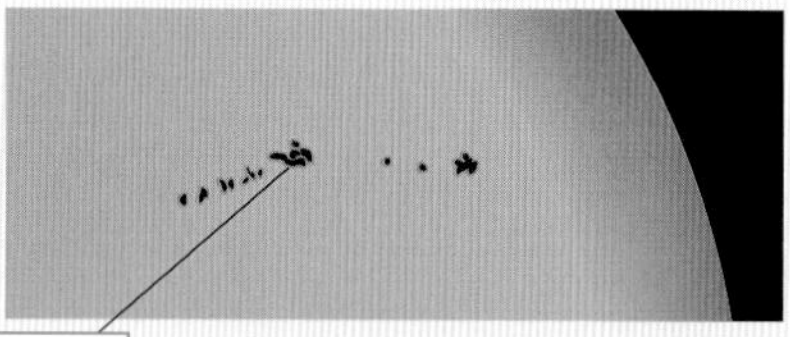

黒点 という温度の低い部分がある。

10 光合成

植物は 日光 を受け，

養分となる でんぷん をつくる。

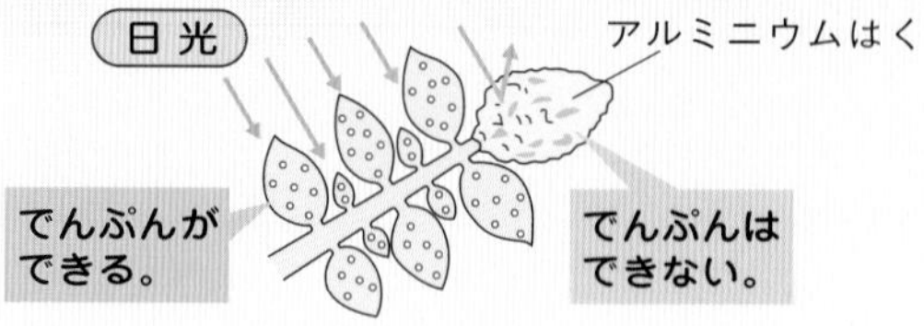

11 植物の水の蒸発（じょうはつ）

植物の水は 葉 の表面にある 気こう から蒸発する。

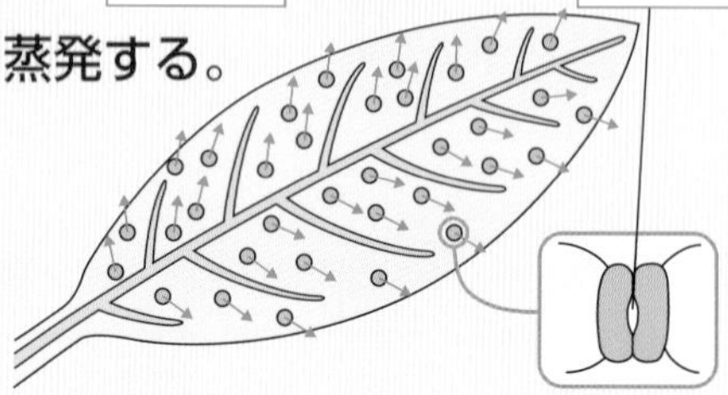

12 生物と水

生物に必要な物やいらない物は，

体内の 水 が運んでいる。

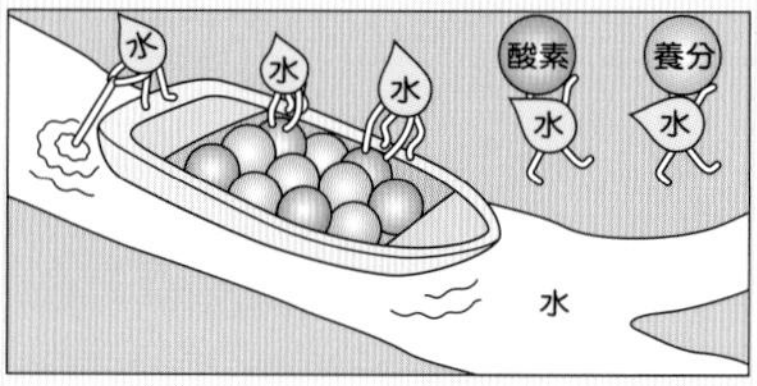

13 生物と空気

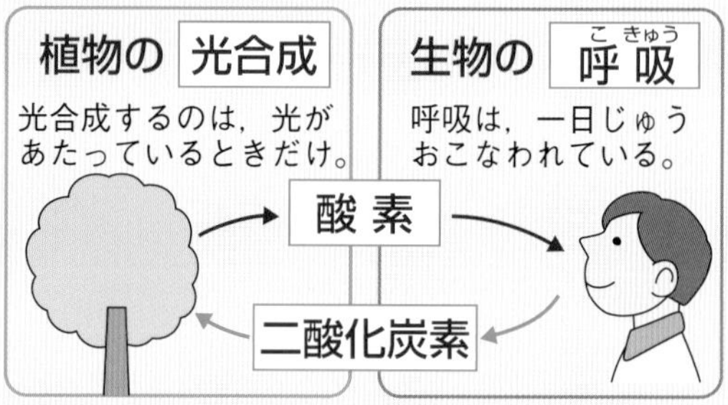

14 食物連鎖（れんさ）①

植物は 日光 を受けて 光合成 をおこない，養分をつくりだすことができる。

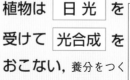

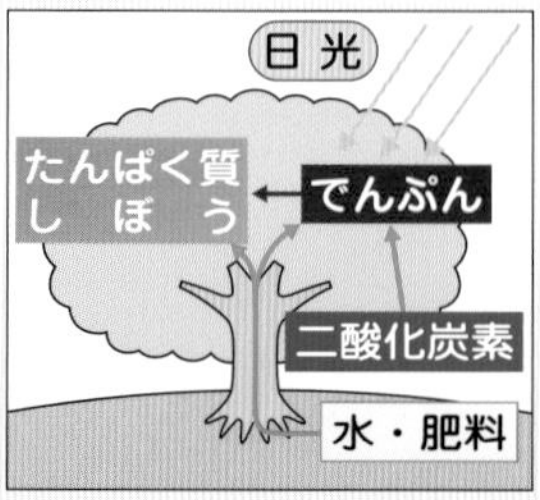

20 月の表面 (p.73)

表面が □ でおおわれている。

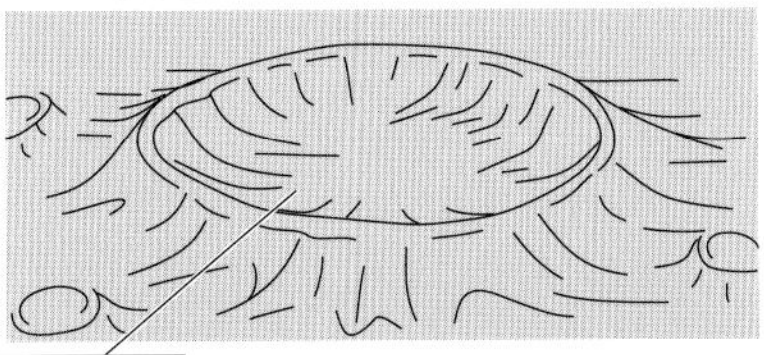

□ というくぼみが多く見られる。

21 切り通しにみられる地層(ちそう) (p.85)

土砂(どしゃ)の層(そう)を □ という。

それぞれつぶの □ がちがう。

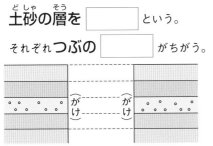

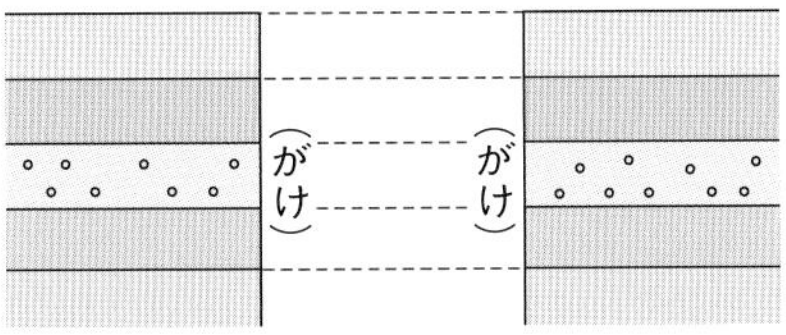

22 地層(ちそう)のでき方 (p.85)

つぶの □ 土砂のほうがはやくしずむ。

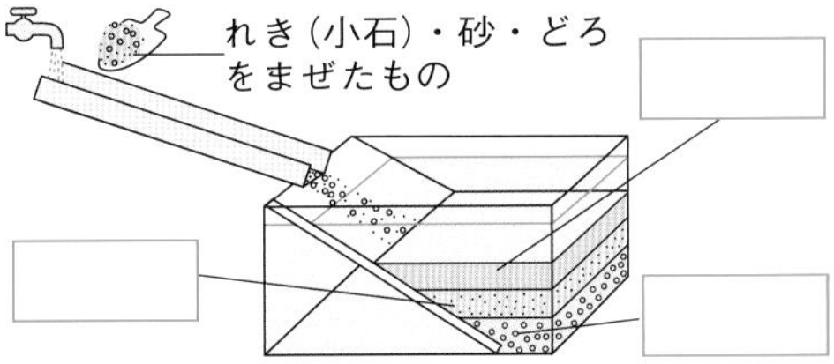

23 火山のふん火 (p.85)

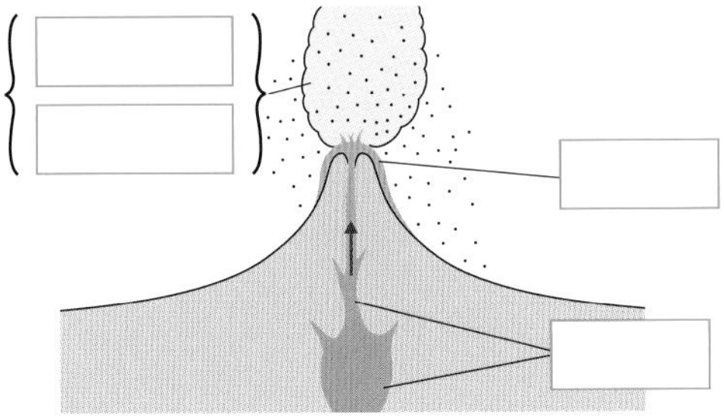

24 地しんと大地 (p.85)

地しんによって，しばしば

□ や □ が起こる。

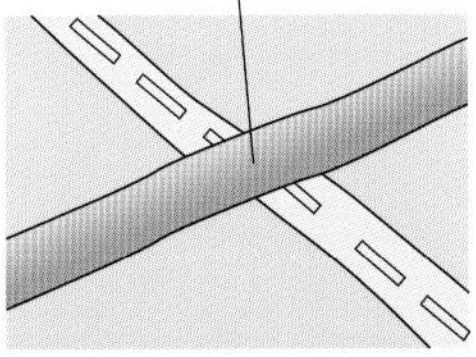

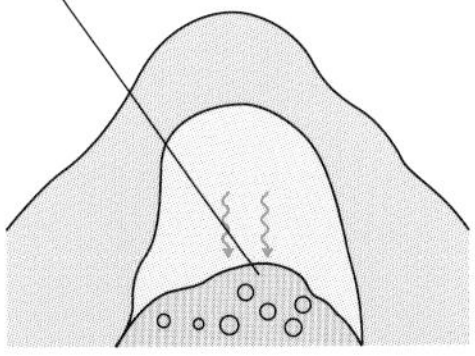

25 酸性の水よう液 (p.107)

青色リトマス紙は □。
赤色リトマス紙は □。

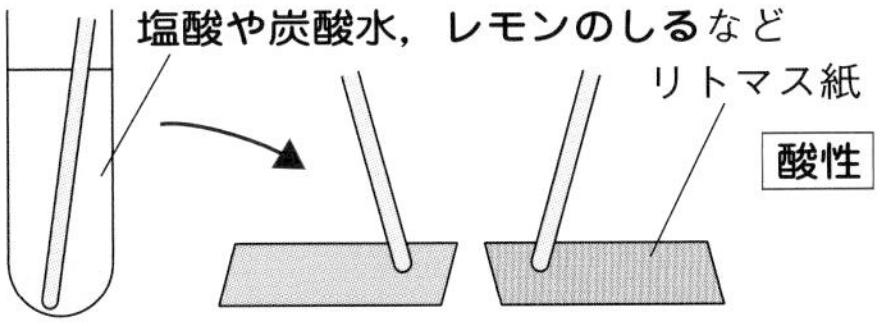

26 アルカリ性の水よう液 (p.107)

青色リトマス紙は □。
赤色リトマス紙は □。

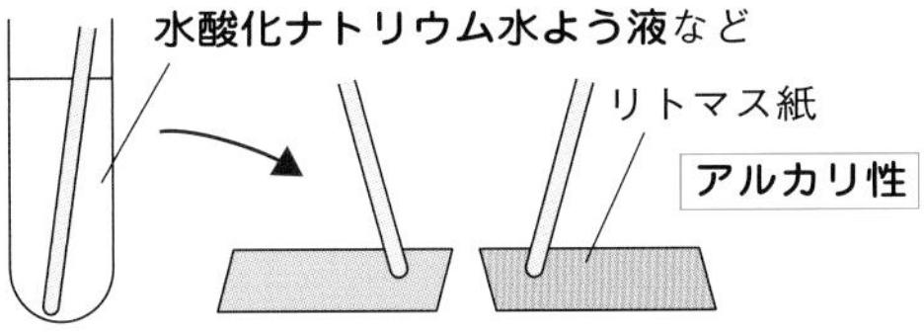

27 水よう液の蒸発(じょうはつ) (p.107)

□ のとけた水よう液　□ のとけた水よう液

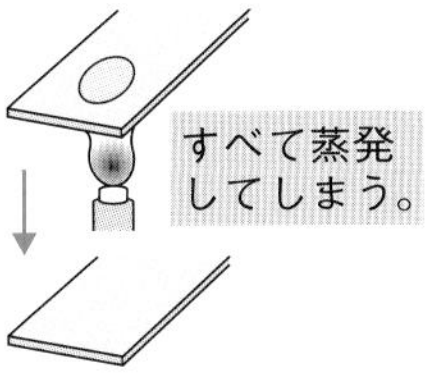

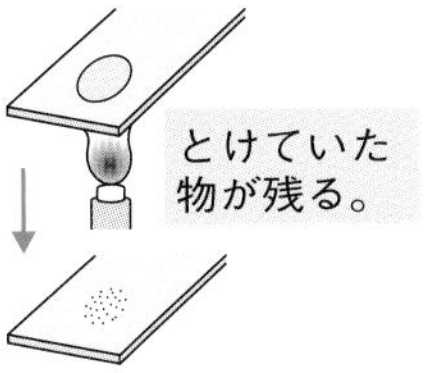

28 塩酸と金属 (p.107)

鉄とアルミニウムは □。
銅は □。

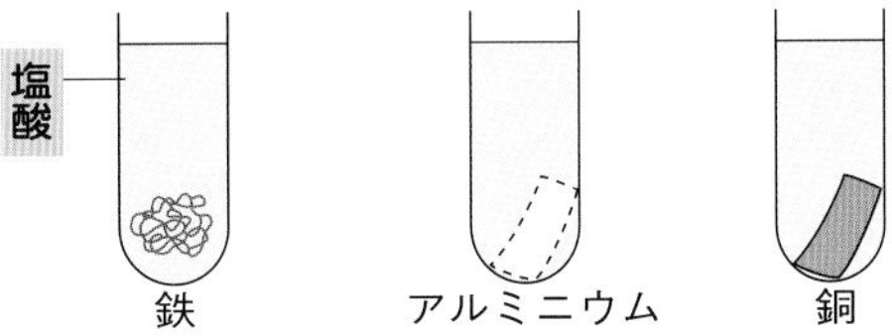

29 水酸化ナトリウム水よう液と金属 (p.107)

鉄と銅は □。
アルミニウムは □。

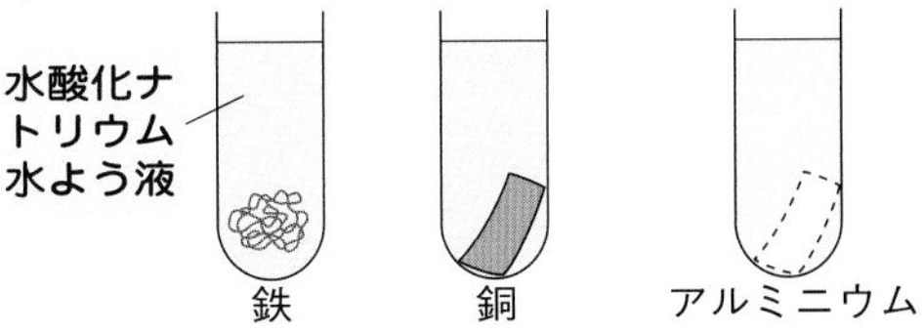

25 酸性の水よう液

青色リトマス紙は 赤くなる 。
赤色リトマス紙は 変わらない 。

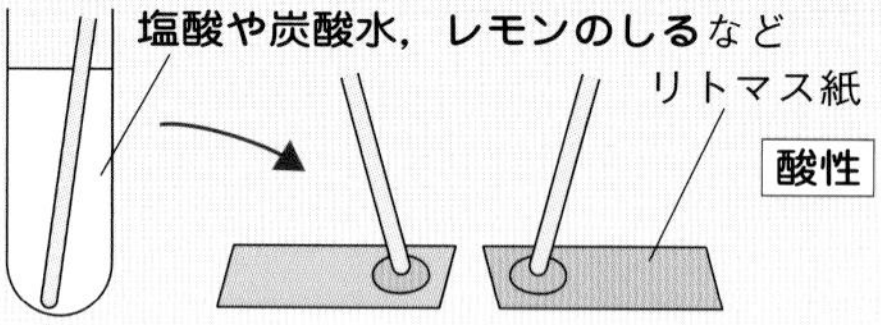

塩酸や炭酸水，レモンのしるなど

26 アルカリ性の水よう液

青色リトマス紙は 変わらない 。
赤色リトマス紙は 青くなる 。

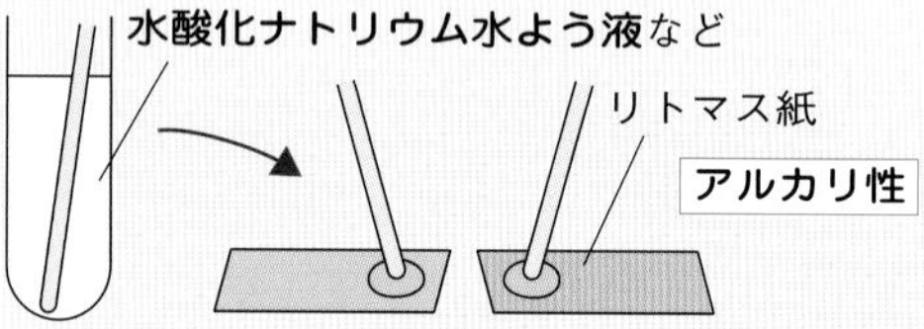

27 水よう液の蒸発（じょうはつ）

気体 のとけた水よう液

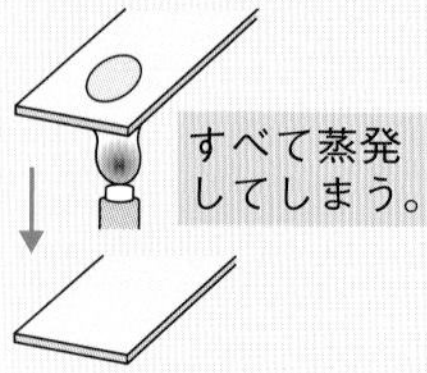

すべて蒸発してしまう。

固体 のとけた水よう液

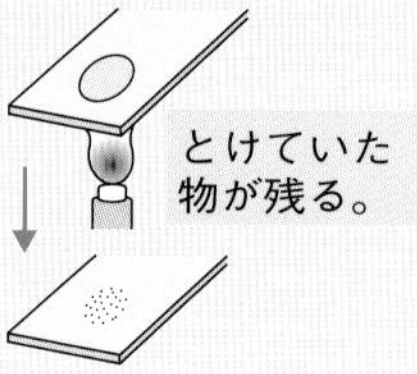

とけていた物が残る。

28 塩酸と金属

鉄とアルミニウムは とける 。
銅は とけない 。

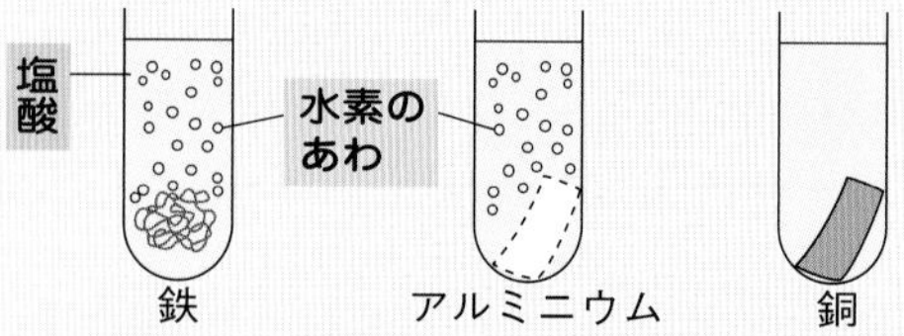

29 水酸化ナトリウム水よう液と金属

鉄と銅は とけない 。
アルミニウムは とける 。

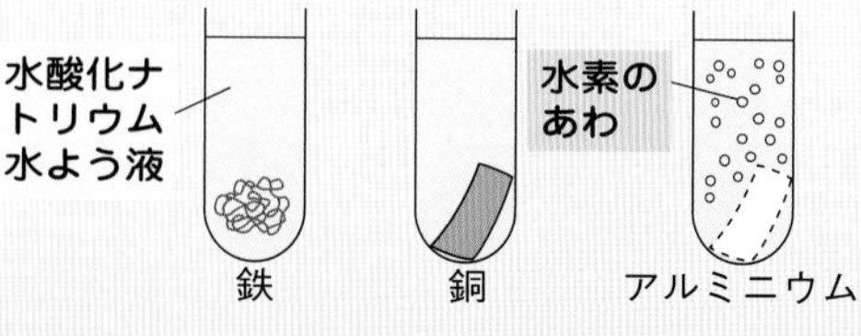

20 月の表面

表面が 岩 でおおわれている。

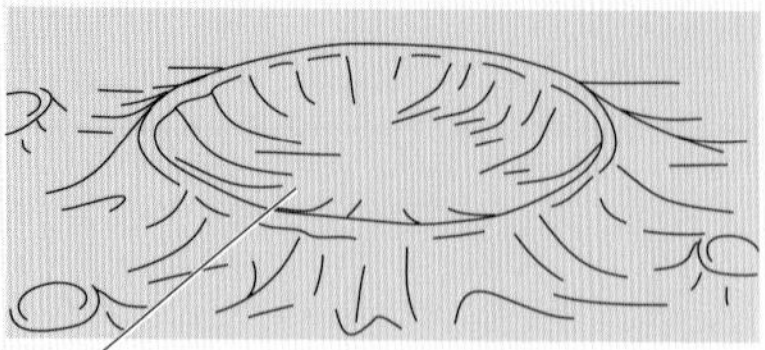

クレーター というくぼみが多く見られる。

21 切り通しにみられる地層（ちそう）

土砂（どしゃ）の層（そう）を 地層 という。
それぞれつぶの 大きさ がちがう。

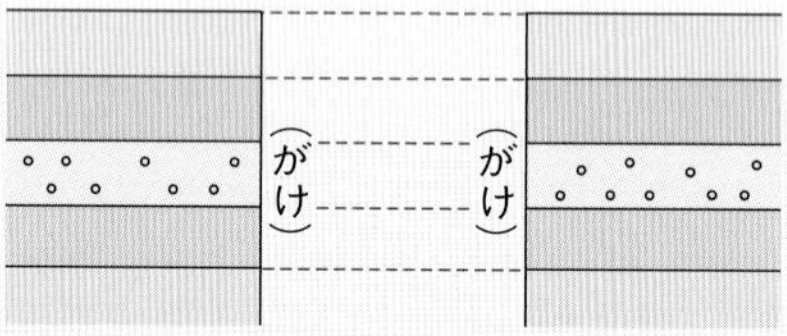

22 地層（ちそう）のでき方

つぶの 大きな 土砂（どしゃ）のほうがはやくしずむ。

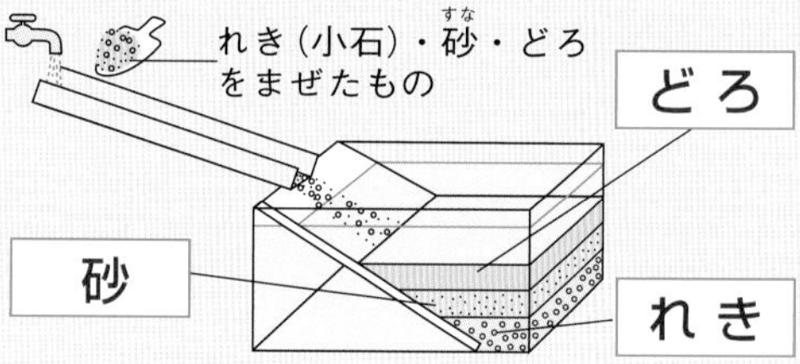

れき（小石）・砂（すな）・どろをまぜたもの
どろ
砂
れき

23 火山のふん火

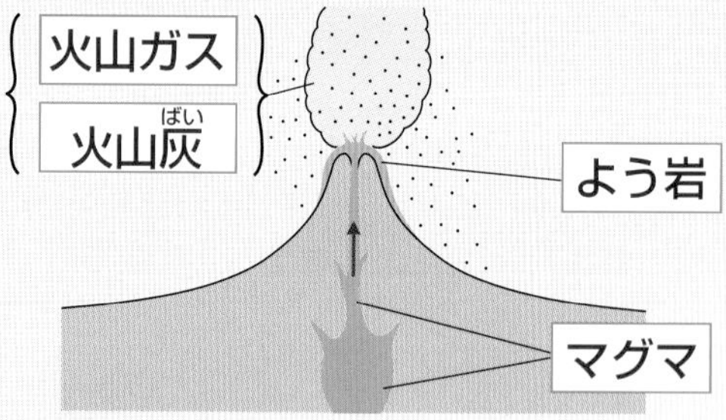

24 地しんと大地

地しんによって，しばしば 断層（だんそう） や 土砂（どしゃ）くずれ が起こる。

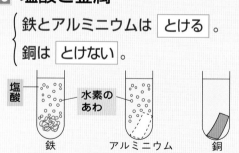

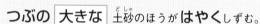

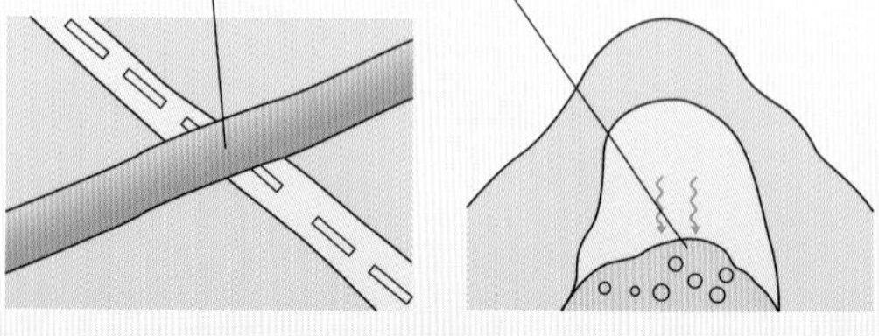

30 てこの3点 (p.123)

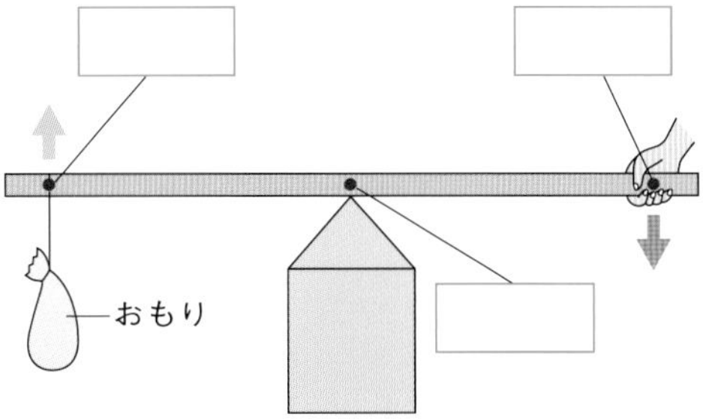

31 力点にかける力の大きさ (p.123)

□ と □ が遠いほど，

力点にかける力は，小さくてすむ。

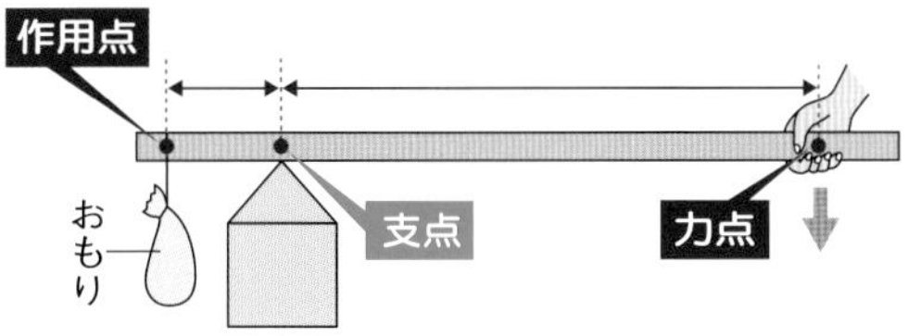

32 てこをかたむけるはたらき① (p.123)

□ × □

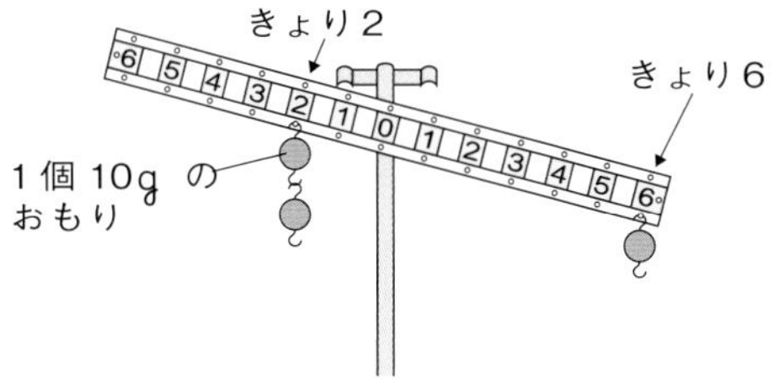

33 てこをかたむけるはたらき② (p.123)

左右で等しいとき，てこは □。

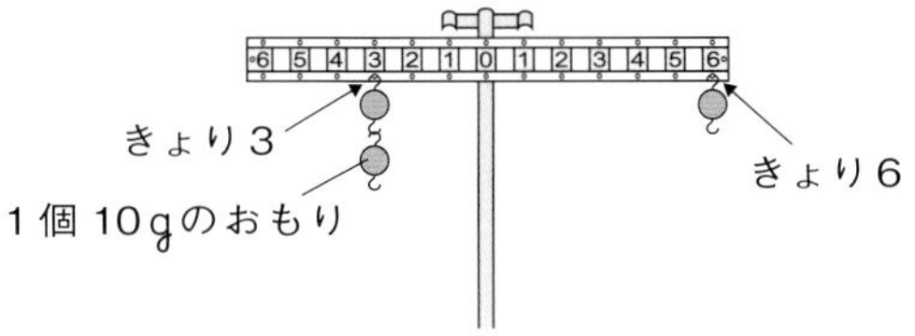

34 手回し発電機 (p.143)

ハンドルを □ させる。

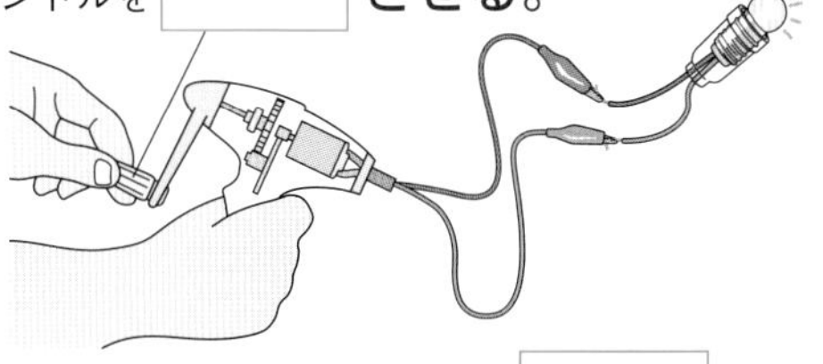

電気を起こすことを □ という。

35 コンデンサー (p.143)

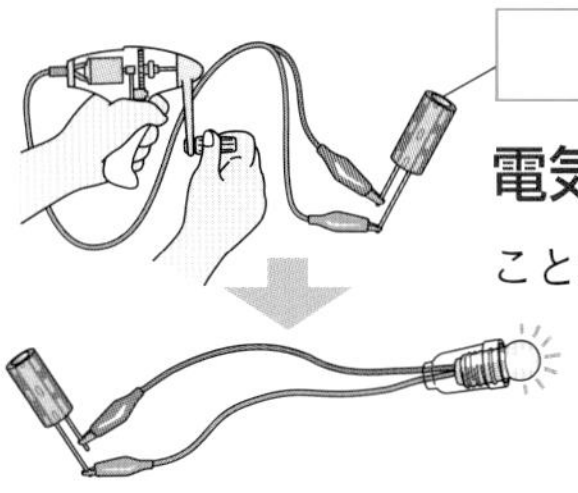

□ には，

電気を □

ことができる。

36 光電池のはたらき (p.143)

光電池のはたらきを強くするには…

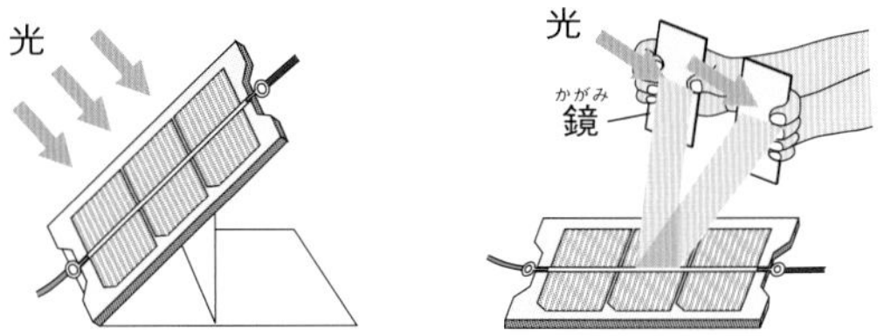

光を □ から当てる。鏡で光を □。

37 電気の利用 (p.143)

電気は，□・□・□

□ に変えられる。

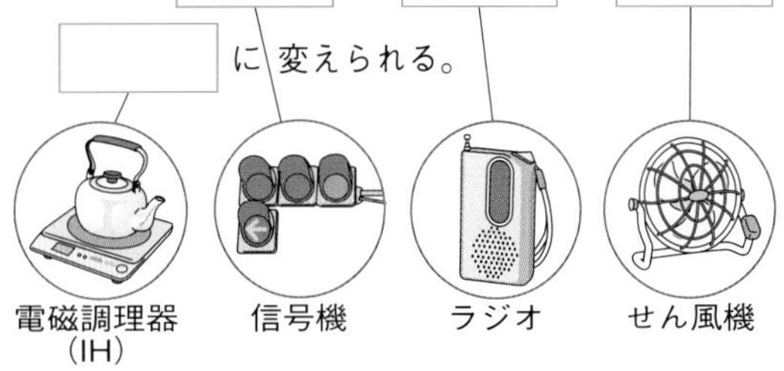

38 地球上の水 (p.159)

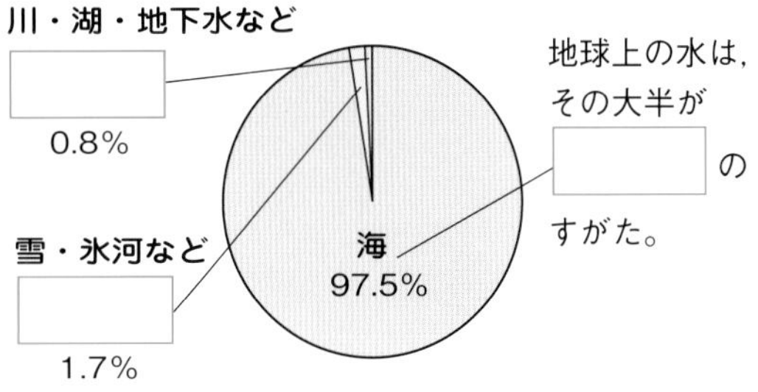

地球上の水は，その大半が □ のすがた。

39 環境問題 (p.159)

人の活動が，酸性雨や赤潮などの

さまざまな □ を引き起こしている。

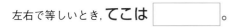

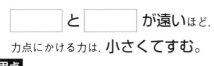

35 コンデンサー

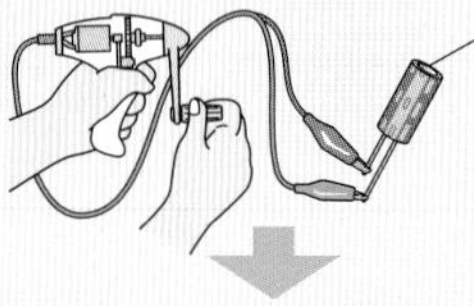

コンデンサー には，

電気を たくわえる

ことができる。

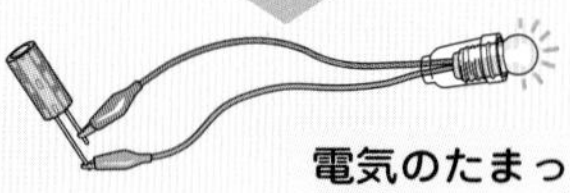

電気のたまったコンデンサーに豆電球をつなぐと，豆電球が光る。

36 光電池のはたらき

（こうでんち）

光電池のはたらきを強くするには…

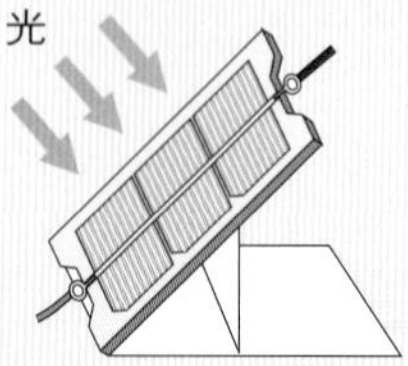

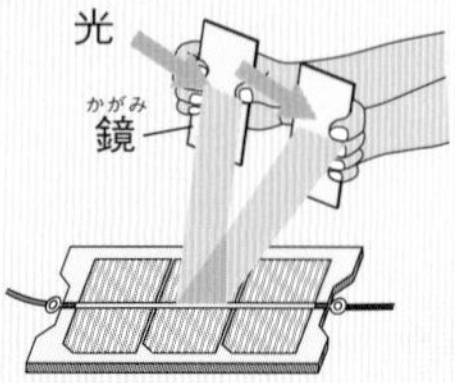

光を 正面 から当てる。鏡で光を 重ねる 。

37 電気の利用

電気は， 光 ・ 音 ・ 運動

熱 に変えられる。

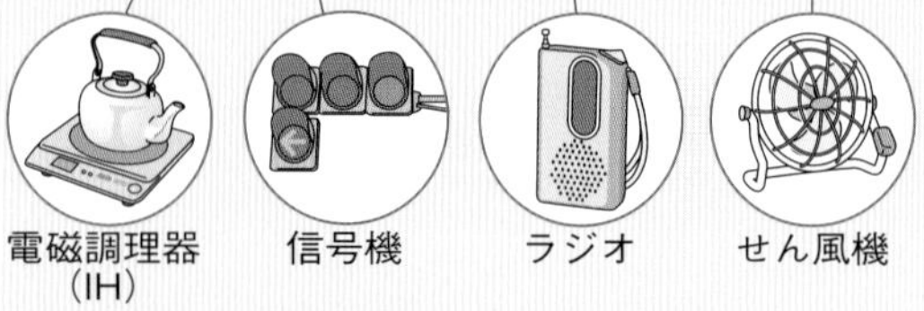

38 地球上の水

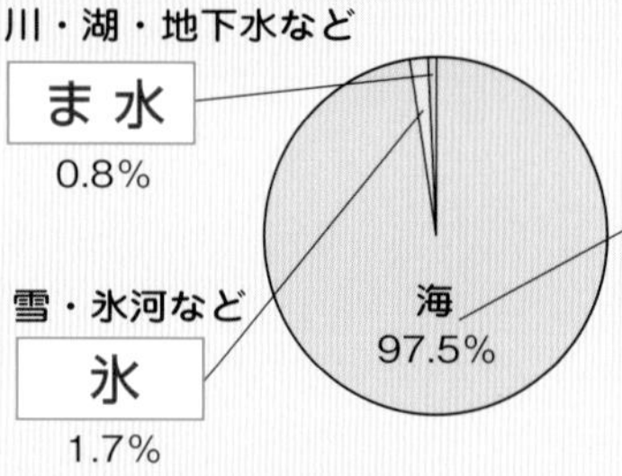

地球上の水は，その大半が 海水 のすがた。

39 環境問題

（かんきょう）

人の活動が，酸性雨や赤潮（あかしお）などのさまざまな 環境問題 を引き起こしている。

30 てこの3点

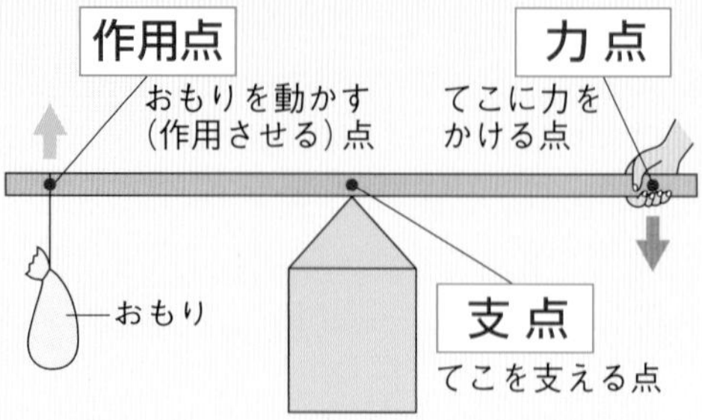

31 力点にかける力の大きさ

支点 と 力点 が遠いほど，

力点にかける力は，小さくてすむ。

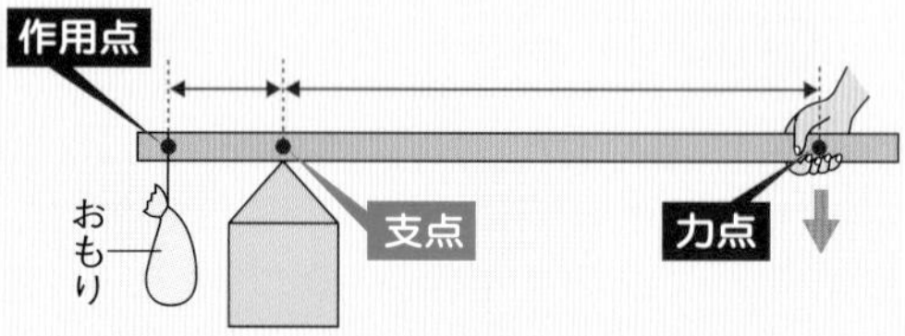

32 てこをかたむけるはたらき①

おもりの重さ × 支点からのきょり

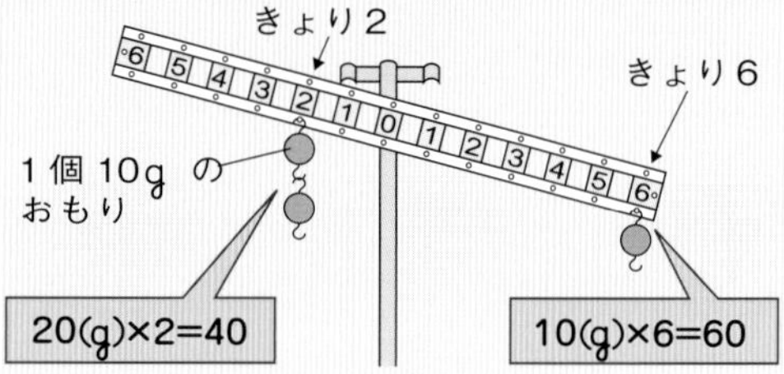

33 てこをかたむけるはたらき②

左右で等しいとき，てこは つりあう 。

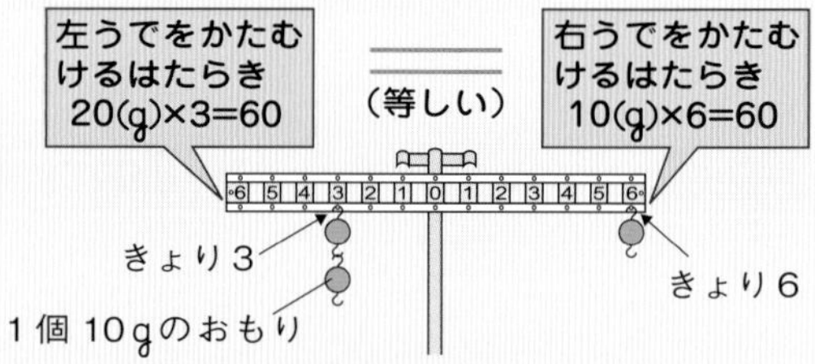

34 手回し発電機

ハンドルを 回転 させる。

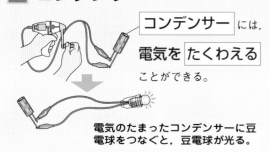

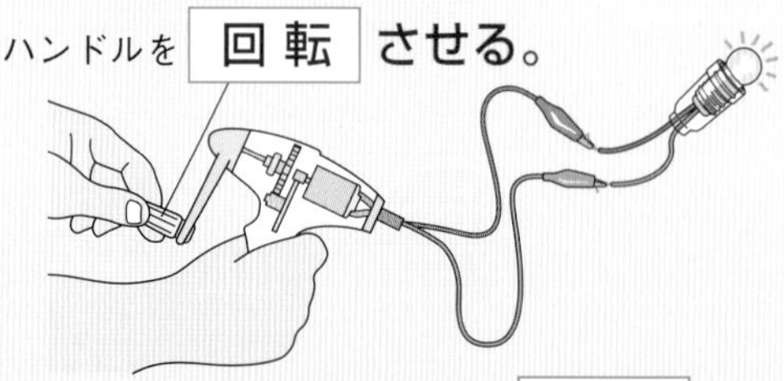

電気を起こすことを 発電 という。

この本の特色と使い方

この本は，全国の小学校・じゅくの先生やお友だちに，“どんな本がいちばん役に立つか”をきいてつくった参考書です。

1. 教科書にぴったりとあっている。
2. たいせつなこと(要点)が，わかりやすく，ハッキリ書いてある。
3. 教科書のドリルやテストに出る問題が，たくさんのせてある。
4. 問題の考え方が，親切に書いてあるので，実力が身につく。
5. カラー写真や図・表がたくさんのっているので，楽しく勉強できる。中学入試にも利用できる。

この本の組み立てと使い方

● その章で勉強するたいせつなことをまとめてあります。

▶ 予習のときにざっと目を通し，テスト前の復習のときに，しっかりおぼえましょう。

本 文

● 教科書で勉強することを，順番に，わかりやすく，くわしく説明してあります。

▶ みなさんが疑問に思うことに，3つの答えをのせています。どれが正しいのかを考えてから，説明を読みましょう。

▶「もっとくわしく」「なぜだろう」では，教科書に書いてあることをさらにくわしくし，わかりやすく説明してあります。

▶「たいせつポイント」はテストに出やすいたいせつなポイントです。かならずおぼえましょう。

問 題

教科書のドリル

テストに出る問題

まとめテスト

● たくさんの問題をのせて，問題練習がじゅうぶんにできるようにしてあります。

▶「教科書のドリル」は，勉強したことを確かめるための問題です。まちがえた所は，もう一度本文を見直しましょう。

▶「テストに出る問題」は，学校のテストなどによく出る問題ばかりです。時間を決めて，テストの形で練習しましょう。

▶「まとめテスト」は，中学入試に出た問題から選びました。6年の総仕上げのテストとして，チャレンジしてみましょう。

なるほど科学館

● みなさんが興味のあることや，知っているとためになることをまとめました。

もくじ

なるほど科学館

もくじ

もくじ

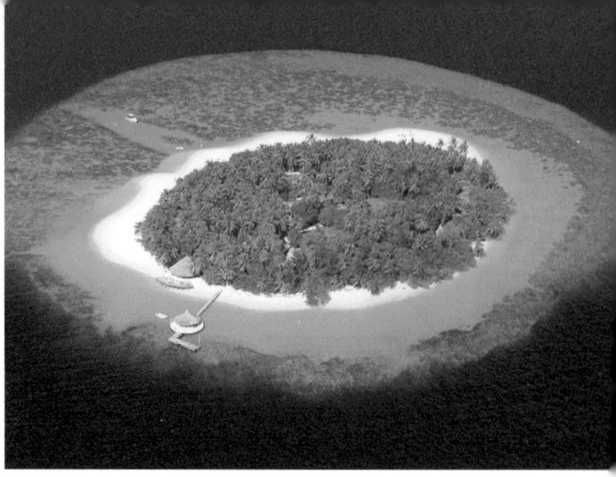

1 物の燃え方と空気

教科書のまとめ

✪ 物を燃やし続けるためには，たえず新しい空気を送り続けなければならない。

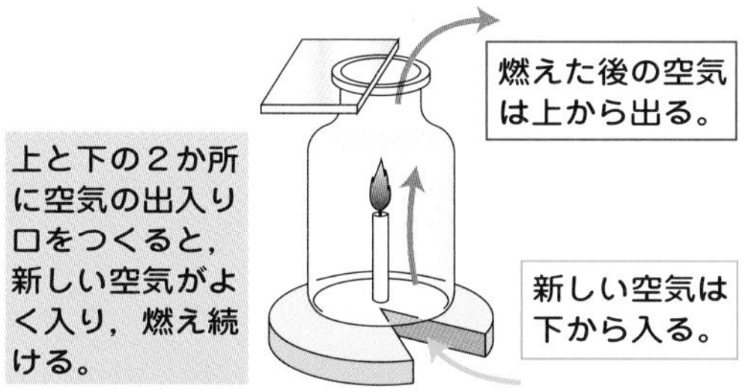

燃えた後の空気は上から出る。
上と下の2か所に空気の出入り口をつくると，新しい空気がよく入り，燃え続ける。
新しい空気は下から入る。

✪ 空気中と酸素中とでくらべると，酸素中のほうが，物が激しく燃える。

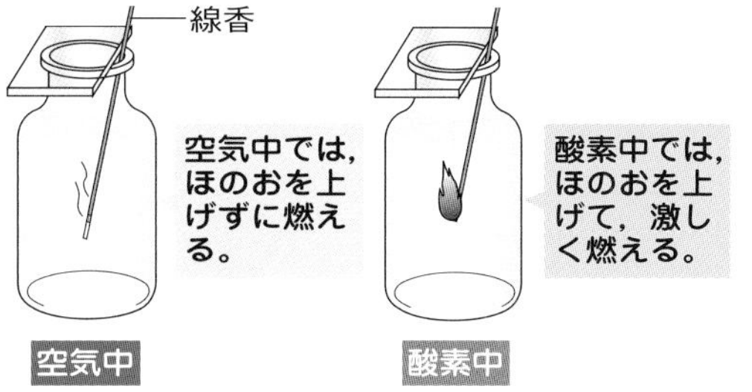

線香
空気中では，ほのおを上げずに燃える。
酸素中では，ほのおを上げて，激しく燃える。
空気中
酸素中

✪ 空気の約78%（$\frac{4}{5}$）がちっ素で，約21%（$\frac{1}{5}$）が酸素である。

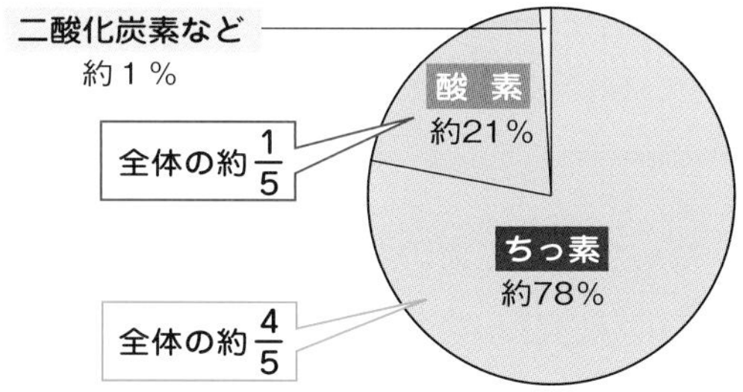

✪ ろうそく，木，紙，線香などが燃えると，二酸化炭素ができる。

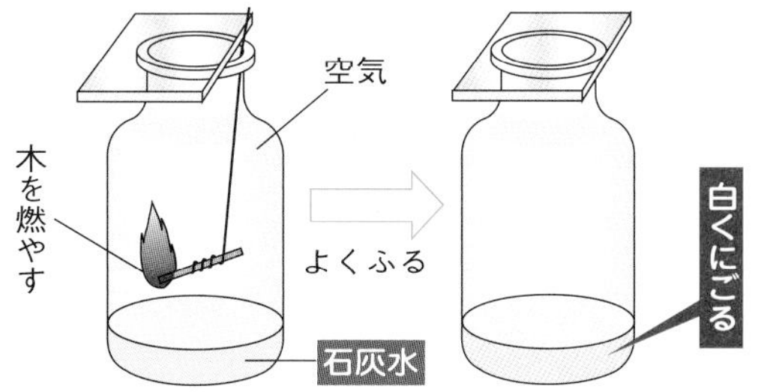

✪ 物を燃やすはたらきがあるのは，空気中の酸素である。

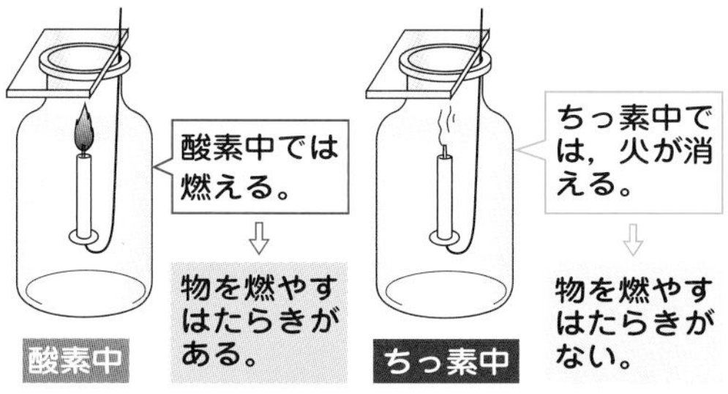

✪ 物が燃えるときには酸素の一部が使われ，酸素が少なくなると火が消える。

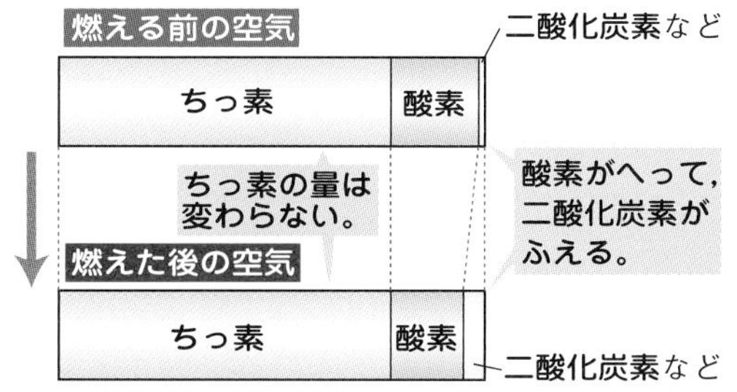

1 物を燃え続けさせる方法

1 考えよう

燃えているろうそくにびんをかぶせると，火はどうなるだろうか。

正しいのは？
- A ずっと燃え続ける。
- B すぐに消える。
- C 少しの間燃えるが，やがて消える。

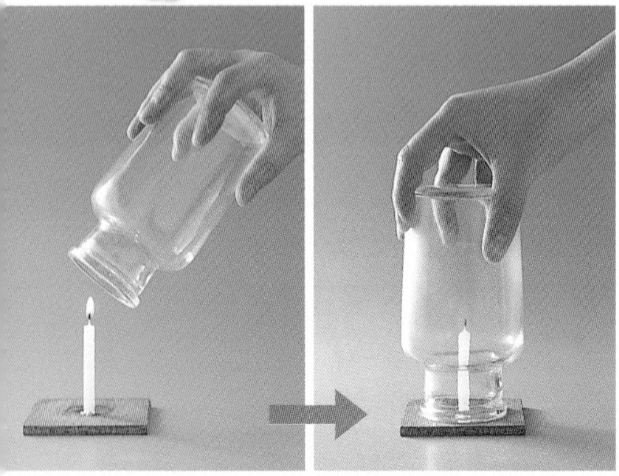

実験 燃えているろうそくに上からびんをかぶせて，火がどうなるか調べます。

● びんをかぶせた後，ろうそくの火は，少しの間燃えますが，やがて消えてしまいます。

● 大きなびんをかぶせると，小さなびんをかぶせたときよりも長い間燃えていますがそれでもやがて消えます。

● 大きなびんにはたくさんの空気が入っています。これらのことから，ろうそくが燃え続けるためには空気が必要なことがわかります。

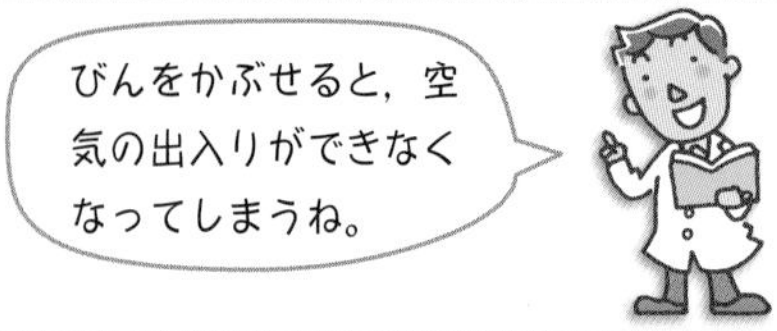
びんをかぶせると，空
気の出入りができなく
なってしまうね。

答 C

2 考えよう

ふたをしたびんとしないびんに入れたろうそくの火はどうなるか。

正しいのは？
- A どちらもすぐに消える。
- B どちらも少しの間燃えてから消える。
- C ふたをしないほうだけ燃え続ける。

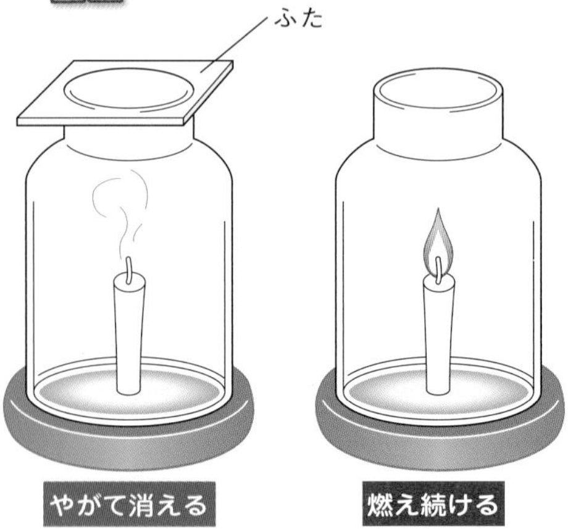
ふた
やがて消える
燃え続ける

実験 ねん土の上に火のついたろうそくを立て，底のないびんをかぶせます。そして，片方だけふたをして，火がどうなるか調べます。

● ふたをしたほうは，少しの間だけ燃えます。

● ふたをしないほうは，火が燃え続けます。ふたをしないほうのろうそくが燃え続けたのは，びんの中に新しい空気が入っていくからです。

● ふたをしないほうのびんに，少しずつふたをしてびんの口をせまくしていくと，ろうそくのほのおは，少しずつ小さくなります。逆に，びんの口を広くしていくと，ほのおは大きくなります。

答 C

3 考えよう　びんの上と下の両方にすきまをあけると，ろうそくの火はどうなる？

正しいのは？

A すぐ消える。
B 燃え続ける。
C 少しの間燃えるが，やがて消える。

実験　ねん土の上に火のついたろうそくを立て，底のないびんをかぶせ，下にすきまをつくります。びんの口を少しずつせまくします。

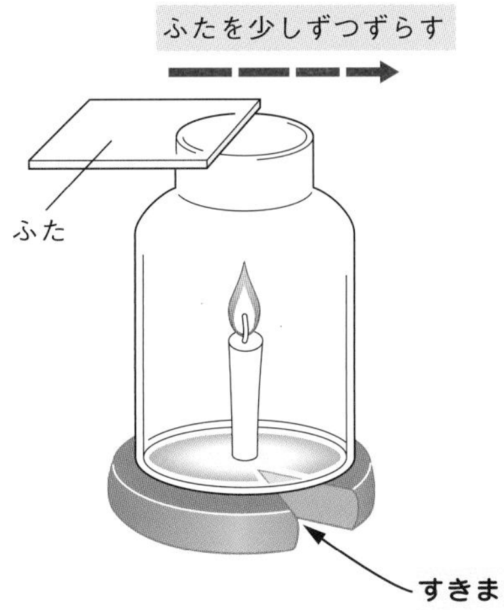

● びんの口が広い間は同じように燃え続けますが，びんの口をさらにせまくすると，ほのおは小さくなります。ただし，下にすきまがないときよりはよく燃えます。

● びんの口を完全に閉めてしまうと，火は消えます。

● このことから，上と下にすきまがあると，新しい空気がびんの中にたくさん入ることがわかります。

答 B

4 考えよう　びんの上と下にすきまをあけたときの空気の流れはどうなるか。

正しいのは？

A 空気は上から下へ流れる。
B 空気は下から上へ流れる。
C 空気は上と下から入り，びんの中をまわる。

実験　上の実験のとき，火のついた線香を上と下のすきまに近づけてみます。

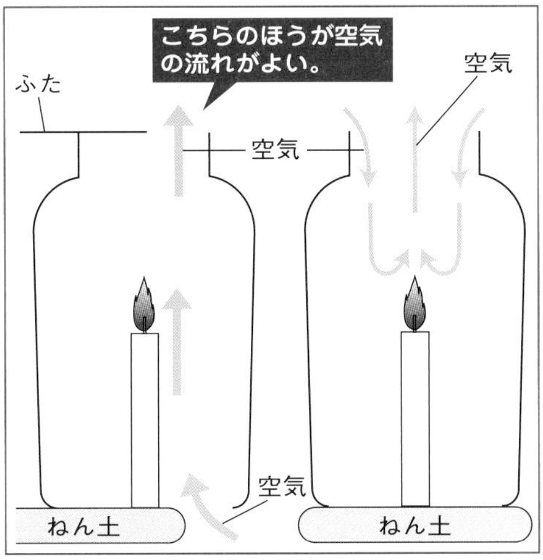

● 下のすきまに近づけた線香のけむりは，びんの中に吸いこまれ，上のすきまに近づけた線香のけむりは，びんの中に入らず，上へのぼっていきます。

● この実験から，ろうそくが燃えているとき，空気はびんの下のすきまから入り，上のすきまから出て行くことがわかります。

● ふたをせず下のすきまがないときの空気の流れを同じように調べると，右の図のようになります。　**答** B

たいせつポイント

物を燃え続けさせる方法
- 新しい空気を送り続けなければならない。
- 上下２か所にすきまがあると空気がよく通る。

教科書のドリル

答え → 別冊2ページ

1 次の文の（　）にあてはまることばを書きなさい。

(1) 燃えているろうそくにびんをかぶせると，やがて火は（　　　　）しまう。

(2) 燃えているろうそくに大きなびんをかぶせたときと小さなびんをかぶせたときをくらべると，（　　　　）びんをかぶせたときのほうが，ろうそくの火は長く燃えている。

(3) 物を燃え続けさせるには，（　　　　）を送り続けなければならない。

(4) 物を燃やすとき，びんの（　　　　）の2か所にすきまがあると空気がよく通る。

2 下の図1のように，ねん土の上に火のついたろうそくを立て，底のないびんをかぶせました。このとき，ろうそくの火は，燃え続けていました。

図1

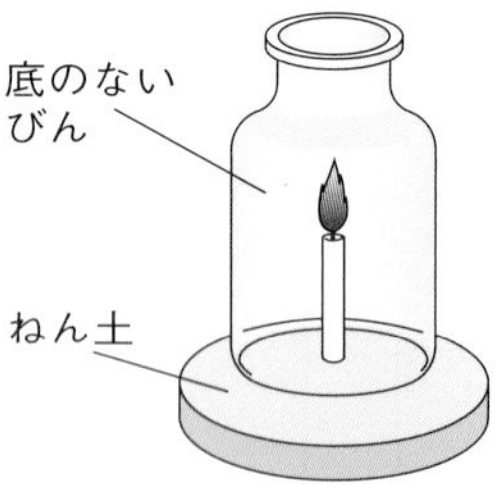

図2

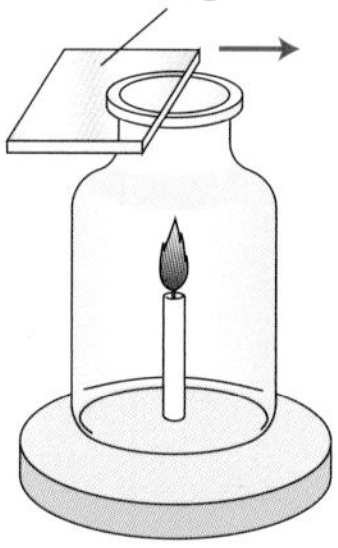

(1) 図2のように，少しずつふたを閉めていくと，どのような変化がみられますか。

（　　　　　　　　　　）

(2) ふたでびんの口を完全に閉めると，ろうそくの火はどのようになりますか。

（　　　　　　　　　　）

(3) (2)のようになるのはなぜですか。その理由を説明しなさい。

（　　　　　　　　　　）

3 下の図のように，いろいろ条件を変えて，ろうそくの火のようすを観察しました。このとき，すべてのろうそくは燃え続けていましたが，火の大きさにはちがいが見られました。ただし，下の図は実際の火の大きさとはちがい，すべて同じ大きさにしてあります。

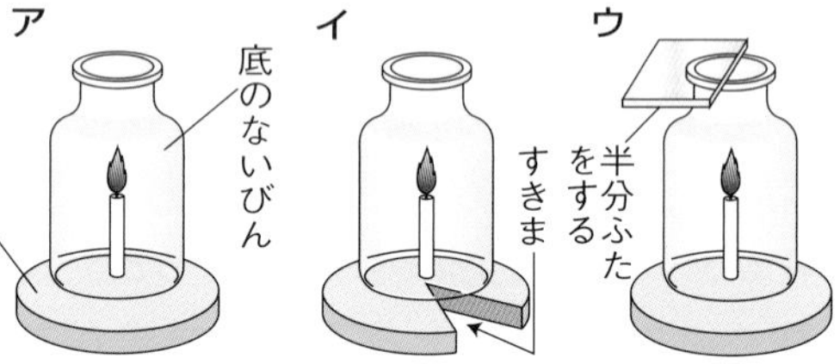

(1) 最も火が大きくなっているのは，ア～ウのどれですか。（　　）

(2) 最も火が小さくなっているのは，ア～ウのどれですか。（　　）

(3) (1)のように，火が大きくなるのは，びんの中に何が入りやすいからですか。

（　　　　　　　　　　）

4 右の図のように，ねん土に火のついたろうそくを立てて，下にすきまができるように底のないびんをかぶせました。これに火のついた線香を近づけ，線香のけむりの動きを観察しました。

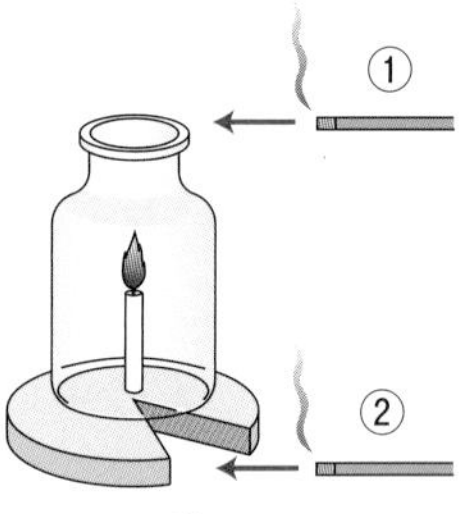

(1) ①のように，線香をびんの口に近づけると，けむりの動きはどうなりますか。

（　　　　　　　　　　）

(2) ②のように，線香をすきまに近づけると，けむりの動きはどうなりますか。

（　　　　　　　　　　）

2 燃やすはたらきのある気体

1 考えよう 空気の中でいちばん多い気体は何だろうか。

正しいのは？
- A 酸素がいちばん多い。
- B ちっ素がいちばん多い。
- C 二酸化炭素がいちばん多い。

● 空気は，ちっ素や酸素や二酸化炭素などの気体がまざりあってできています。

● これらのうち，いちばん多いのはちっ素で，全体の約78%，つまり，およそ$\frac{4}{5}$をしめています。

● ちっ素の次に多いのは酸素で，全体の約21%つまり，およそ$\frac{1}{5}$をしめています。

● 残りの約1%は，二酸化炭素などのさまざまな気体です。

答 B

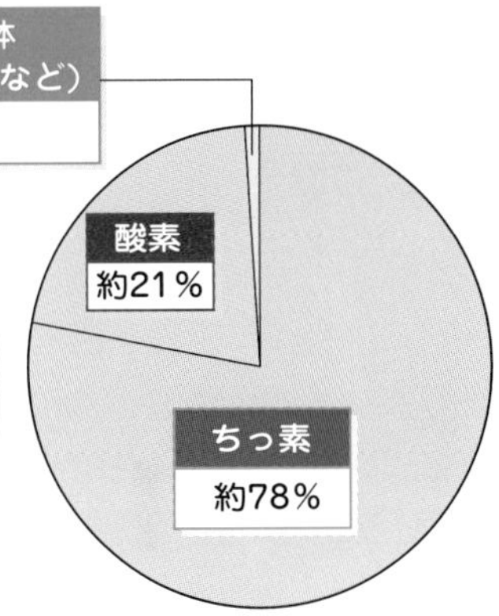

空気の成分

もっとくわしく 二酸化炭素の割合…空気中の二酸化炭素の割合は約0.04%ですが，最近少しずつふえており，地球温暖化の原因だといわれています（→p.162）。

2 考えよう 空気中のどの気体が，物を燃やすはたらきをしているだろうか。

正しいのは？
- A いちばん多いちっ素。
- B 2番目に多い酸素。
- C 酸素とちっ素の両方。

実験 右の図のように，酸素を集めたびんの中に火のついたろうそくを入れて，燃えるかどうか調べます。同じように，ちっ素を集めたびんの中でも，燃えるかどうか調べます。

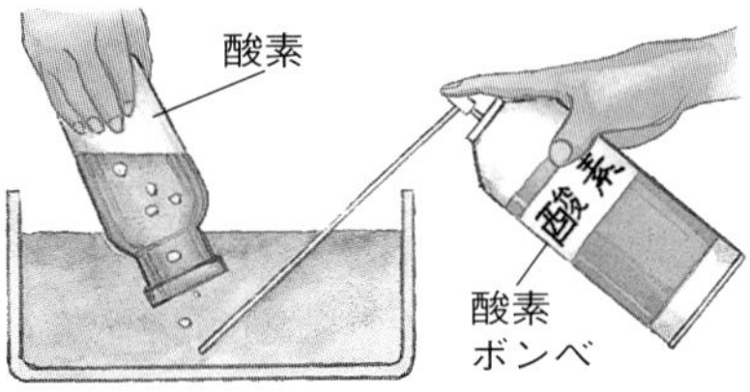

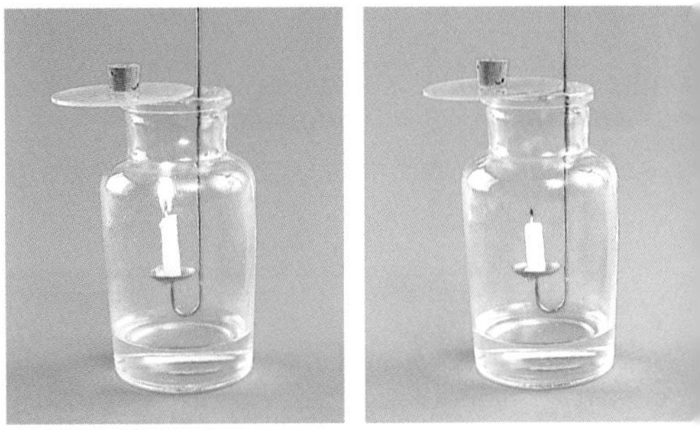
酸素中　ちっ素中

● 酸素を集めたびんの中に入れたろうそくは，明るいほのおをあげて激しく燃えます。

● いっぽう，ちっ素を集めたびんの中に入れたろうそくは，すぐに火が消えます。

● このことから，物を燃やすはたらきがあるのは，ちっ素ではなく，酸素だということがわかります。

答 B

3 考えよう 空気中と酸素中で，ろうそく・木・線香の燃え方はちがうだろうか。

正しいのは？
- A 空気中のほうがよく燃える。
- B 空気中でも酸素中でも変わらない。
- C 酸素中のほうがよく燃える。

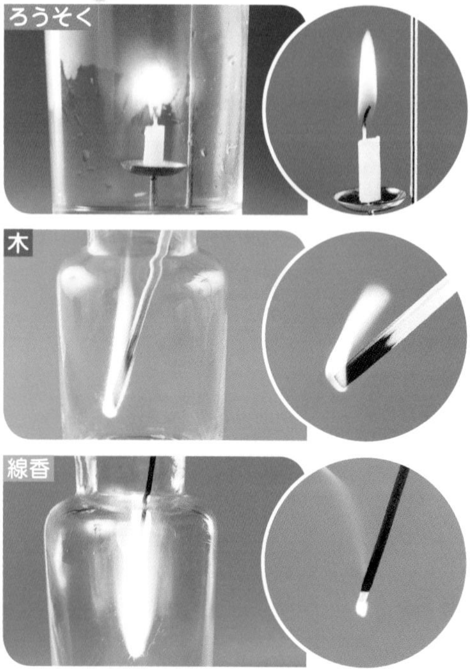

酸素中（左）と空気中（右）での燃え方

実験 空気を入れたびんと酸素を集めたびんを用意し，それぞれに火のついたろうそくや木，線香を入れて，燃え方をくらべます。

- 実験の結果は，それぞれ左の写真のようになります。
- ろうそくは，空気中よりも，酸素中のほうがはるかに明るいほのおを上げて激しく燃えます。
- 木も，酸素中では，空気中より大きなほのおを上げて燃えます。
- 線香は，空気中ではほのおを出しませんが，酸素中ではほのおを上げてさかんに燃えます。
- このように，酸素中では空気中にくらべていろいろな物がよく燃えます。
- この実験をするときには，びんが割れるのを防ぐために，かならずびんの中に水を残しておきます。

答 C

4 考えよう 酸素中に赤く熱したスチールウールを入れるとどうなるだろうか。

正しいのは？
- A 空気中でも酸素中でも変わらない。
- B 赤い部分が青白い光を出す。
- C 火花を出して激しく燃える。

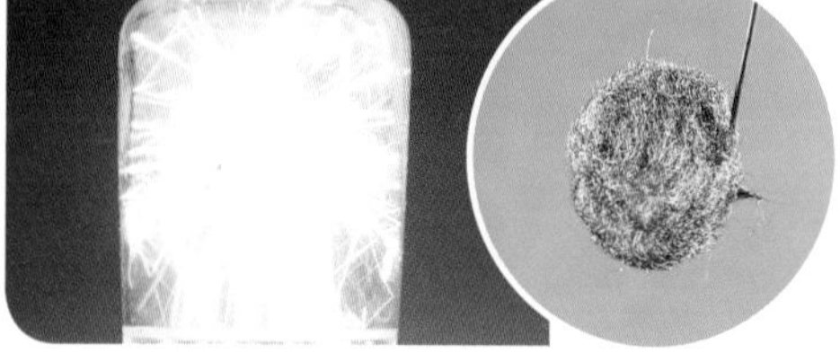
スチールウールの酸素中（左）と空気中（右）での燃え方

- スチールウール（鉄を細くして，綿のようにした物）を赤くなるまで熱し，空気を入れたびんと酸素を集めたびんにそれぞれ入れます。
- すると，左の写真のようになります。空気中では赤くなるだけですが，酸素中では火花を出して激しく燃えます。

答 C

たいせつポイント

酸素
- 物を燃やすはたらきのある気体は，酸素である。
- 酸素中では，すべての物が空気中よりもよく燃える。

5 考えよう 木や紙を空気にふれないように火にかけるとどうなるだろうか。

正しいのは？

A 小さなほのおを上げて燃えつきる。
B ほのおを上げず炭に変わる。
C ほのおを上げずすべて気体に変わってなくなる。

● 木や紙を空気の出入りができないようにアルミニウムはくなどで包むと，火にかけても十分な**酸素**がないので燃えることができません。

● これを**むし焼き**といい，このとき**出てくる気体**に空気中で火をつけると，右の写真のように**ほのおを上げて燃えます**。

● むし焼きにした木や紙は**炭**に**変化**します。炭に空気中で火をつけると，**ほのおを上げずに赤く光って**燃えます。炭は，木や紙にくらべて**ゆっくりと燃える**ので，バーベキューなどでもよく使われます。 **答 B**

木のむし焼き

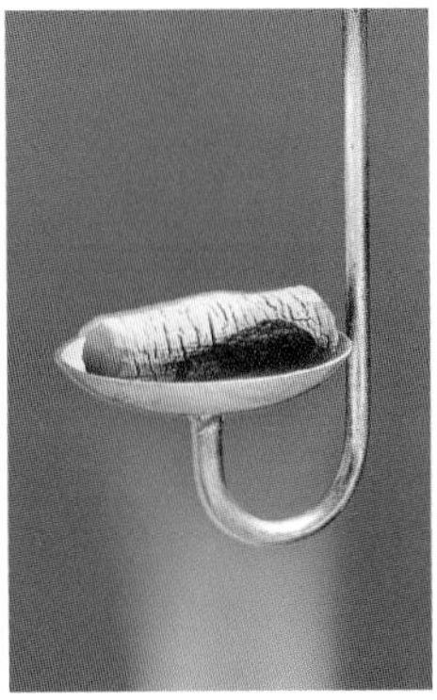
炭の燃え方

酸素ボンベを使わなくても，酸素は**二酸化マンガン**(黒色のつぶ)とうすい**過酸化水素水**(オキシドール)から，つぎのようにしてつくることもできます。

酸素のつくり方と集め方

❶ 二酸化マンガンにうすい過酸化水素水を少しずつくわえ，酸素を発生させる。

❷ 集気びんを水そうの中に入れて水をため，逆さにして，送られてきた酸素を集める。

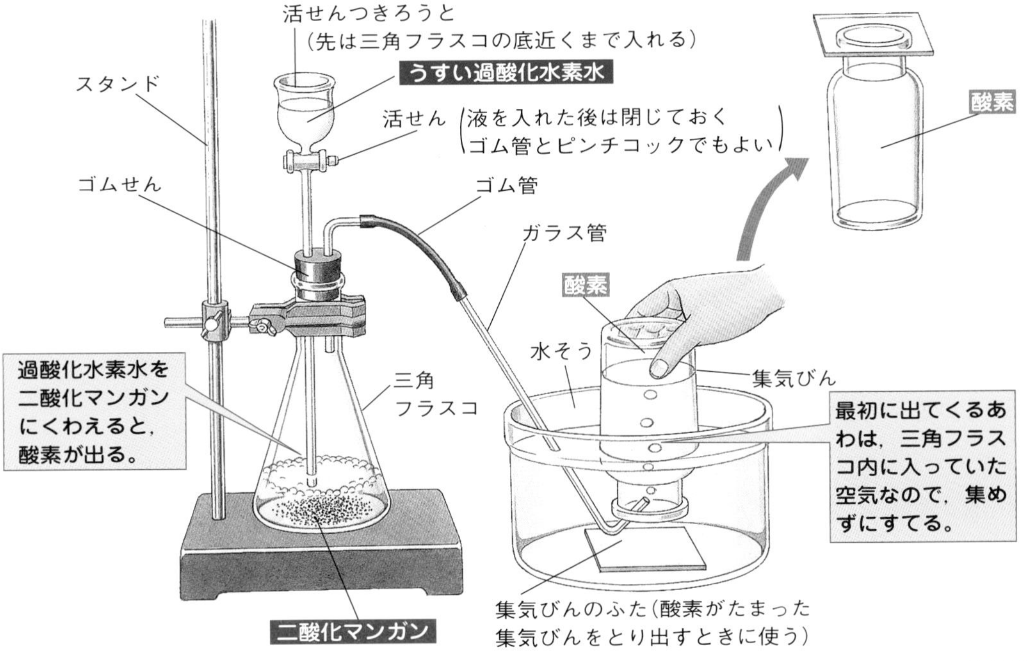

教科書のドリル

答え → 別冊2ページ

1 次の文の(　)にあてはまることばを書きなさい。

(1) (　　　　　)は，空気中に約0.04%ふくまれ，地球温暖化の原因だといわれている。

(2) 物が燃えるとき，空気中の(　　　　　)が使われる。

(3) 火のついたろうそくを，空気が入ったびんと酸素だけが入ったびん，ちっ素だけが入ったびんの中にそれぞれ入れると，(　　　　　)が入ったびんの中に入れたときが最も激しく燃える。いっぽう，(　　　　　)が入ったびんの中に入れると，すぐに火が消えてしまう。

2 下の円グラフは，空気の成分の割合を表したものです。あとの問いに答えなさい。

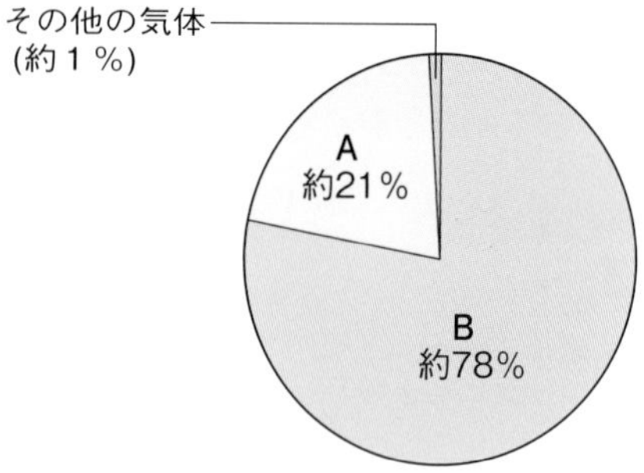

(1) AとBの気体は，それぞれ何ですか。

A(　　　　　)　B(　　　　　)

(2) Aの気体だけを集めたびんの中に火のついたろうそくを入れると，ろうそくの火はどのようになりますか。

(　　　　　　　　　　)

(3) Bの気体だけを集めたびんの中に火のついたろうそくを入れると，ろうそくの火はどのようになりますか。

(　　　　　　　　　　)

3 下の図は，酸素をつくって，発生した酸素を集める実験装置です。あとの問いに答えなさい。

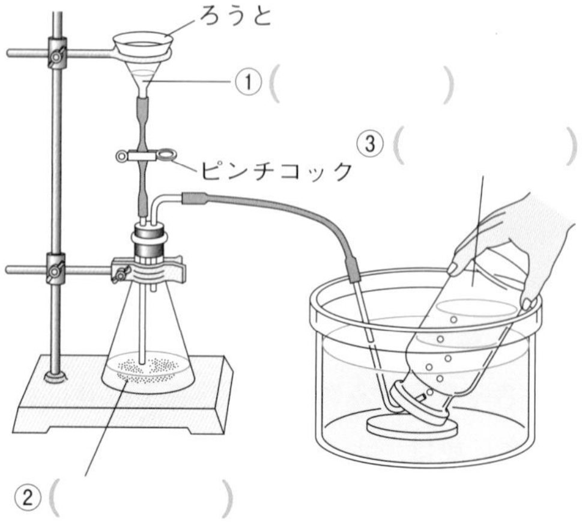

(1) 上の図の(　)にあてはまる物の名前を書きなさい。ただし，①は液体，②はつぶ，③は気体をさしています。

(2) 最初に水そうの中に出てきた気体は集めずにすてます。その理由を簡単に説明しなさい。

(　　　　　　　　　　)

4 右の図のように，酸素を集めたびんの中に，火のついた線香を入れました。このとき，どのような変化がみられますか。次のア〜エから１つ選び，記号で答えなさい。

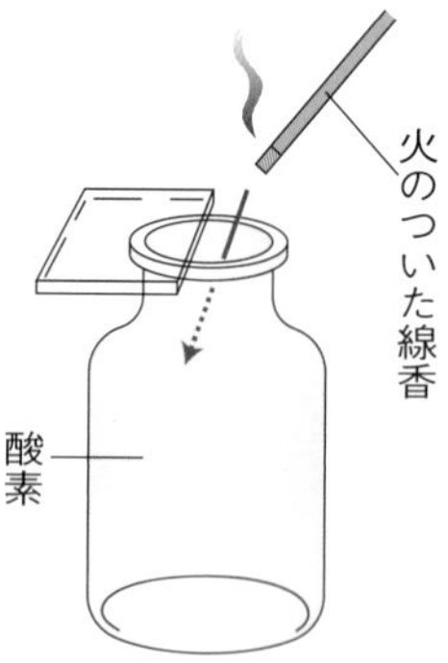

(　　　)

ア　線香の火が消える。

イ　線香の火が暗くなる。

ウ　線香が，ほのおを上げてさかんに燃える。

エ　線香が青白く光る。

3 物が燃えた後の空気

1 考えよう

びんの中でろうそくを燃やすと，びんの中の空気はどうなるか。

正しいのは？

Ⓐ 酸素がなくなって，ちっ素だけになる。
Ⓑ 二酸化炭素がふえる。
Ⓒ 空気が全部なくなる。

実験 びんの中でろうそくを燃やし，火が消えたら静かにとり出し，びんに石灰水を入れてよくふります。ろうそくを燃やす前のびんにも石灰水を入れてくらべます。

● 石灰水は，二酸化炭素がとけると白くにごる性質をもった水よう液です。

● 実験の結果，ろうそくを燃やした後のびんに入れた石灰水は白くにごりますが，ろうそくを燃やす前のびんに入れた石灰水は変化しません。

● このように，ろうそくが燃えると二酸化炭素ができます。 答 Ⓑ

もっとくわしく 空気と石灰水…空気中にも二酸化炭素はありますが，その量がひじょうに少ない(約0.04%)ので(→p.9)，石灰水は変化しないのです。

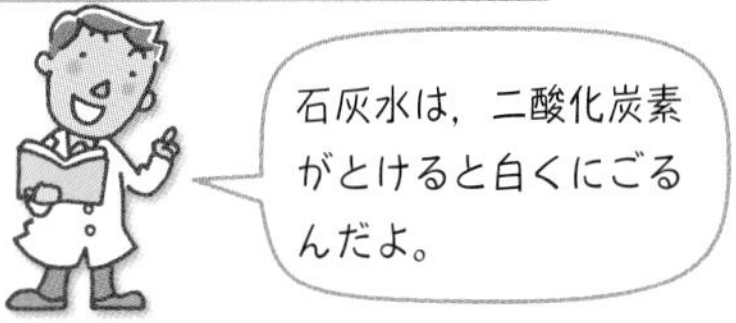

2 考えよう

びんの中で木を燃やすと，びんの中の空気はどうなるだろうか。

正しいのは？

Ⓐ 酸素がなくなって，ちっ素だけになる。
Ⓑ 二酸化炭素がふえる。
Ⓒ 空気が全部なくなる。

実験 割りばしを短く切って針金を巻きつけ，火をつけて，びんの中で燃やします。火が消えたら，びんの中に石灰水を入れてよくふり，石灰水がどうなるか調べます。

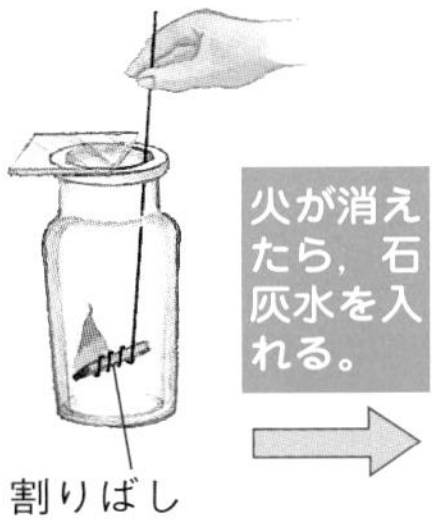

● 実験の結果，石灰水は白くにごります。

● このことから，木が燃えたときも，二酸化炭素ができることがわかります。 答 Ⓑ

3 考えよう びんの中で紙や木綿を燃やし，石灰水を入れてふるとどうなるか。

正しいのは？
- A とう明なまま変わらない。
- B 白くにごる。
- C 石灰水が燃える。

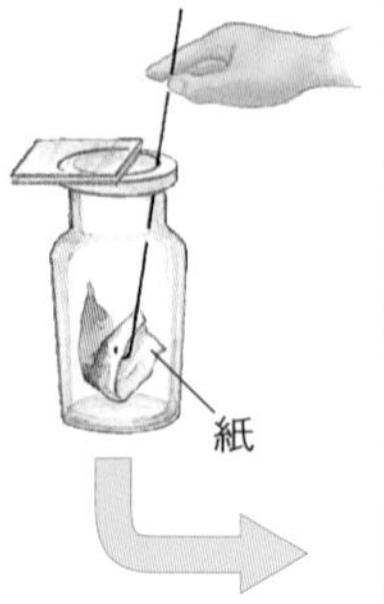

火が消えたら，石灰水を入れる。

金属以外の，身のまわりにあるほとんどの物は，燃やすと二酸化炭素ができるよ。

実験 びんの中で紙を燃やし，火が消えた後，びんの中に石灰水を入れてよくふり，石灰水が白くにごるか調べます。また，木綿の布を燃やして，同じように，石灰水の変化を調べます。

● 実験の結果，紙を燃やしたときも木綿の布を燃やしたときも，石灰水は白くにごります。

● このことから，紙や木綿の布が燃えても，二酸化炭素ができることがわかります。 答 B

もっとくわしく 二酸化炭素の発生…これらのほかにも，線香，竹，石油，石炭，エタノールなどは，燃えると，二酸化炭素ができます。鉄などの金属は，燃やしても二酸化炭素ができません。

空気中に，酸素や二酸化炭素がどれだけの割合(%)ふくまれているのかを調べる道具に**気体検知管**があります。気体検知管は，つぎのように使います。

気体検知管の使い方

1. 気体検知管は，気体の種類によってちがう。調べようとする気体の気体検知管の両はしを折り，先たんにゴムのカバーをつけて，気体採取器にさしこむ。
2. ハンドルと気体採取器の印を合わせ，ハンドルを引いて，気体検知管に空気をとりこむ。
3. ハンドルを引いて固定したまま，きめられた時間待ってから，気体検知管の色の変わりめを探す。
4. 色の変わりめの目もりが，その気体の割合で，下の写真の場合，「二酸化炭素の割合が約3%」と読むことができる。

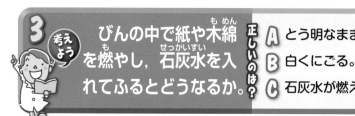

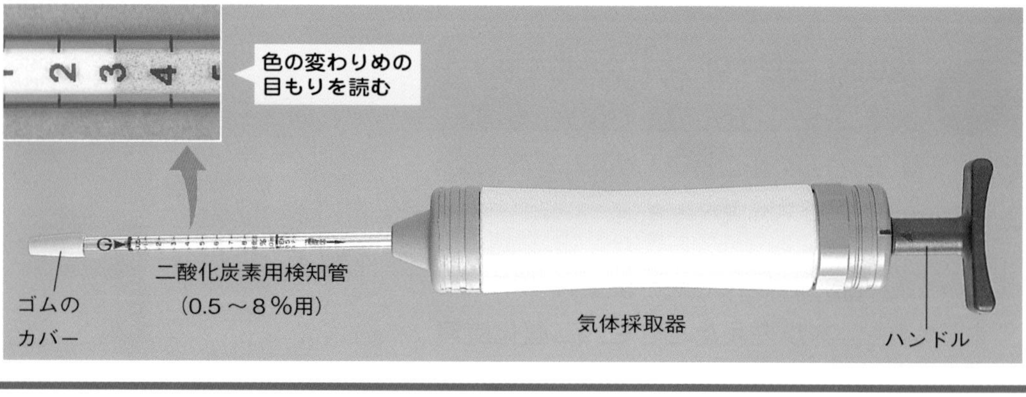

4 考えよう 物が燃えた後のびんの中の空気には，酸素はないのだろうか。

正しいのは？

- A 酸素は，まったくない。
- B 物が燃える前と変わらない。
- C 物が燃える前よりへっている。

実験 びんの中でろうそくを燃やし，火が消えたらとり出して，気体検知管を使って，酸素と二酸化炭素の割合を調べます。また，ろうそくを燃やす前の空気とくらべます。

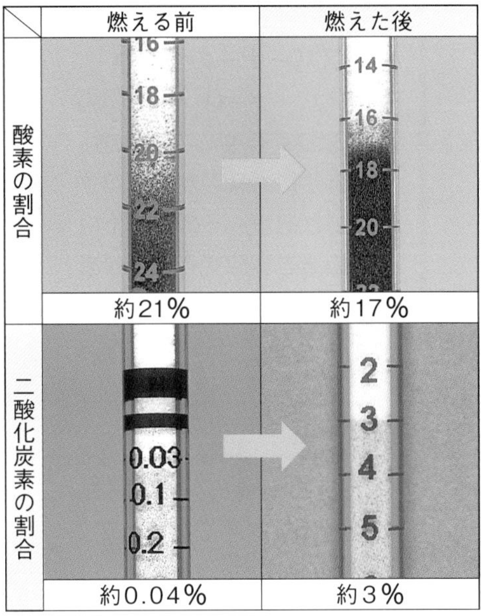

ろうそくが燃える前後の気体の量

● ろうそくを燃やす前と後で，酸素の量は，約21%から約17%に減りましたが，なくなっていません。

● また，二酸化炭素の量は，約0.04%から約３%にふえています。

● 木や紙や木綿の布などを燃やして同じ実験をしても，酸素がへり，二酸化炭素がふえます。

● このことから，ろうそくや木や紙，木綿の布などが燃えるときには，空気中の酸素の一部が使われて，二酸化炭素ができることがわかります。　答 C

5 考えよう 二酸化炭素には，物を燃やすはたらきはないのだろうか。

正しいのは？

- A 物を燃やすはたらきはない。
- B 物を燃やすはたらきがある。
- C 二酸化炭素自身が燃える。

実験 二酸化炭素を集めたびんの中に火のついたろうそくを入れて，燃え方を調べます。

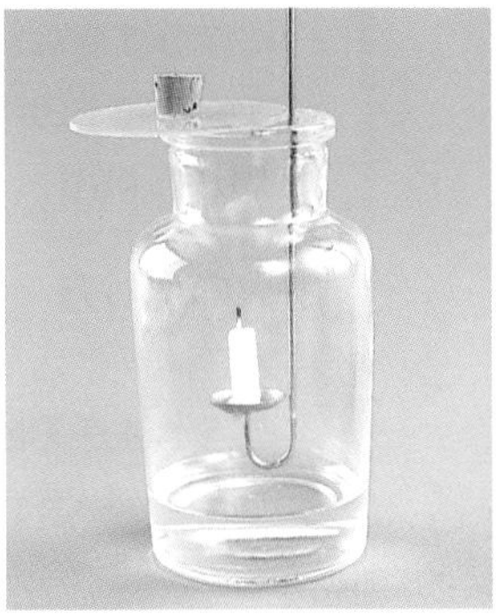
二酸化炭素中での変化

● 右の写真のように，ろうそくをびんの中に入れると，すぐに火が消えます。

● このことから，二酸化炭素には，物を燃やすはたらきがないことがわかります。

● また，二酸化炭素自身は燃えません。　答 A

たいせつポイント

物が燃えるときの変化
- 酸素の一部が使われて二酸化炭素ができる。
- 燃えたあとの空気は，石灰水を白くにごらせる。

ものを熱するときに使う道具に**ガスバーナー**があります。ガスバーナーにはガスや空気の量を調節するねじがついていて，それぞれ適当な量にして使えるようにしてあります。ガスバーナーは，次のように使います。

ガスバーナーの使い方

◉ガスバーナーのつくり

ガスバーナーは，右の図のようなつくりをしています。下のほうにガスの量を調節するねじがあり，そのすぐ上に空気の量を調節するねじがあります。

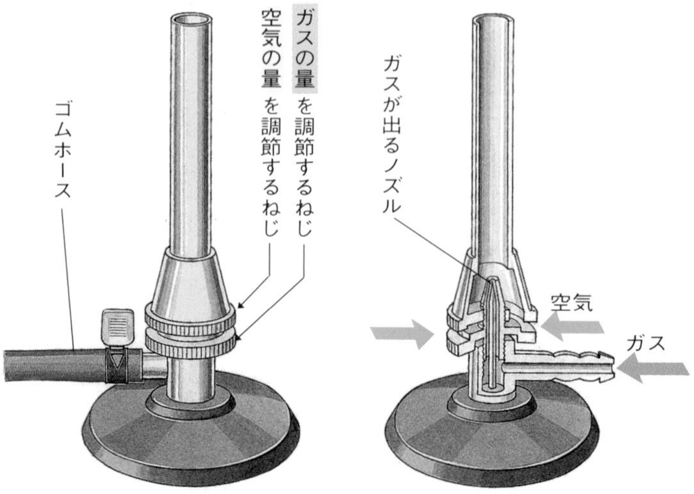

◉火のつけ方

火をつけるときは，次の手順でおこないます。

❶ ガスの元せんを右の写真のような向きにひねって，開ける。

❷ 火をガスバーナーの口のところに近づけ，ガスの量を調節するねじをゆるめてガスを出し，火をつける。すると，赤いほのおが出る。

❸ 空気の量を調節するねじをゆるめて空気を入れ，青いほのおが出るようにする。（このとき，空気の量が多くなりすぎないように注意する。右下の中央の写真くらいがよい）

元せんが開いているとき

元せんがしまっているとき

空気を入れていないとき

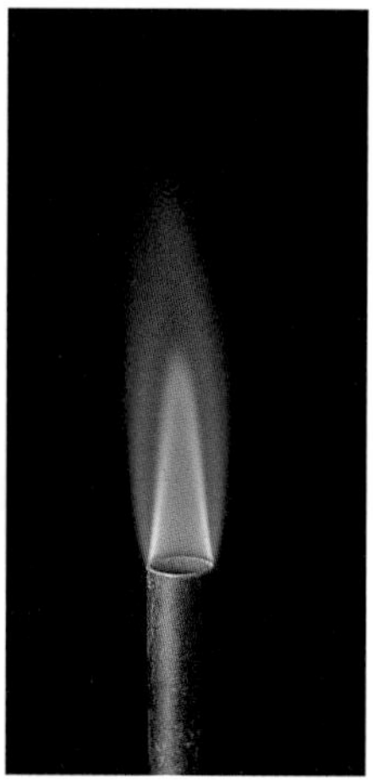

空気の量がちょうどよいとき

空気の量が多すぎるとき

◉火の消し方

火を消すときは，火をつけるときとは逆の順に，次のようにおこないます。

❶ 空気の量を調節するねじをしめる。

❷ ガスの量を調節するねじをしめる。

❸ ガスの元せんをしめる。

教科書のドリル

答え → 別冊2ページ

1 次の文の（　）にあてはまることばを書きなさい。

(1) 石灰水に二酸化炭素がとけると，石灰水が（　　　　）。

(2) びんの中でろうそくを燃やすと，燃やす前とくらべて，酸素の量は（　　　　），二酸化炭素の量は（　　　　）いる。

(3) 二酸化炭素には，物を燃やすはたらきが（　　　　）。

2 次の図のように，びんの中に火のついたろうそくを入れ，火が消えたらすぐにろうそくをとり出し，びんに石灰水を入れてふたをし，びんをよくふりました。あとの問いに答えなさい。

(1) ろうそくの火が消えたのは，何という気体の量がへったためですか。

（　　　　）

(2) ④で，石灰水にはどのような変化がみられますか。

（　　　　）

(3) (2)より，ろうそくが燃えると，何という気体が発生するといえますか。

（　　　　）

3 空気が入ったびんの中の酸素と二酸化炭素の割合を気体検知管で調べ，次に，そのびんの中にろうそくの火を入れて，ふたをします。ろうそくの火が消えるとすぐに，びんの中の酸素と二酸化炭素の割合を調べます。あとの問いに答えなさい。

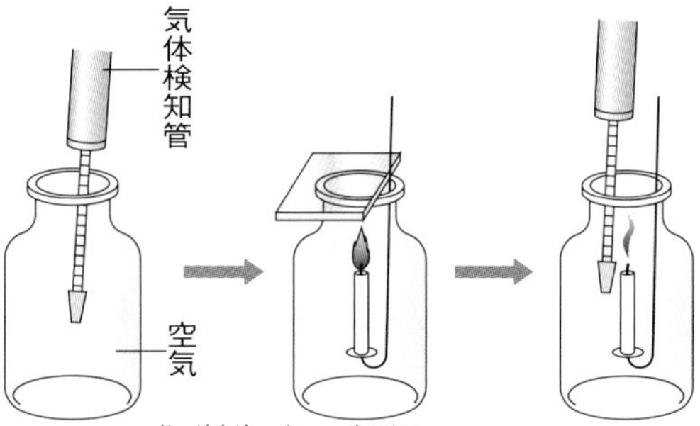

(1) この実験結果の説明として正しいものを，次から選びなさい。（　　　　）

ア　酸素はふえ，二酸化炭素はへる。

イ　酸素はへり，二酸化炭素はふえる。

ウ　どちらもふえる。

エ　どちらもへる。

(2) ろうそくのかわりに割りばしを燃やして同じような実験をおこなったとき，酸素と二酸化炭素の増減はどのようになりますか。（　　　　）

4 ガスバーナーの使い方について，次の問いに答えなさい。

(1) 空気の量が少ないとき，ほのおの色はア，イのどちらになりますか。（　　　　）

ア　青色　　　イ　赤色

(2) 火を消すときの手順どおりにア～ウをならべかえなさい。

（　　→　　→　　）

ア　ガスの元せんをしめる。

イ　ガスの量を調節するねじをしめる。

ウ　空気の量を調節するねじをしめる。

テストに出る問題

答え → 別冊3ページ
時間30分　合格点80点　得点　/100

1　図1のように，ねん土の上に立てたろうそくに火をつけて，それにびんをかぶせました。次の問いに答えなさい。［合計25点］

図1

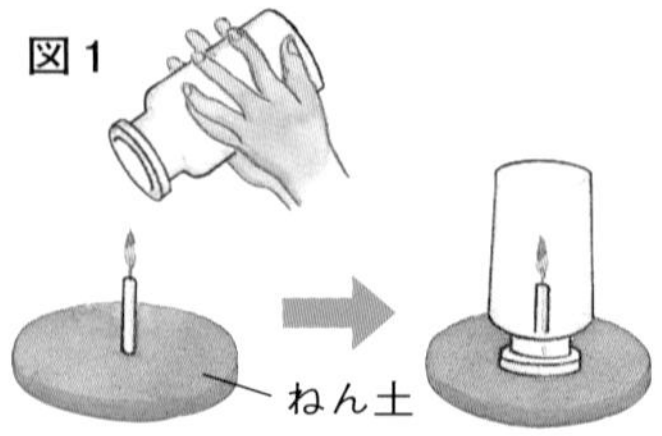

(1)　ろうそくの火はどうなりますか。次のア～ウから1つ選び，記号で答えなさい。［5点］〔　　　〕

ア　ろうそくの火はすぐ消える。

イ　ろうそくの火は燃え続ける。

ウ　ろうそくの火はしばらく燃えて消える。

(2)　(1)で使ったねん土の一部を切りとり，底を切りとったびんをつくり，右の図2のように，ろうそくの火にかぶせ，ガラス板のふたでびんの口を半分おおいました。

図2

①　ろうそくの火はどうなりますか。(1)のア～ウから1つ選び，記号で答えなさい。［5点］〔　　　〕

②　①のようになるのはなぜですか。その理由を説明しなさい。［10点］〔　　　〕

③　図2のAの所に，火のついた線こうを近づけました。線こうのけむりはどうなりますか。次のア～ウから1つ選び，記号で答えなさい。［5点］〔　　　〕

ア　びんの中に入っていく。

イ　びんと反対のほうへ流れていく。

ウ　びんの中には入らず，まっすぐ上へ流れていく。

2　右の図のように，石灰水の入った集気びんの中に，火のついたろうそくを入れ，ふたをしました。次の問いに答えなさい。［合計20点］

(1)　しばらくすると，ろうそくの火が消えました。その理由を次のア～エから1つ選び，記号で答えなさい。［5点］〔　　　〕

ア　集気びんの中の酸素が少なくなったから。

イ　集気びんの中の酸素がすべてなくなったから。

ウ　集気びんの中の二酸化炭素がふえたから。

エ　集気びんの中がすべて二酸化炭素になったから。

(2)　ろうそくの火が消えると，すぐにろうそくをとり出し，ふたをして，びんをよくふりました。このとき，石灰水はどうなりますか。［10点］〔　　　〕

(3)　(2)のようになったのはなぜですか。次のア～ウから1つ選び，記号で答えなさい。［5点］〔　　　〕

ア　ろうそくが燃えて，集気びんの中の酸素がなくなったから。

イ　ろうそくが燃えて，集気びんの中の二酸化炭素がふえたから。

ウ　ろうそくが燃えて，石灰水の温度が高くなったから。

3

右の図は，酸素を発生させて，集気びんに集めているところを表したものです。次の問いに答えなさい。　［合計 35 点］

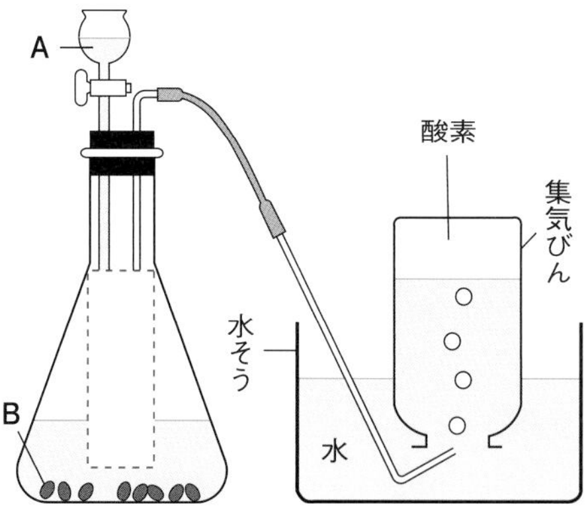

(1)　図の中の A の液体と B の固体はそれぞれ何ですか。名前を答えなさい。

［各 10 点］A〔　　　　　　　　〕

B〔　　　　　　　　〕

(2)　図の中の［　　］の部分は，どのようになっていますか。次のア～エから１つ選び，記号で答えなさい。［5 点］〔　　　〕

ア 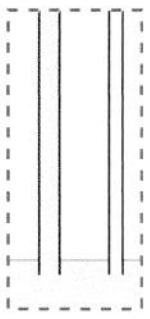

イ 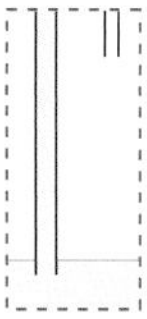

ウ 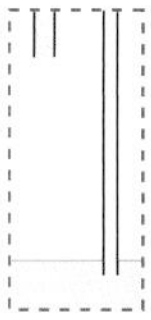

エ 

(3)　最初に水そうの中に出てきた気体は集めずにすてます。その理由を次のア～ウから１つ選び，記号で答えなさい。　［5 点］〔　　　〕

ア　水そう内の水が変化してできた水蒸気が，多くふくまれているから。

イ　A と B が反応すると，はじめは酸素以外の気体が発生するから。

ウ　フラスコ内にあった空気が多くふくまれているから。

(4)　集気びんの中に酸素が集まった後，集気びんを水そうからとり出し，その中に火のついたろうそくを入れました。このとき，ろうそくの火はどのようになりますか。次のア～ウから１つ選び，記号で答えなさい。　［5 点］〔　　　〕

ア　空気中より明るい光をはなち，激しく燃える。

イ　空気中より暗くなり，ほのおも小さくなる。

ウ　空気中と同じように燃える。

4

割りばしを短く切って，アルミニウムはくで包み，右の図のように火にかけました。次の問いに答えなさい。　［合計 20 点］

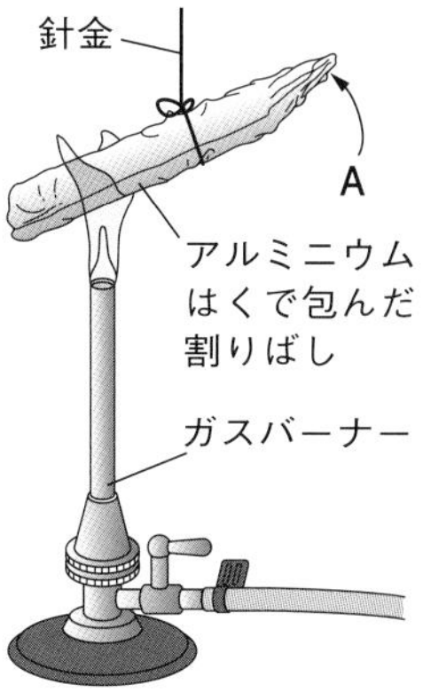

(1)　A にマッチの火を近づけるとどうなりますか。次のア～ウから１つ選び，記号で答えなさい。　［5 点］〔　　　〕

ア　割りばしが燃える。　　イ　アルミニウムはくがとける。

ウ　A から出てくる気体に火がつく。

(2)　十分に火にかけると，割りばしは何に変わりますか。

［7 点］〔　　　〕

(3)　割りばしのかわりに木綿を使うと，木綿はどうなりますか。

［8 点］〔　　　　　　　　　　　　　　〕

火を消す方法

▶物が燃え続けるためには，次の３つの条件がすべてそろってないといけません。そこで，火を消すためには，このうちどれか１つをうばってしまえばよいのです。

▶１つめの条件は，燃える物がまわりにあることです。ガスバーナーを消すときに，ガス調節ねじを閉じるのはこれを利用しています。

▶２つめの条件は，まわりに十分な酸素があることです。あわの出る消火器を使ったり，火の出たフライパンにぬれたふきんをかけて消火するのは，これを利用しています。

▶３つめの条件は，燃えだすのに十分な温度（発火点）以上に保たれていることです。火事のときに，消防隊員がホースで水をかけるのは，水で冷やして消火するためです。

ロケットの燃料と酸素

▶人工衛星や宇宙飛行士を打ち上げるのには，ロケットが使われています。

▶ロケットは，エンジンで燃料を燃やし，それをふき出して飛んでいます。固体の燃料も積まれていますが，燃料の多くは，水素という燃えやすい気体で，液体にしてロケットに積まれています。

▶実はロケットには，ほかにも液体にした酸素がいっしょに積まれています。なぜ，わざわざ酸素まで持っていくのでしょうか。

▶ひとつは，酸素を使うと燃料を激しく燃やすことができるからです。

▶また，水素を燃やすのに十分な空気は，地上20kmぐらいまでしかありません。しかしロケットは，これよりもずっと高い所まで飛ぶ必要があります。そのため，燃料を燃やし続けるために，酸素を積まなければいけないのです。

人工衛星などを打ち上げるためのロケット

写真提供：JAXA

2 人や動物のからだ

教科書のまとめ

★ 人は呼吸して，肺で酸素をとり入れ，二酸化炭素を出す。

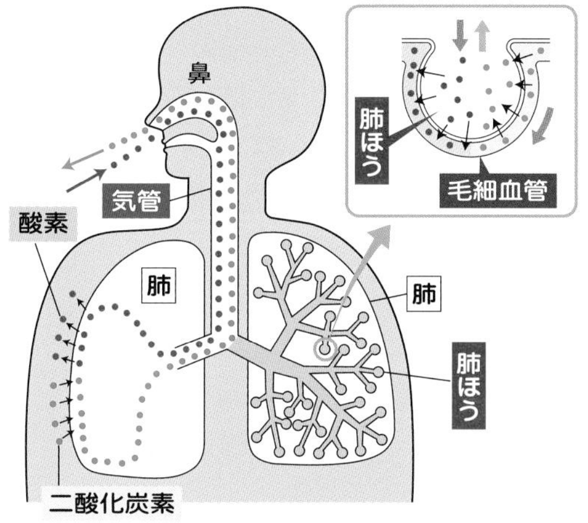

★ 消化された養分は，小腸のじゅう毛で血液にとり入れられる。

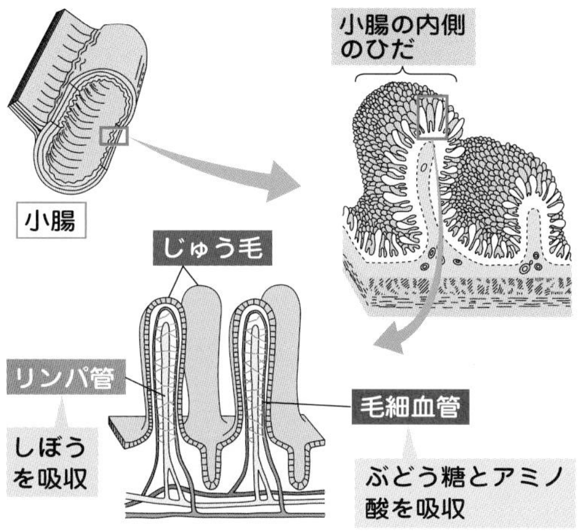

★ 人が食べた物は，消化管の中で吸収されやすい養分に消化される。

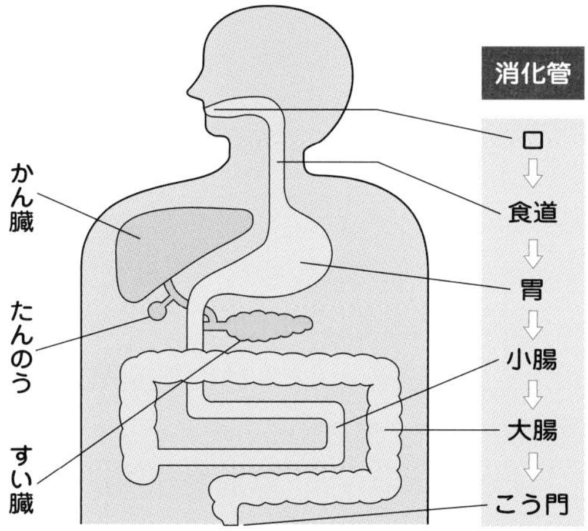

★ 酸素や養分は血液によって全身に運ばれる。心臓が血液を流すはたらきをする。

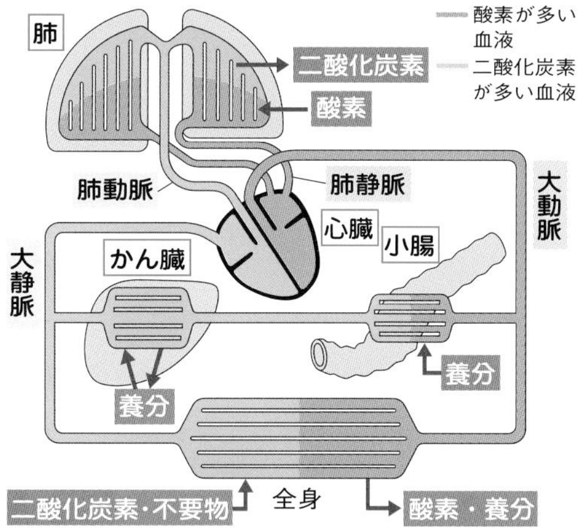

1 呼吸

1 考えよう

吸う空気とはいた空気では，二酸化炭素の量がちがうだろうか。

正しいのは？
- A 吸う空気のほうが二酸化炭素は多い。
- B はいた空気のほうが二酸化炭素は多い。
- C どちらも同じ。

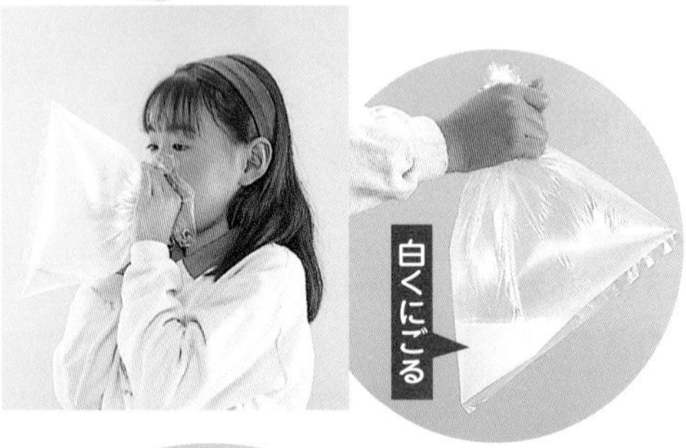

はいた空気

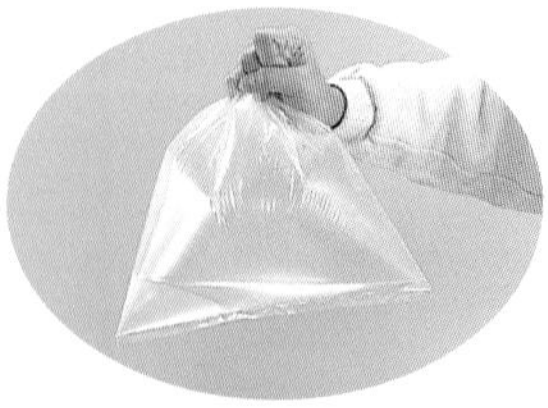

吸う空気
（まわりの空気）

実験 石灰水を入れたとう明なふくろに，吸う空気を入れ，よくふってみます。同じように，石灰水を入れたふくろの中にはいた空気をふきこんでよくふり，どうなるかくらべます。

● 吸う空気を入れたほうの石灰水は変化しませんが，**はいた空気を入れたほうの石灰水は白くにごります**。

● このことから，吸う空気よりも**はいた空気のほうが二酸化炭素をたくさんふくむ**ことがわかります。

● つまり，人は**呼吸**によって，**二酸化炭素をからだの外に出している**のです。

答 B

2 考えよう

吸う空気とはいた空気では，酸素の量がちがうのだろうか。

正しいのは？
- A 吸う空気のほうが酸素は多い。
- B はいた空気のほうが酸素は多い。
- C どちらも同じ。

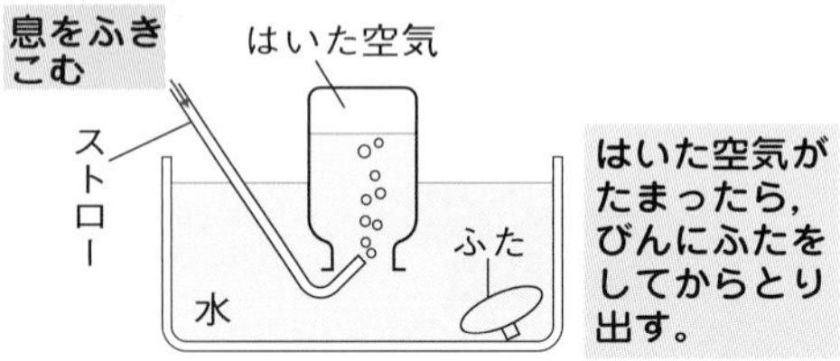

はいた空気の集め方

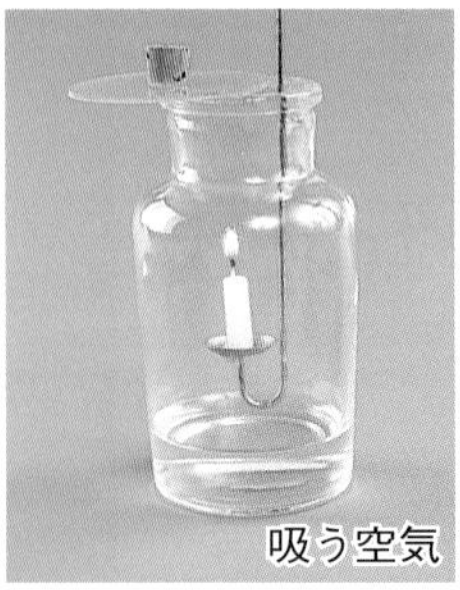

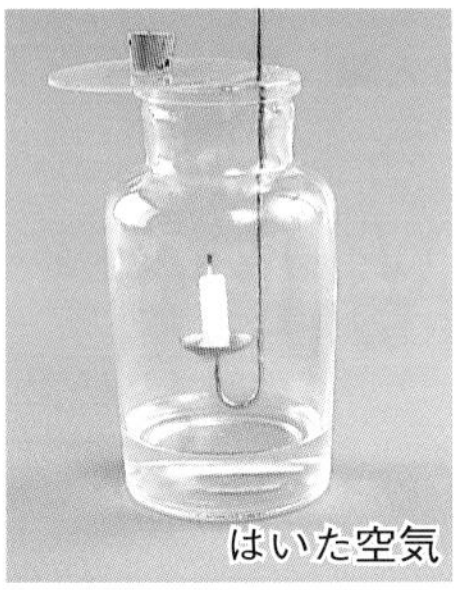

実験 吸う空気（まわりの空気）を入れたびんと，左の図のようにしてつくった，はいた空気を入れたびんに，燃えているろうそくを入れ，ろうそくの火が消えるまでの時間をくらべます。

● **吸う空気**を入れたびんのろうそくの火は**少しの間燃えてから**消えますが，**はいた空気**を入れたびんのろうそくの火は**すぐに消えてしまいます**。

● このことから，吸う空気よりも**はいた空気のほうが少ない酸素しかふくまない**ことがわかります。

● つまり，人は**呼吸**によって，**酸素をからだの中にとり入れている**のです。

答 A

3 考えよう　はいた空気の中には，酸素と二酸化炭素のどちらが多いだろうか。

正しいのは？

A 二酸化炭素のほうが多い。

B 酸素のほうが多い。

C 酸素も二酸化炭素も同じ量。

実験 気体検知管(使い方は14ページ)を使って，吸う空気とはいた空気にふくまれている酸素と二酸化炭素の量を，それぞれ調べます。

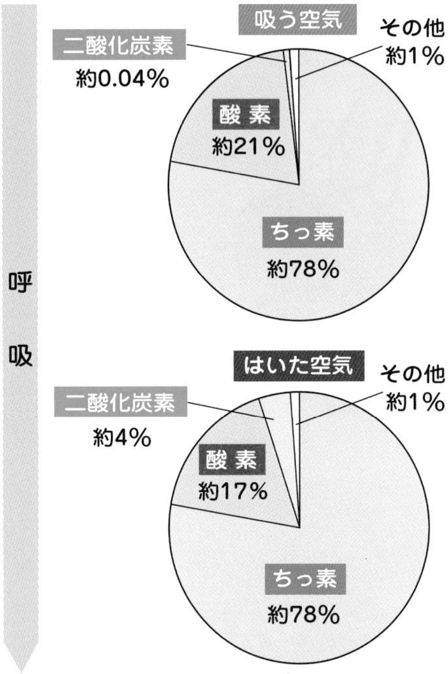

● 右のグラフのように，酸素の量は，吸う空気では約21%で，はいた空気では約17%でした。

● また，二酸化炭素の量は，吸う空気では約0.04%で，はいた空気では約4%でした。

● このように，はいた空気は，吸う空気よりも**酸素の量がへり，二酸化炭素の量がふえています**。しかし，**はいた空気でも，二酸化炭素より酸素のほうが多くふくまれています**。つまり，呼吸によって，吸った空気の酸素がすべてからだにとり入れられるわけではありません。

● また，吸う空気とはいた空気とで，**ちっ素の量は変わりません**。

答 **B**

4 考えよう　吸う空気とはいた空気では，水蒸気の量がちがうのだろうか。

正しいのは？

A 吸う空気のほうが水蒸気は多い。

B はいた空気のほうが水蒸気は多い。

C どちらも同じ。

● 私たちのまわりの空気中には，水蒸気がふくまれています。その空気(吸う空気)をポリエチレンのふくろに入れても，変化はみられません。

● ところが，**ポリエチレンのふくろに息をふきこむと，ポリエチレンのふくろの内側がくもります**。これは，**はいた空気には，吸う空気よりもたくさんの水蒸気がふくまれていて**，その水蒸気が冷やされて水てきになり，ふくろにつくためです。

答 **B**

たいせつポイント

呼吸 ｛ 空気中の酸素の一部をからだの中にとり入れる。
二酸化炭素をからだの外に出す。

5 考えよう 酸素は，からだのどの部分からとり入れられるだろうか。

正しいのは？

- A 心臓からとり入れられる。
- B 胃からとり入れられる。
- C 肺からとり入れられる。

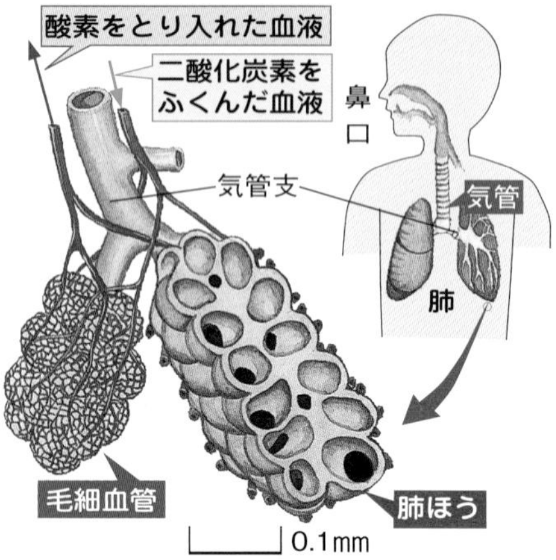

● 口や鼻から吸った空気は，**気管**という空気が通るための管を通って肺の中に入ります。

● 肺はからだの左右に１個ずつあり，気管は枝分かれして**気管支**となって左右の肺につながっています。

● 肺の中では，気管支がさらに**こまかく枝分かれしていて，先は小さなふくろになっています**。このふくろを**肺ほう**といいます。肺は，肺ほうがたくさん集まってできています。

● 肺ほうのまわりには，**毛細血管**という**細い血管**が，あみのようにとりまいています。 答 C

6 考えよう 肺の中に入った酸素は，どのようになるのだろうか。

正しいのは？

- A 血液にとり入れられる。
- B 肺ほうの中にたまっていく。
- C 肺からからだじゅうにしみこんでいく。

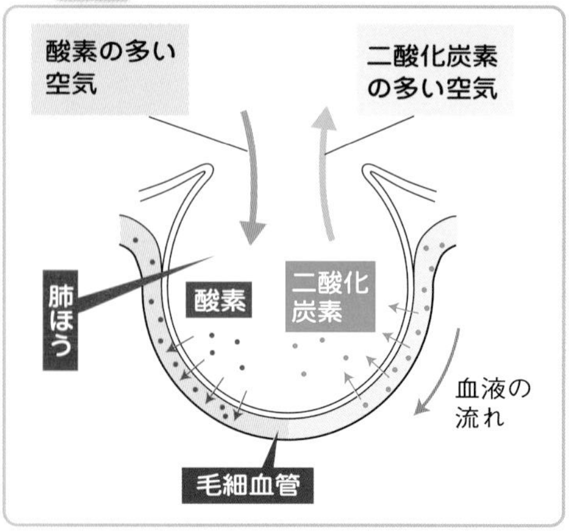

肺ほうでの酸素と二酸化炭素の出入り

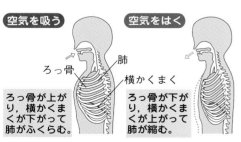

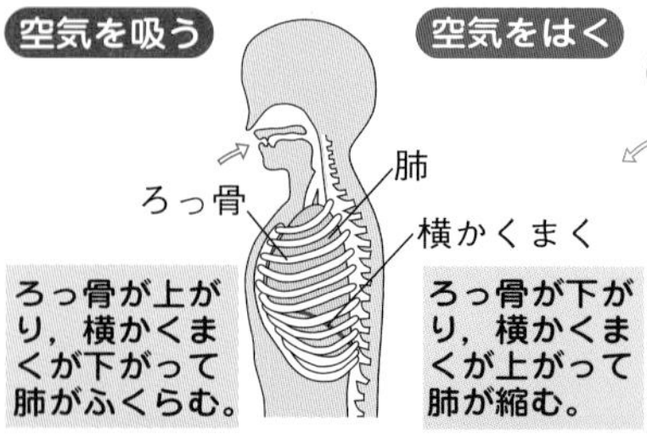

● 気管を通って肺まできた空気（吸った空気）は，**気管支の先の肺ほうに入ります**。

● そして，吸った空気の中の**酸素の一部**は，肺ほうのまわりの**毛細血管中の血液にとり入れられます**。

● また，逆に，血液の中にとけていた**二酸化炭素**が，**肺ほうの中に出されます**。

● このようにして，肺ほうと血液との間で酸素と二酸化炭素のやりとりがおこなわれます。

● 酸素がへり，二酸化炭素がふえた空気は，**肺ほう→気管支→気管を通って，はき出されます**。 答 A

もっとくわしく

肺と筋肉…肺は筋肉ではできていないので，**自分の力でふくらんだり縮んだりすることはできません**。肺に空気を入れたり出したりするのは，ろっ骨についている**ろっ間筋**と，胸と腹の間のしきりである**横かくまく**という**筋肉のはたらき**です。これらの筋肉が縮むと胸の中が広くなって肺がふくらみ，空気が吸いこまれます。また，これらの筋肉がゆるむと胸の中がせまくなって肺が縮み，空気がはき出されます。

7 考えよう 魚は，どのようにして呼吸をしているのだろうか。

正しいのは？
- A 肺で呼吸をしている。
- B えらで呼吸をしている。
- C ひれで呼吸をしている。

● 魚のえらぶたの中には，くしを丸めたような形をしたえらがあります。魚はこのえらで呼吸をしています。

● 魚は，たえず口をぱくぱくさせ，えらぶたを開いたり閉じたりしていますが，これは，口から水を吸いこみ，えらの間を通して，えらぶたから出しているのです。

● えらの中には，肺と同じように毛細血管がたくさんあって，水がえらの間を通るとき，水中にとけている酸素を，えらのかべを通して血液中にとり入れます。また，同時に血液中の二酸化炭素が，えらのかべを通して水中に出されます。

答 B

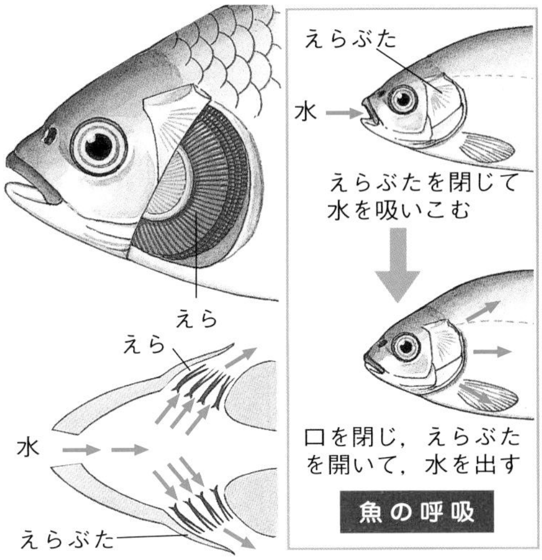

魚の呼吸

8 考えよう イヌ・クジラ・イカ・ウサギのうち，えらで呼吸をする動物は？

正しいのは？
- A クジラとイカはえらで呼吸をする。
- B イカだけがえらで呼吸をする。
- C クジラだけがえらで呼吸をする。

● 魚以外にも，えらで呼吸をしている動物がいます。水中にすむイカ・タコ・貝・エビ・カニ・カエルのこども(おたまじゃくし)などがそうです。

● 水中にすむ動物でも，イルカ・クジラ・ウミガメ・ワニなどは，人と同じように肺で呼吸をしています。

● また，陸上にすむイヌ・ウサギ・鳥・ヘビ・カメ・親になったカエルなども肺で呼吸をしています。

答 B

いろいろな動物の呼吸　→は酸素，→は二酸化炭素

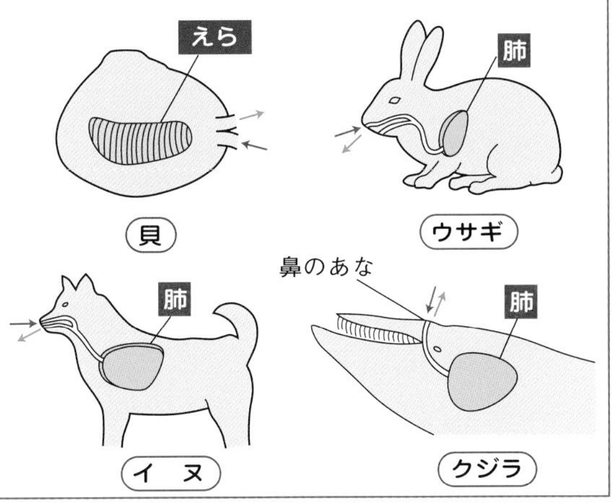

たいせつポイント
人の肺 { 気管支の先は小さなふくろ(肺ほう)になっている。
肺ほうから毛細血管の血液へと酸素をとり入れる。

教科書のドリル

答え → 別冊3ページ

1 次の文の（　）にあてはまることばを書きなさい。

(1) 人のはく息は，吸った空気（まわりの空気）とくらべて，（　　　　）がふえて，（　　　　）がへっている。これは，肺の中に吸いこんだ空気から（　　　　）をとり入れ，肺のまわりを流れる血液から肺の中へ（　　　　）が放出されるためである。

(2) 石灰水の入ったポリエチレンのふくろに息をふきこむと，石灰水は（　　　　）。

2 下の図は，人の吸う空気とはく息にふくまれる気体の割合を表したものです。A，Bはそれぞれ何という気体を表していますか。

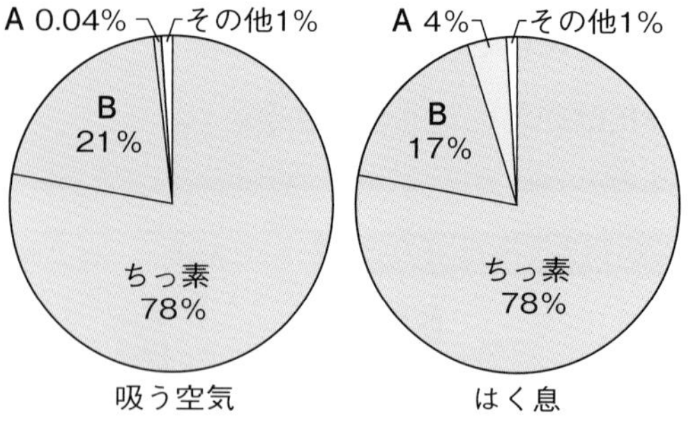

A（　　　　）　B（　　　　）

3 次の(1)～(3)の文で，正しいものには○，まちがっているものには×と答えなさい。

(1) 吸う息とくらべて，はく息の中には水分がたくさんふくまれている。（　　）

(2) 魚やクジラは，えらで呼吸をする。（　　）

(3) はく息の中には，酸素よりも二酸化炭素がたくさんふくまれている。（　　）

4 下の図は，人が呼吸をするためのつくりを表したものです。あとの問いに答えなさい。

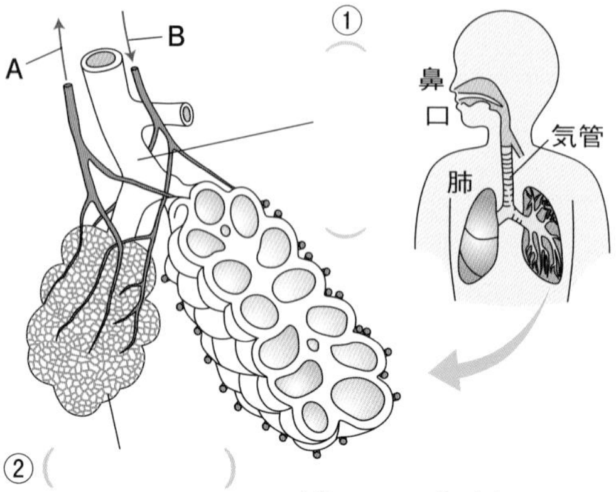

(1) 上の図の①の管と②の血管の名前を（　）の中に書きなさい。

(2) 図の中のAの血液とBの血液の特ちょうを，次から選びなさい。

ア　二酸化炭素を多くふくむ血液

イ　酸素をとり入れた血液

A（　　　）　B（　　　）

5 下の図は，フナをかいぼうしたときのものです。魚の呼吸について，あとの問いに答えなさい。

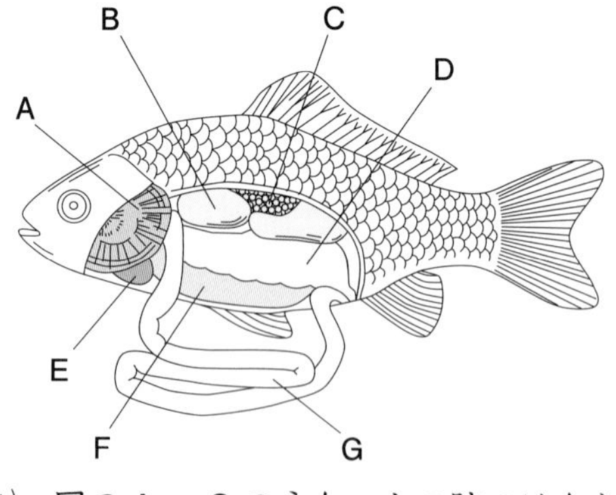

(1) 図のA～Gのうち，人の肺のはたらきをするつくりはどれですか。（　　）

(2) (1)で答えた部分は何といいますか。名前を答えなさい。（　　　　）

2 消化と吸収

1 考えよう 食べ物は，どのようにしてからだの中に吸収されるのだろうか。

正しいのは？
- **A** 中の養分が小さなつぶに変化して吸収される。
- **B** 中の養分が大きなつぶに変化して吸収される。
- **C** 食べたままで変化せずに吸収される。

● 人や他の動物が生きていくためには，運動するときなどに使われるエネルギーのもとや，からだをつくる材料を食べ物からとり入れなければなりません。

● 食べ物は，全部がエネルギー源や材料になるのではなく，その中の**一部の成分だけがとり入れられて使われます**。このような役に立つ成分のことを**養分**といいます。

● 口から入った食べ物は，右の図のように，**口→食道→胃→小腸→大腸**の順に送られて，残った物は**こう門からふん(便)として出てきます**。胃や小腸，呼吸にはたらく肺などのことを**臓器**といいます。

● そのと中で食べ物はこまかくくだかれます。また，食べ物の中にふくまれている**大きなつぶの養分が，水にとけやすい小さなつぶの養分に変化します**。このはたらきを**消化**といい，口からこう門までの通り道を**消化管**といいます。

● また，消化した食べ物から**養分や水分をからだにとり入れるはたらき**を**吸収**といいます。 **答 A**

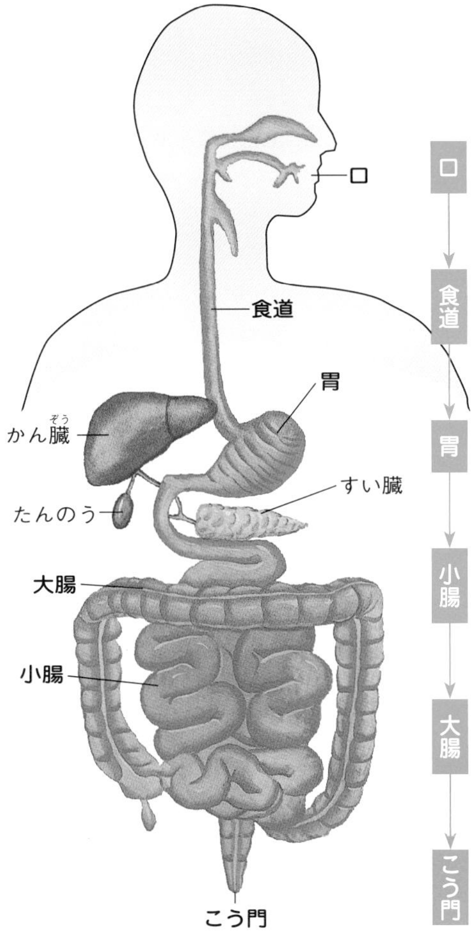

もっとくわしく 食べ物と養分…でんぷんは米や小麦，しぼうは油，たんぱく質は肉や魚，無機質は牛乳や海そう，ビタミンは野菜に多くふくまれます。これらの五大栄養素は，すべてからだに必要な養分です。

種類	はたらき
でんぷん	運動のエネルギー源となる。 体温のもと(熱)になる。
しぼう	
たんぱく質	筋肉や血液・骨の材料になる。
無機質	
ビタミン	からだの調子を整える。

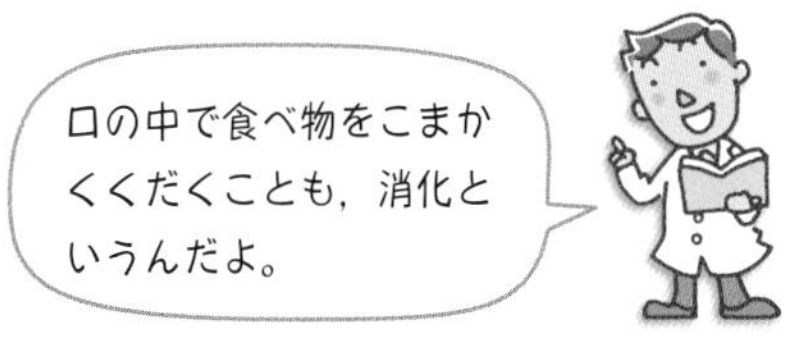

口の中で食べ物をこまかくくだくことも，消化というんだよ。

たいせつポイント
- **消化**…**食べ物を吸収しやすくすること。**
- **吸収**…**養分や水分をからだにとり入れること。**

2 考えよう だ液は，口の中で，どんな養分を消化するのだろうか。

正しいのは？
- A でんぷんを消化する。
- B たんぱく質を消化する。
- C しぼうを消化する。

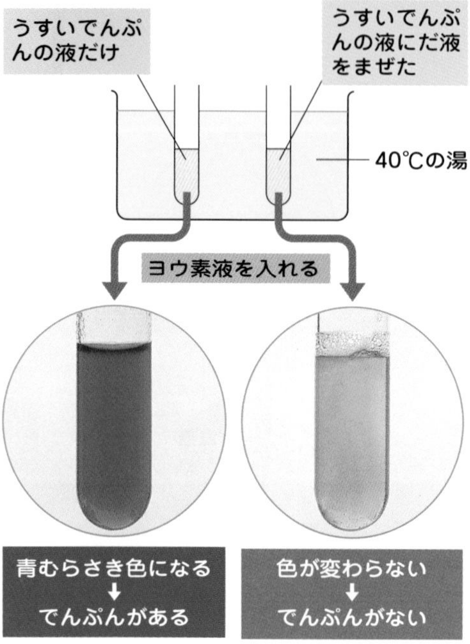

実験 試験管にうすいでんぷんの液を入れた物と，うすいでんぷんの液にだ液をまぜて入れた物をそれぞれつくり，40℃の湯に10分間つけておきます。その後，それぞれにヨウ素液をくわえ，色の変化を調べます。

● 実験の結果，でんぷんの液だけを入れたほうは，ヨウ素液をくわえると青むらさき色になります。これは，でんぷんが変化せずに残っているからです。

● でんぷんの液にだ液をまぜたほうは，ヨウ素液をくわえても色が変わりません。これは，だ液がでんぷんを消化して，でんぷんが別のものに変化してしまったからです。

● つぶの大きい養分のでんぷんは，だ液のはたらきによってつぶの小さな糖に変わることがわかっています。このように食べ物を消化する液を消化液といいます。

● 口から入った食べ物は歯でこまかくくだかれ，だ液とまぜ合わされたあと食道を通って胃に送られます。

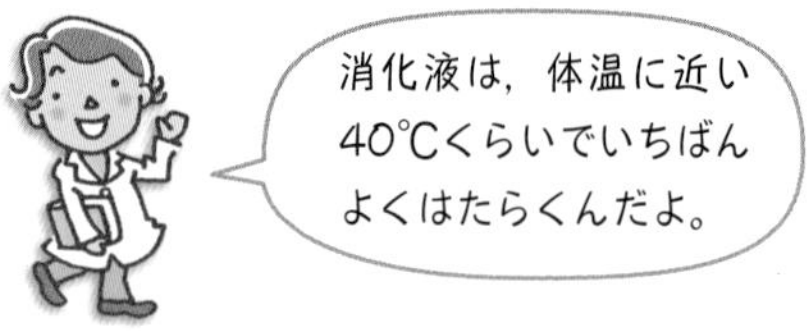

消化液は，体温に近い40℃くらいでいちばんよくはたらくんだよ。

答 A

3 考えよう 胃は，おもにどんなはたらきをするのだろうか。

正しいのは？
- A でんぷんを消化する。
- B たんぱく質を消化する。
- C 糖を消化する。

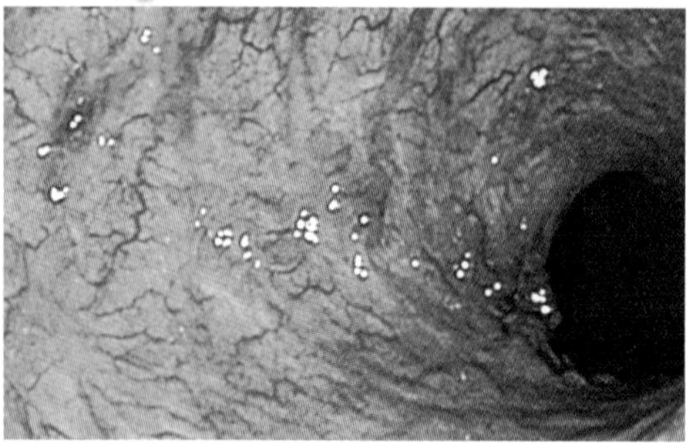

胃の内部

● 胃は筋肉でできた大きなふくろで，食べ物が入ってくると激しく動いて食べ物をさらにこまかくくだきます。

● さらに，かべから消化液を出して食べ物とまぜあわせます。この消化液を胃液といいます。

● 胃液のはたらきによって，おもにたんぱく質が消化されます。また，胃液の中にふくまれる塩酸によって食べ物の中の細きんを殺すはたらきもしています。

答 B

4 考えよう 胃から送り出された食べ物はこれ以上消化されないのだろうか。

正しいのは？

A これ以上は消化されずに吸収される。
B さらに消化されてから吸収される。
C たんぱく質だけはこれ以上消化されない。

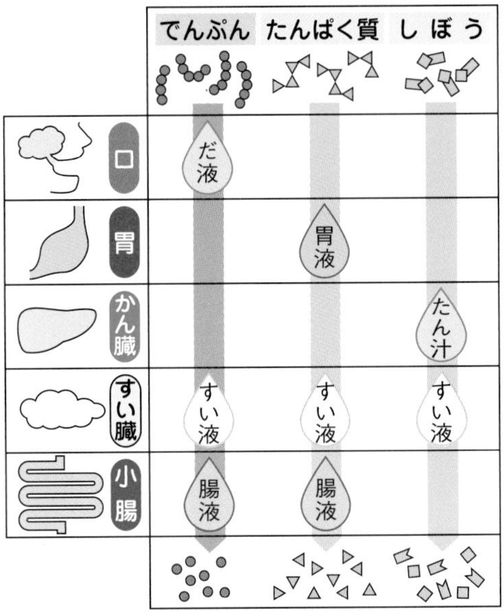

- **すい液**はすい臓でつくられる**消化液**で，でんぷん・糖・たんぱく質・しぼうを消化するはたらきがあります。
- **かん臓**はしぼうの消化を助ける**たん汁**という消化液を出します。たん汁はいったん**たんのう**にたまった後，すい液とまぜられて，小腸に出されます。
- **小腸では腸液という消化液が出され，**すい液・たん汁とともに食べ物をさらに消化します。
- **でんぷん**は，だ液・すい液・腸液のはたらきで，つぶの小さな**ブドウ糖**という糖に変化します。
- **たんぱく質**は，胃液・すい液・腸液のはたらきで，**アミノ酸**に変化します。
- **しぼう**は，たん汁・すい液のはたらきで，小さなつぶの養分に変化します。

答 B

5 考えよう 消化された養分はからだのどこで吸収されるのだろうか。

正しいのは？

A 胃で吸収される。
B 小腸で吸収される。
C 大腸で吸収される。

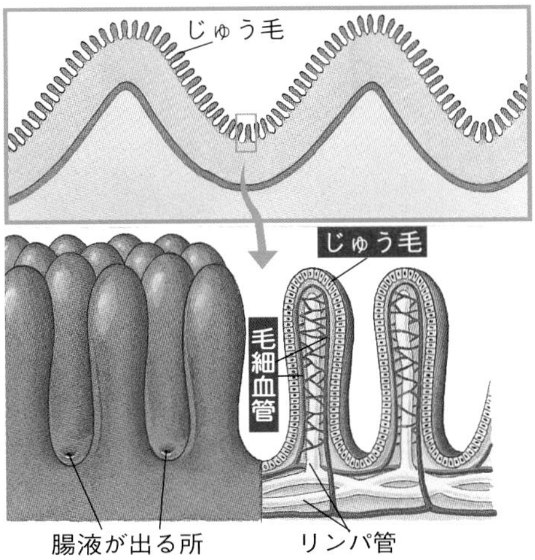

- **消化された養分**はほとんど**小腸で吸収**されます。
- 小腸の内側にはたくさんのひだがあり，そのひだの上に**じゅう毛**という**小さな毛のようなもの**が，びっしりとじゅうたんのように生えています。
- おとなの小腸の内側の表面積を合計するとテニスコートと同じぐらいになります。**面積が大きいので，養分や水分を十分に吸収することができます。**

答 B

もっとくわしく　**じゅう毛とリンパ管**…小腸のじゅう毛の中には，**毛細血管**(→p.35)と**リンパ管**があります。養分のうち，**ブドウ糖**と**アミノ酸**は毛細血管の中に，**しぼう**はリンパ管の中に入ります。

たいせつポイント　**消化と吸収**
- 食べ物を**消化**する液を，**消化液**という。
- **養分**は，**小腸のじゅう毛**で吸収される。

6 考えよう 水分はおもにからだのどこで吸収されるのだろうか。

正しいのは？

Ⓐ 胃と小腸で吸収される。

Ⓑ 胃と大腸で吸収される。

Ⓒ 小腸と大腸で吸収される。

食べ物の養分を
全部とり入れて
くれたかな？

● 小腸では，消化された養分だけでなく，水分も吸収されます。吸収されなかった食べ物の残りは大腸に送られ，そこでさらに水分が吸収されます。

● 大腸でも吸収されなかった物はふん(便)となってこう門からからだの外へ出されます。

答 Ⓒ

なぜだろう？ 小腸や大腸では，食べ物や飲み物として口に入れた水分よりも，はるかにたくさんの水分が吸収されます。なぜでしょうか。

答 食べ物を消化するために，だ液や胃液，すい液などの消化液が，１日に合計で７Lも出されています。そのため，消化液にふくまれていた水分も吸収しなければいけないからです。

7 考えよう かん臓は，消化液を出すほかに，どのようなはたらきをするのだろう。

正しいのは？

Ⓐ 養分を吸収する。

Ⓑ 吸収された養分をたくわえる。

Ⓒ 食べ物をこまかくくだく。

● かん臓は，おとなで，約1.2～2.5kgもあります。これは脳とほぼ同じ重さで，からだの中では最も大きい臓器のひとつです。

● かん臓はしぼうの消化を助ける，たん汁という消化液をつくるはたらきをしています。(→ p.29)

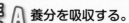

● また，小腸から血液が流れこんでいて，吸収した養分をたくわえるはたらきをもっていて，つねに血液中に一定の割合で養分がふくまれているように量を調節しています。

● また，アンモニアやアルコールといった体内の有害な物を無害な物に分解するはたらきもしています。

● ほかにも，かん臓は体内で必要となるいろいろな物をつくっています。

答 Ⓑ

もっとくわしく かん臓の再生…かん臓はとても強い再生力をもっています。全体の$\frac{3}{4}$を切りとってしまってもはたらき，およそ半年たつと元どおりの大きさにもどることがわかっています。

8 考えよう ほかの動物の消化のしくみも，人と同じだろうか。

正しいのは？

A 少しずつちがうが，人と似ている。

B 動物どうしは似ているが，人だけはちがう。

C 動物によってみなちがう。

観察 魚の腹を，右の①→②→③の順で切り開いて，消化管のようすを調べます。

腹を切り開く順序

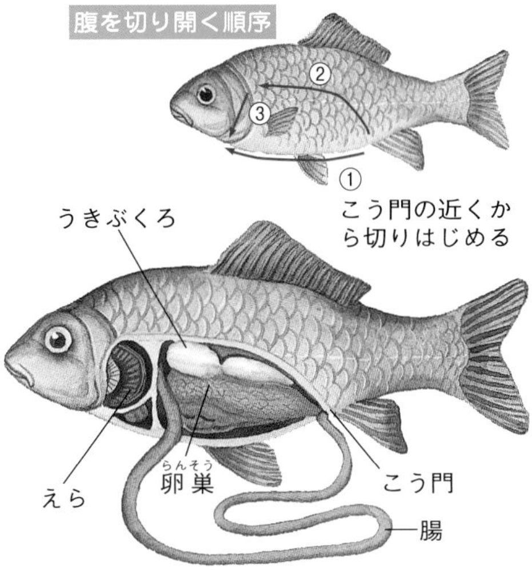

● 魚にも，口からこう門までつながっている長い消化管があります。ただ，魚の場合は，胃と腸の区別がはっきりしません。

● ウシのような草食動物（→ p.63）では，草をすりつぶしやすいように，平らな歯がたくさんあり，腸がとても長いのが特ちょうです。

● ライオンのような肉食動物では，肉を切りさきやすいように，するどくとがった歯が多く，胃が大きくて腸が短いのが特ちょうです。

答 A

いろいろな動物の消化管

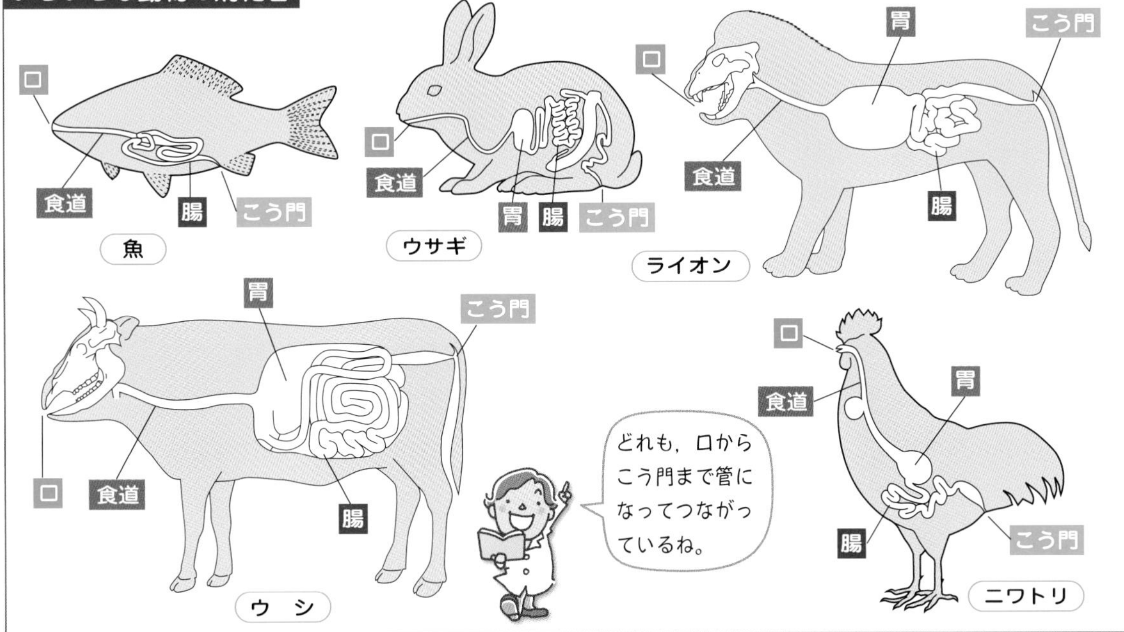

たいせつポイント

- かん臓…たん汁を出したり血液中の養分の量を調節したりする。
- 動物の消化管…口からこう門まで管になってつながっている。

教科書のドリル

答え → 別冊3ページ

1 下の図は，食べ物を消化するつくりを表しています。あとの問いに答えなさい。

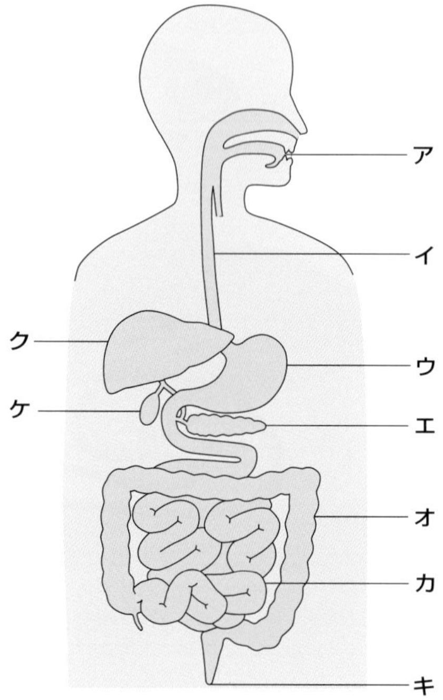

(1) ア～ケのつくりの名前を，それぞれ答えなさい。

ア(　　　　) イ(　　　　)
ウ(　　　　) エ(　　　　)
オ(　　　　) カ(　　　　)
キ(　　　　) ク(　　　　)
ケ(　　　　)

(2) 食べ物が通る道すじを，ア～ケの記号で答えなさい。

(　　→　　→　　→　　→　　→　　)

(3) (2)の道すじのうち，消化液が出る所はどこですか。ア～ケから選びすべて記号で答えなさい。(　　　　)

(4) 消化された養分が吸収される所はおもにどこですか。ア～ケから1つ選びなさい。(　　　　)

2 下の図のように，Aの試験管にはうすいでんぷんの液だけを入れ，Bの試験管にはうすいでんぷんの液にだ液をまぜたものを入れて，40℃の湯に10分ほどつけておきました。あとの問いに答えなさい。

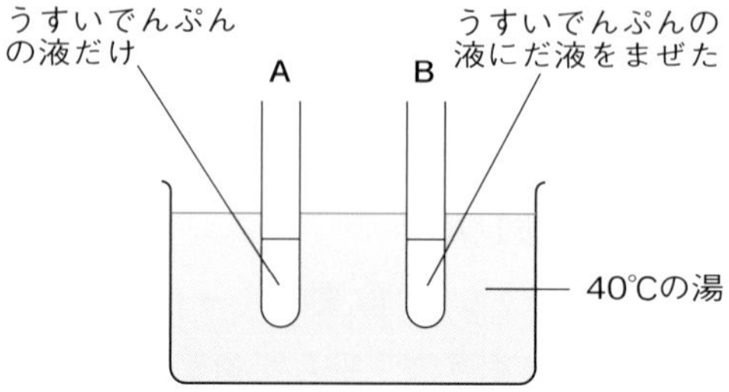

(1) AとBの試験管の中にヨウ素液をくわえたところ，片方の試験管は青むらさき色になりませんでした。それはAとBのどちらですか。(　　　　)

(2) (1)で選んだほうが青むらさき色にならないのはなぜですか。理由を答えなさい。

(　　　　　　　　)

3 食べ物の消化と吸収について，次の問いに答えなさい。

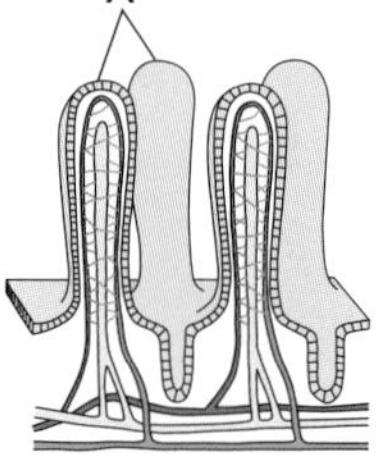

(1) 右の図は，消化管のうち，おもな養分を吸収する臓器の拡大図です。何という臓器ですか。名前を答えなさい。(　　　　)

(2) 図のAを何といいますか。名前を答えなさい。(　　　　)

(3) 次の文のうち，正しいものには○，まちがっているものには×と答えなさい。

① 食べ物は，消化管を通るうちに消化され，すべて吸収されてしまう。(　　)

② 水は，大腸だけですべて吸収される。(　　)

3 血液とそのめぐり方

1 考えよう　血液はからだの中でどのようなはたらきをするのだろうか。

正しいのは？

- A 酸素や養分やいらなくなった物を運ぶ。
- B まわりが暑いか寒いかを感じとる。
- C 人の性格を決める。

● 血液の通る管のことを血管といいます。血管はからだじゅうすみずみまではりめぐらされています。

● 呼吸をして肺でとり入れた酸素や，消化をして吸収した養分は，からだじゅうで必要なものです。これらをからだじゅうのすみずみまで運ぶのが血液のはたらきです。

● からだじゅうで養分が使われると，二酸化炭素やアンモニアなどのいらない物（不要物）ができます。これを運びさるのも血液です。　答 A

血液は，いろんな物を運んでいるんだね。

2 考えよう　心臓は，どのようなはたらきをしているのだろうか。

正しいのは？

- A 血管をつなぐ連結器のようなはたらき。
- B 血液を送り出すポンプのようなはたらき。
- C 血液をためる貯水池のようなはたらき。

● 血液をからだじゅうにめぐらせているのは，心臓です。心臓は，縮まったりふくらんだりして，血液を送り出すポンプのようなはたらきをしています。

● 心臓から送り出された血液は，からだじゅうをまわって，心臓にもどります。これを血液のじゅんかんといいます。じゅんかんしてきた血液は，再び心臓から送り出されます。

● 私たち人の心臓は，右の図のように４つのへやからできています。上の２つはもどってきた血液が入るへやで，心ぼうといい，下の２つは送り出される血液が出ていくへやで，心室といいます。

● また，それぞれのへやには血管がつながっていて，心臓から血液が出ていく血管を動脈といい，心臓に血液がもどる血管を静脈といいます。　答 B

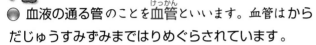

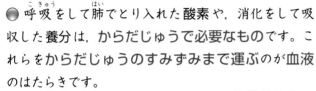

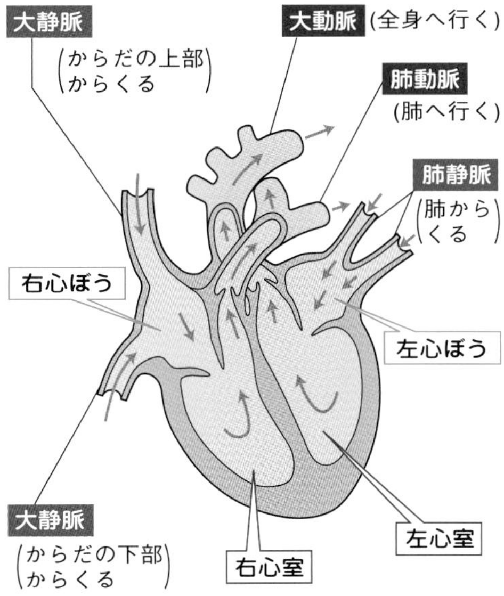

人の心臓を正面から見たところ

3 考えよう じん臓はどのようなはたらきをするのだろうか。

正しいのは？

- A 血管をつなぐ連結器のようなはたらき。
- B 血液をきれいにするじょう水場のようなはたらき。
- C 血液をためておく貯水池のようなはたらき。

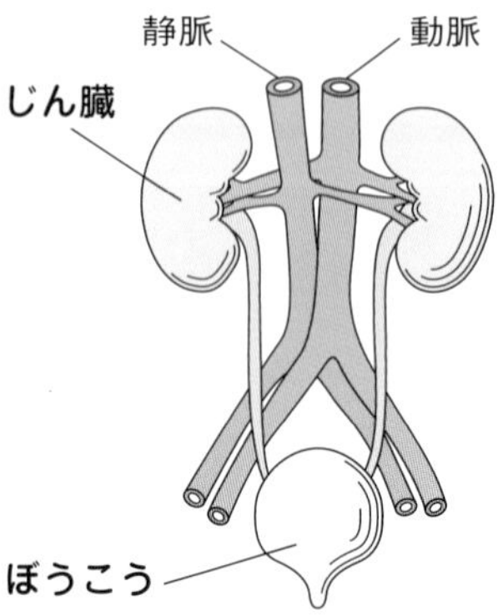

じん臓とぼうこう

● からだが養分を使うと有害なアンモニアが発生します。これはまず血液によってかん臓に運ばれます。そして，かん臓のはたらきによって害のないにょう素に変化して，もう一度血液中に出されます。

● このにょう素は血液によってじん臓に運ばれます。じん臓はソラマメのかたちをしていて，左右に２個あります。

● じん臓はにょう素など，血液中にあるいらない物をとりのぞいてきれいにし，にょうをつくります。また，あわせて血液中の水分量を調節しています。

● じん臓でつくられたにょうはぼうこうにたくわえられ，その後からだの外へ出されます。

答 B

4 考えよう 運動すると，脈はくや呼吸数がふえるのは，なぜだろうか。

正しいのは？

- A 運動すると，心臓も動くから。
- B 運動すると，肺もゆれて動くから。
- C 運動すると，酸素や養分がたくさんいるから。

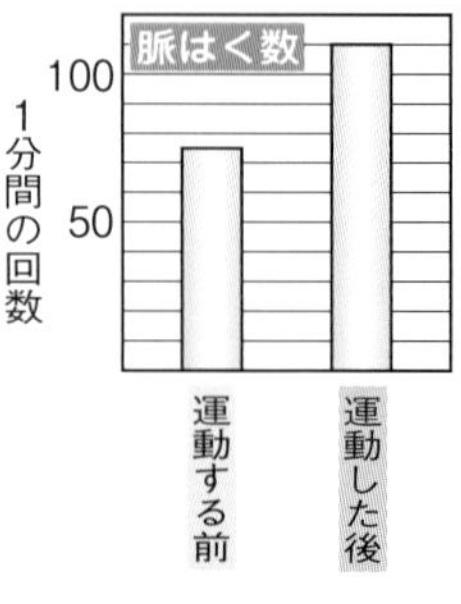

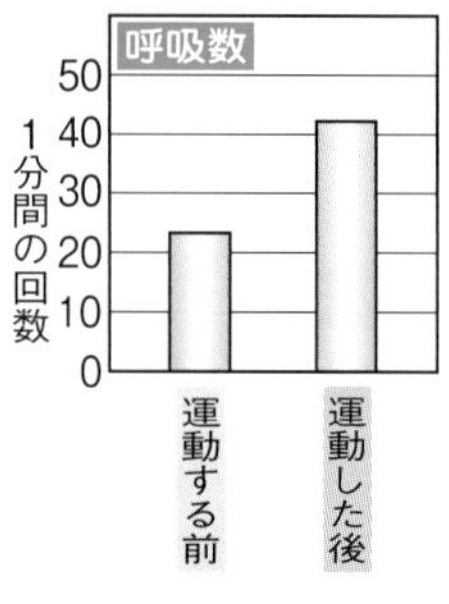

● 胸に手を当てたり，ちょうしん器を使って音を聞くと，心臓の動きが感じられます。この心臓の動きをはく動といいます。

● 手首の内側や首筋の裏側に手を当てると，血管がピクピクするのが感じられます。これははく動が血管に伝わっているからで，これを脈はくといいます。１分間のはく動の回数（はく動数）と脈はくの回数（脈はく数）は同じです。

● 激しい運動をすると心臓がドキドキします。このときのはく動数と脈はく数は，ふだんよりふえています。

● 運動すると，筋肉がくり返しのび縮みするので，筋肉内の酸素や養分がたくさん使われます。このため心臓はたくさんの血液を筋肉に送って酸素や養分を運ばなければいけないのではやく動き，肺もたくさん呼吸をしなければいけないのです。

答 C

5 考えよう 血液はどんな道すじを通って，からだじゅうをめぐっているのか。

正しいのは？

A 心臓→肺→心臓→全身→心臓

B 心臓→肺→小腸→全身→心臓

C 心臓→小腸→全身→肺→心臓

● 全身に養分と酸素を配った血液は，二酸化炭素などのいらない物を集め，静脈を通って心臓の右心ぼうへもどってきます。

● この血液は，右心室から肺動脈を通って肺へ送られ，**肺で二酸化炭素を出し，酸素をとり入れます。**

● 酸素をとり入れた血液は，肺静脈を通って心臓の左心ぼうへもどり，左心室から動脈を通って**全身へ送り出されます。**

● 心臓の左心室から出て小腸へきた血液は，小腸で吸収された養分をかん臓に運び，かん臓に養分をたくわえます。かん臓は必要に応じて養分を出し，血液にいつも適量の養分がふくまれるように調節します。 答 A

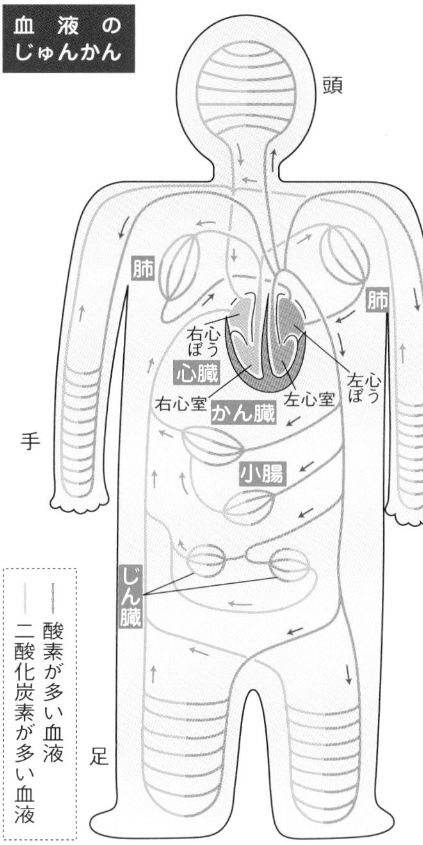

もっとくわしく

いろいろな血管…血管はからだじゅうに，とぎれることなくはりめぐらされています。大きくわけて次の３種類があります。

① 動脈　心臓から出ていく血液が流れる血管で，血管のかべが厚くて，じょうぶなつくりをしている。

② 毛細血管　動脈が枝分かれして細くなり，直径0.02mmくらいになった血管。血管のかべはうすくて，血液の液体部分が出入りすることができ，酸素や養分などを配ることができる。

③ 静脈　毛細血管が集まって再び太くなった血管で，心臓へともどる。内部には血液の逆流を防ぐ弁がある。

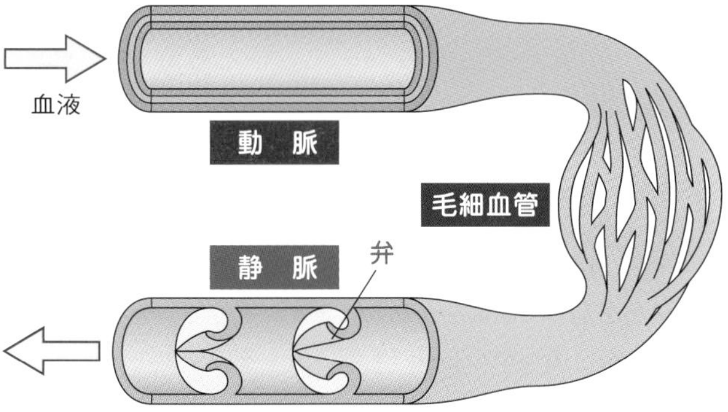

血液は，酸素をとり入れると，もとの色より赤くなるんだ。だから，酸素が多い血液は，赤色でかくことが多いよ。

たいせつポイント

血液
- 心臓から送り出され，全身をめぐって心臓にもどる。
- 全身に酸素や養分を運び，全身からいらない物を運び去る。

6 考えよう 血液をけんび鏡で観察すると，何がみられるだろうか。

正しいのは？

Ⓐ 小さなつぶのようなものがみられる。

Ⓑ あわのようなものがみられる。

Ⓒ 液体以外は，何もみられない。

ヒメダカ

観察 左の写真のように，ヒメダカをスライドガラスの上にのせ，死なないようにおびれ以外の所に水でぬらしたガーゼをかけておき，おびれをけんび鏡で観察します。

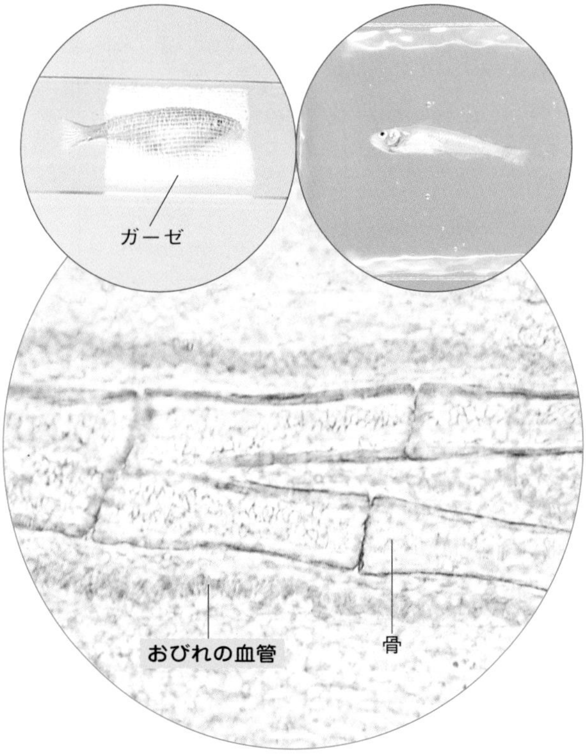

- ヒメダカのおびれはうすいので，そのままけんび鏡で見ると，中のようすを観察できます。
- 細い管の中を，**小さなつぶの入った液体がとぎれず流れ続けている**のがわかります。
- **この管が血管で，流れているものが血液です**。人も同じで，血液の流れはとぎれず，血液の中には小さなつぶがたくさんあります。
- 水でぬらしたガーゼの代わりに，チャックつきのとうめいなふくろに水とヒメダカを入れて，けんび鏡で観察する方法もあります。

答 Ⓐ

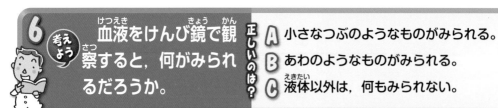

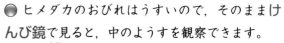

終わったらすぐに水そうにもどしてあげよう。

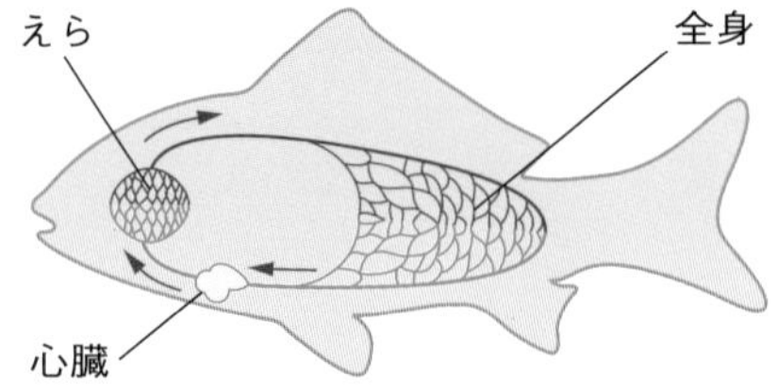

もっとくわしく 魚の心臓…人などは心臓に4つのへやをもっていますが，**魚の心臓には2つのへやしかありません**。魚の心臓から送り出された血液は，**えら**を通って酸素をとり入れます。そして，全身に酸素を届けた後，ようやく心臓にもどってくるのです。

たいせつポイント

血液 ｛ **血管の中をとぎれずに流れている。**
　　　　中に小さなつぶが入っている。

教科書のドリル

答え → 別冊4ページ

1 次の文の（　）にあてはまることばを書きなさい。

(1) 血液は小腸で吸収した（　　　　　）を全身へ運ぶ。

(2) 血液は肺でとりこんだ（　　　　　）を全身へ運ぶ。

(3) 血液は（　　　　　）やアンモニア，アルコールなどの不要物も運ぶ。

2 下の図は，心臓を正面から見たときの断面図で，矢印は血液の流れる向きをしめしています。あとの問いに答えなさい。

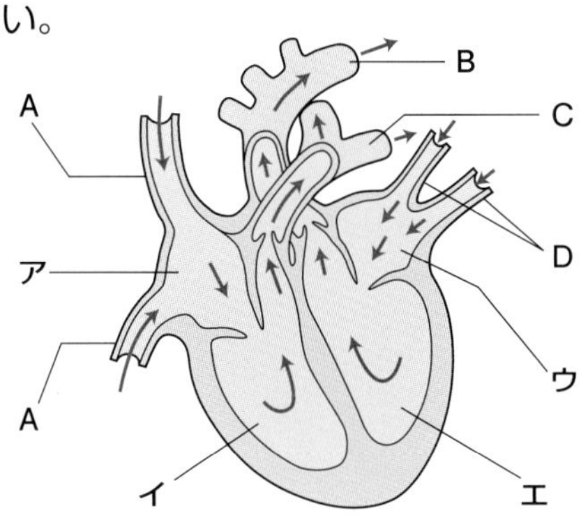

(1) ア〜エの心臓のへやの名前を何といいますか。名前を答えなさい。

ア（　　　　　）　イ（　　　　　）
ウ（　　　　　）　エ（　　　　　）

(2) A〜Dの血管のうち，全身からもどってくる血液が流れている血管はどれですか。記号で答えなさい。（　　　）

(3) A〜Dの血管のうち，全身へ出ていく血液が流れている血管はどれですか。記号で答えなさい。（　　　）

(4) 心臓のはたらきを説明しなさい。
（　　　　　　　　　　　　　）

3 下の図は，血液がからだの中をめぐっているようすを表したものです。あとの問いに答えなさい。

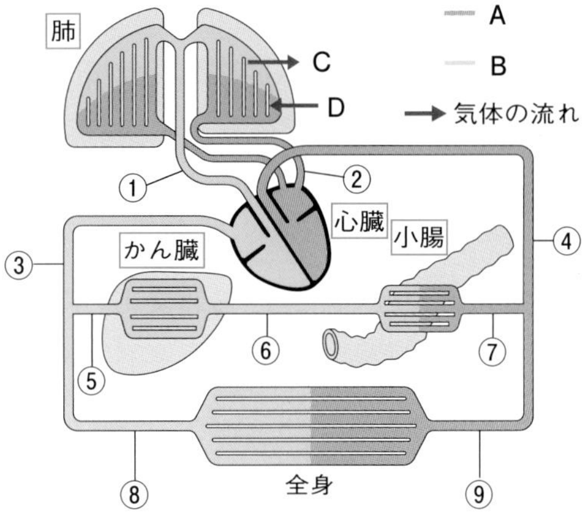

(1) AとBの血液で，酸素が多くふくまれている血液はどちらですか。（　　　）

(2) CとDは何という気体ですか。

C（　　　　　）　D（　　　　　）

(3) 食後，養分が最もたくさんふくまれている血液が流れているのはどこですか。①〜⑨から1つ選びなさい。（　　　）

4 次の(1)〜(3)の文で，正しいものには○，まちがっているものには×と書きなさい。

(1) 心臓から出ていく血液が流れる血管を動脈といい，血管のかべは厚く，血液が逆流しないように弁がついている。（　　　）

(2) 手首の内側などに手をあてると，血管がピクピクとふくれる。これを脈はくという。（　　　）

(3) ヒメダカのおびれの血液の流れを観察するとき，おびれ以外の所に水でぬらしたガーゼをかける方法がある。（　　　）

テストに出る問題

答え → 別冊4ページ
時間30分　合格点80点

得点	/100

1 右の図のように，Aのポリエチレンのふくろには空気を入れ，Bのポリエチレンのふくろには息をふきこみました。次の問いに答えなさい。

［合計16点］

A　空気を入れた　　B　息をふきこんだ

(1) A・Bのふくろに石灰水を入れて，よくふりました。このとき，AとBの中に入れた石灰水には，それぞれどのような変化がみられますか。次のア～エから１つ選び，記号で答えなさい。

［4点］〔　　　　〕

ア　Aは白くにごり，Bは変化がみられない。
イ　Aは変化がみられず，Bは白くにごる。
ウ　どちらも白くにごる。
エ　どちらも変化はみられない。

(2) (1)のような結果になったのは，Bのふくろの中に何がたくさん入っていたためですか。

［6点］〔　　　　〕

(3) はく息を，(1)のような性質のものにしたのは，からだの何というつくりのはたらきですか。

［6点］〔　　　　〕

2 右の図は，人の胸の部分のつくりを簡単にしめしたものです。次の問いに答えなさい。　［合計27点］

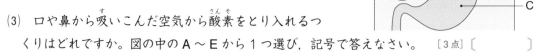

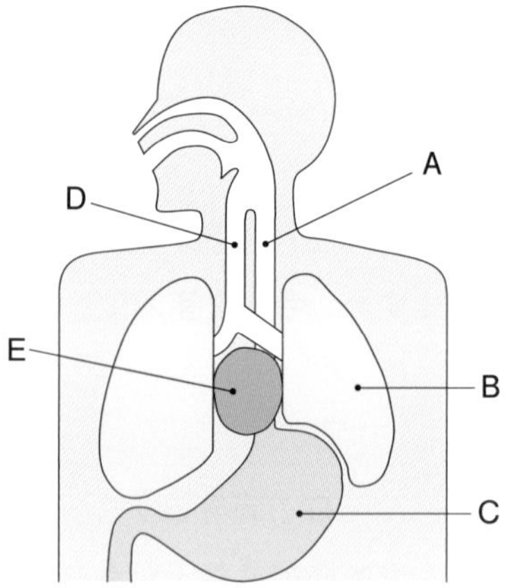

(1) 食べ物を消化するつくりを，図の中のA～Eから１つ選び，記号で答えなさい。　［3点］〔　　　　〕

(2) (1)のつくりで消化される養分は何ですか。次のア～ウから１つ選び，記号で答えなさい。

［3点］〔　　　　〕

ア　でんぷん　　イ　しぼう　　ウ　たんぱく質

(3) 口や鼻から吸いこんだ空気から酸素をとり入れるつくりはどれですか。図の中のA～Eから１つ選び，記号で答えなさい。　［3点］〔　　　　〕

(4) 酸素をとり入れた血液を，全身に送り出すつくりはどれですか。図の中のA～Eから１つ選び，記号で答えなさい。　［3点］〔　　　　〕

(5) 図の中のAとDの管を何といいますか。　［各5点］A〔　　　　〕D〔　　　　〕

(6) 図の中のBのつくりの中には，小さなふくろがたくさん入っています。このふくろを何といいますか。　［5点］〔　　　　〕

3 A，B 2本の試験管に，それぞれ次の液体を入れ，右の図のように，水そうの水の中につけました。次の問いに答えなさい。 ［合計 27 点］

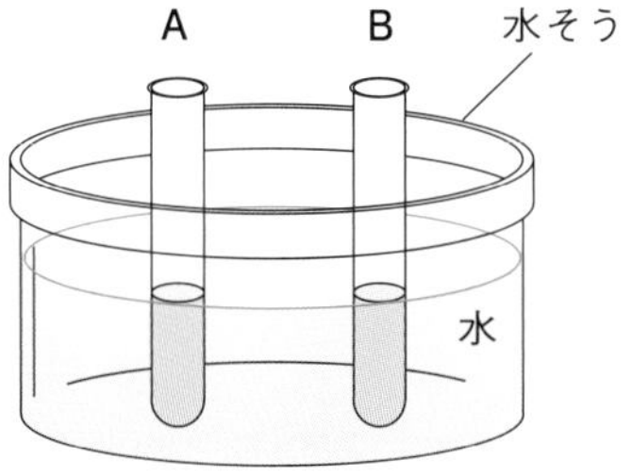

A…うすいでんぷんのりに水をまぜたもの。

B…うすいでんぷんのりにだ液をまぜたもの。

(1) だ液のはたらきを調べるためには，水そうの水の温度を何℃にすればよいでしょうか。ア～オから１つ選び，記号で答えなさい。［3 点］〔　　〕

ア 0℃　　イ 20℃　　ウ 40℃　　エ 60℃　　オ 80℃

(2) 約 10 分後に，A，B の試験管にある薬品を入れたところ，B では変化がみられませんでしたが，A では液が青むらさき色になりました。試験管に入れた薬品とは何ですか。

［7 点］〔　　〕

(3) (2)の結果からわかったことを，次の文のようにまとめました。文の中の〔　〕にあてはまることばを答えなさい。 ［各 7 点］ ①〔　　〕 ②〔　　〕

〔 ① 〕は，〔 ② 〕のはたらきによって別の物に変化した。

(4) (3)の文の下線部の別の物とは何ですか。次のア～エから１つ選び，記号で答えなさい。

［3 点］〔　　〕

ア 糖　　イ アミノ酸　　ウ しぼう　　エ ビタミン

4 右の図は，人の心臓と肺や全身とのつながりの一部をしめしたものです。次の問いに答えなさい。 ［5 点ずつ…合計 30 点］

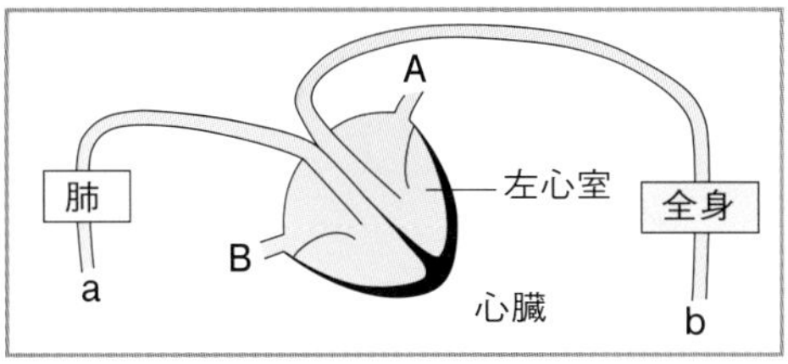

(1) 心臓の A，B は，a，b どちらの血管とつながっていますか。記号で答えなさい。

A〔　　〕 B〔　　〕

(2) 図の a を通る血液は，どのような血液ですか。次のア，イから１つ選び，記号で答えなさい。

〔　　〕

ア 肺から出てきたばかりの血液　　イ 肺へ入っていく直前の血液

(3) 図の b を通る血液は，どのような血液ですか。次のア，イから１つ選び，記号で答えなさい。

〔　　〕

ア 全身から集まってきた血液　　イ 全身に分かれる前の血液

(4) 図の A と B を流れる血液のうち，どちらが二酸化炭素をたくさんふくんでいますか。記号で答えなさい。 〔　　〕

(5) 図の A と B を流れる血液のうち，どちらが酸素をたくさんふくんでいますか。記号で答えなさい。 〔　　〕

なるほど科学館

いろいろな動物のはく動数

▶運動していないとき，1分間に心臓(しんぞう)がはく動する回数(はく動数という)は，人では約60～70回です。では，ほかの動物では，どうなのでしょうか。

▶はく動数は，動物によって大きくちがいます。ふつう，からだの大きい動物ほどはく動数が少なく，からだの小さい動物ほどはく動数が多いようです。下の表はその例(れい)です。からだの大きいウシやウマでは，1分間に30～40回くらいですが，からだの小さいネズミでは，1分間に600回もはく動します。また，鳥でも，からだの大きいアヒルやニワトリよりも，からだの小さなカナリアやスズメのほうが，はく動数が多くなります。

動物	はく動数
人	60～70
ウシ	45
ウマ	23～46
イヌ	50～130
ネコ	110～140
ネズミ	600～655
アヒル	120～200
ニワトリ	150～400
カナリア	570～840
スズメ	640～910

はく動数の多い鳥（カナリア）

クジラの潮(しお)ふき

▶クジラが水面で水をふきあげている場面をテレビで見たことはありませんか。これは，クジラの潮(しお)ふきといわれているもので，クジラが息をはき出しているすがたです。

▶クジラは魚ではなく，母親の乳(ちち)を飲んで育つホ乳類(にゅうるい)というなかまの動物です。ホ乳類は，肺(はい)で空気中の酸素(さんそ)をとり入れて呼吸(こきゅう)しています。クジラも同じです。そのため，クジラの種類によってちがいますが，ある時間ごとに水面にあがってきて，息をはき出し，新しい空気をとり入れるのです。そして，息をはき出すとき，息の中の水蒸気(すいじょうき)が冷(ひ)やされて小さな水てきになったり，鼻の中の水をふき出したりするので，白いふん水のように見えるのです。

▶イルカやシャチもホ乳類で，潮ふきをします。

クジラの潮ふき

イルカ

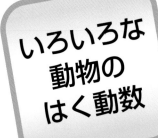

3 植物のからだと日光

教科書のまとめ

☆ ジャガイモの芽(め)と根は，たねいものくぼみから出る。

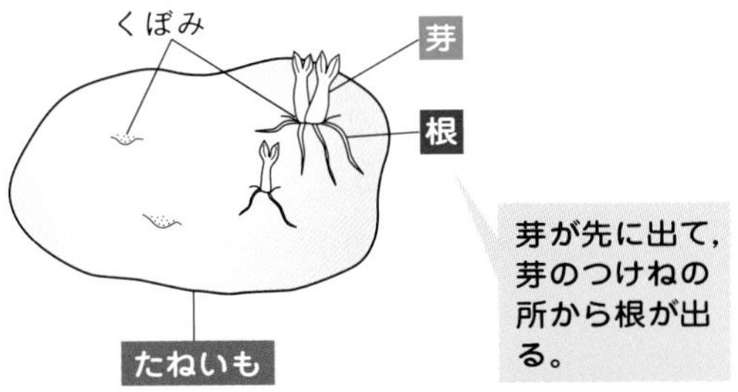

☆ でんぷんは，葉の中で，日光のはたらきによってつくられる。

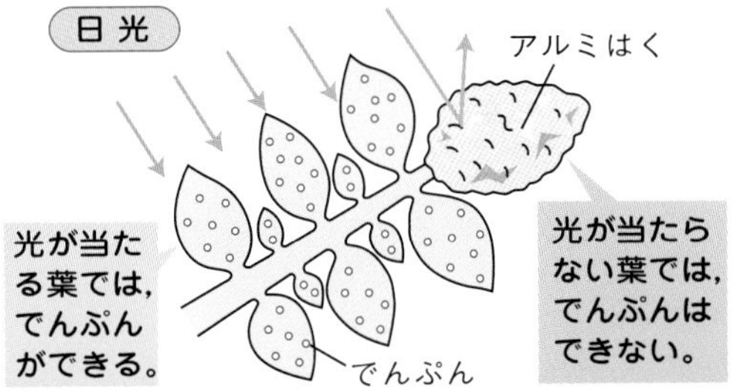

日光
アルミはく
光が当たる葉では，でんぷんができる。
光が当たらない葉では，でんぷんはできない。
でんぷん

☆ たねいものでんぷんは，葉やくきが育つための養分(ようぶん)になる。

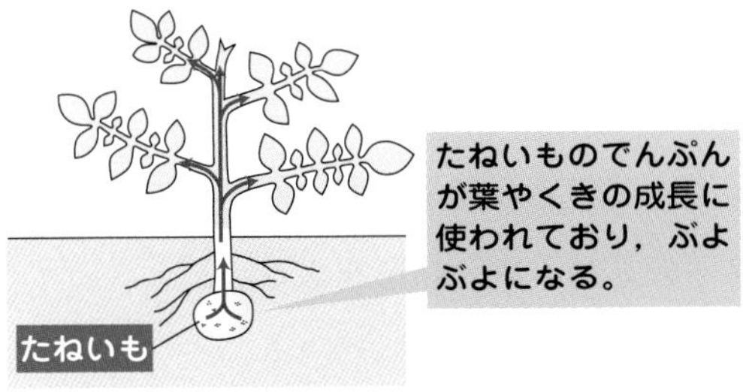

たねいものでんぷんが葉やくきの成長に使われており，ぶよぶよになる。
たねいも

☆ 葉でできたでんぷんは，夜の間に，からだの各部(かくぶ)に移動(いどう)し，養分となる。

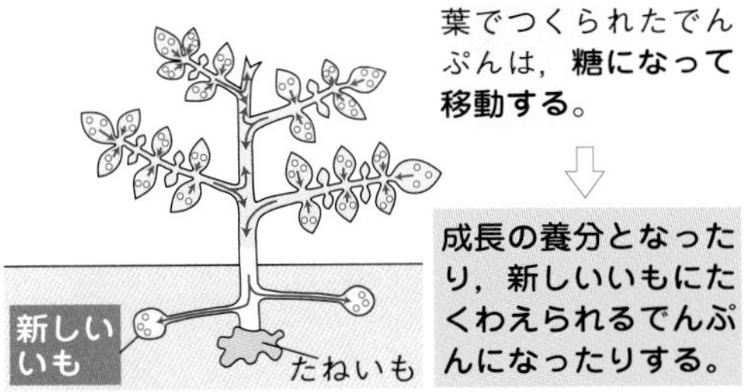

葉でつくられたでんぷんは，糖になって移動する。
成長の養分となったり，新しいいもにたくわえられるでんぷんになったりする。
新しいいも
たねいも

☆ 根からとり入れた水は，くきを通って葉に送られる。

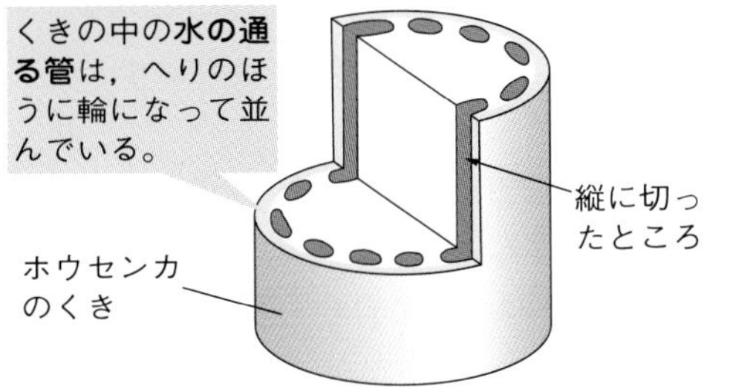

☆ 葉までのぼってきた水は，気こうから蒸発(じょうはつ)していく。

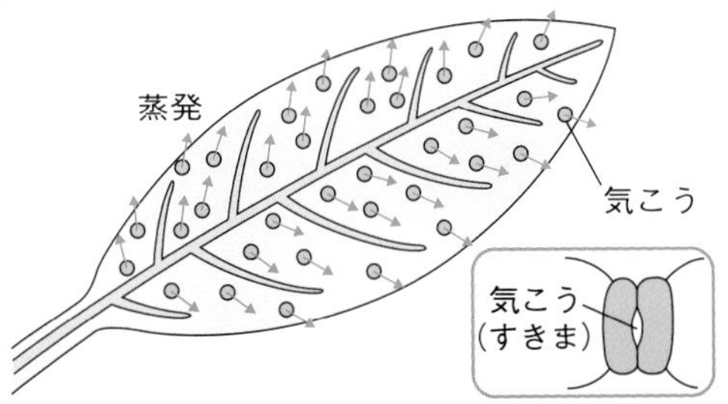

1 いもやマメの養分

1 考えよう ジャガイモを包丁で切ったときにつく白い粉は何だろう。

正しいのは？
- A ジャガイモのかす。
- B でんぷんの粉。
- C ジャガイモの皮。

観察 ジャガイモのいもを包丁で切り，その切り口をスライドガラスにこすりつけ，けんび鏡で調べます。

● 白い粉をけんび鏡で見ると，左の写真のような形をしています。これは，**でんぷん**のつぶです。

● スライドガラスの白い粉にヨウ素液をかけると，**青むらさき色になります**。でんぷんには，**ヨウ素液をかけると青むらさき色になる性質**があります。このことから，白い粉はでんぷんの粉だと確かめられます。

答 B

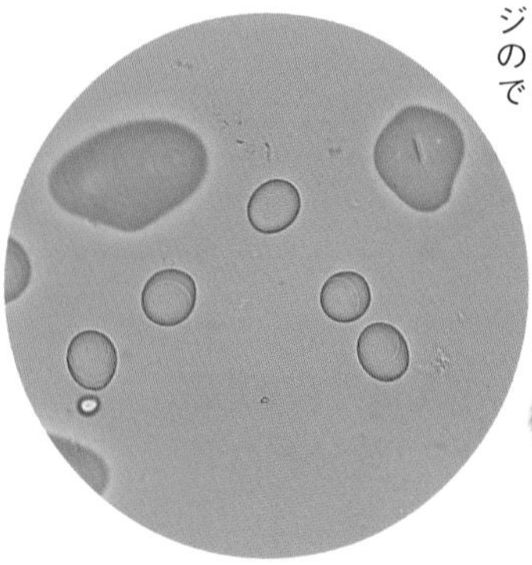
ジャガイモのいものでんぷん

もっとくわしく でんぷんと水…でんぷんは，水にとけません。ですから，でんぷんの粉を水に入れてかきまぜても，しばらくすると下にしずんでしまいます。ただし，でんぷんも温かいお湯にはとけて，でんぷんのりになります。

2 考えよう インゲンマメのでんぷんは，どんな形をしているのだろうか。

正しいのは？
- A ジャガイモのでんぷんと同じ形をしている。
- B アズキのたねみたいな形をしている。
- C さいころみたいな形をしている。

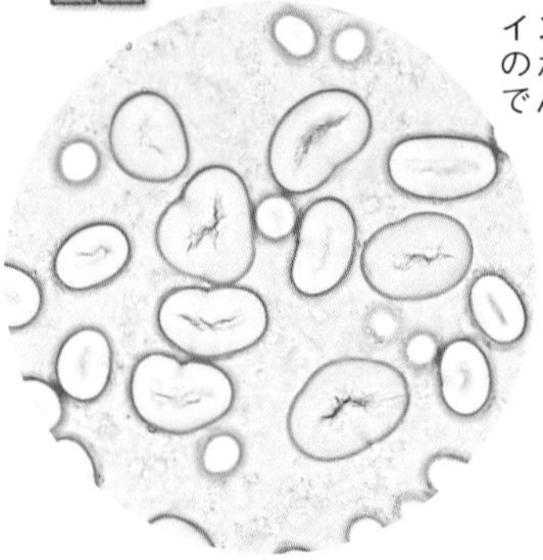
インゲンマメのたねのでんぷん

観察 水を吸ってやわらかくなったインゲンマメのたねを切り，その切り口をスライドガラスにこすりつけ，けんび鏡で調べます。

● インゲンマメのたねにも**でんぷん**があります。

● インゲンマメのでんぷんは，左の写真のように，アズキのたねのような形をしており，**ジャガイモのでんぷんとは形がちがいます**。

答 B

3 考えよう ジャガイモを育てるには，ふつう何を植えればよいだろうか。

正しいのは？
- A ジャガイモのいもを植える。
- B ジャガイモの種子を植える。
- C ジャガイモの芽だけを植える。

● ジャガイモを育てるときは，いもを植えます。このいもを**たねいも**といいます。

● ジャガイモのいもの表面には，くぼみがいくつかあります。**ジャガイモの芽は，このくぼみから出てきます。**

● 大きないもは，いくつかに切ってたねいもにします。このとき，**どれにも芽の出るくぼみがついているように切らなければなりません。**

● ジャガイモを畑に植えるときは，葉がしげったときのことを考えて，図のように間かくをあけて植えます。

● いものくぼみからは，まず**芽**が出ます。そして，しばらくすると，**芽のつけね**の所から**根**が出ます。

● 芽がある程度育ったら，同じたねいもから出ている芽の中でいちばんじょうぶな芽だけ残して，とりのぞきます。これを**芽かき**といいます。 答 A

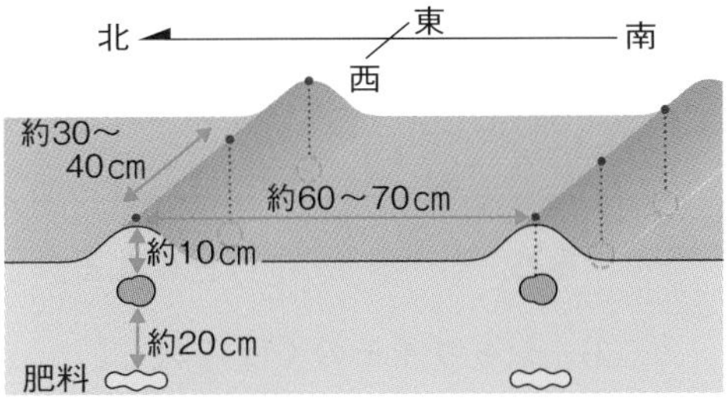

ジャガイモのたねいもの植えつけ方

ジャガイモの芽

ジャガイモの根

4 考えよう 葉やくきがのびたころのたねいもは，どうなっているだろうか。

正しいのは？
- A たねいもも大きく育っている。
- B ぶよぶよになって，でんぷんがへっている。
- C 植える前と変わらない。

● 葉やくきが大きく育ったジャガイモの**たねいもは，ぶよぶよになっています。**

● そのたねいもを切って，**切り口にヨウ素液をつけても，青むらさき色になりません。**でんぷんがへってしまったからです。

● たねいものでんぷんは，葉やくきが育つにつれてへったことがわかります。**でんぷんは，葉やくきが育つための養分として使われた**のです。 答 B

たいせつポイント

ジャガイモ
- たねいものくぼみから芽と根が出る。
- たねいものでんぷんは，成長に使われる。

教科書のドリル

答え → 別冊5ページ

1 次の文の(　)にあてはまることばを書きなさい。

⑴　ジャガイモを切ると，白いしるが出る。このしるがかわくと，白い粉が残る。この粉は(　　　　)である。

⑵　ジャガイモの切り口にヨウ素液をつけると，(　　　　)色になる。

⑶　ジャガイモのくぼみから(　　　　)が先に出て，そのあとに，同じくぼみから(　　　　)が出る。

⑷　ジャガイモの葉やくきがよく育ったころ，たねいもをほり出して切り，その切り口にヨウ素液をつけても，(　　　　)色にならない。これは，たねいもの中にたくわえられていた(　　　　)が，葉やくきが成長するための(　　　　)として使われ，へってしまったためである。

2 下の写真は，ジャガイモのしるをスライドガラスにつけ，けんび鏡で見たときのものです。これについて，あとの問いに答えなさい。

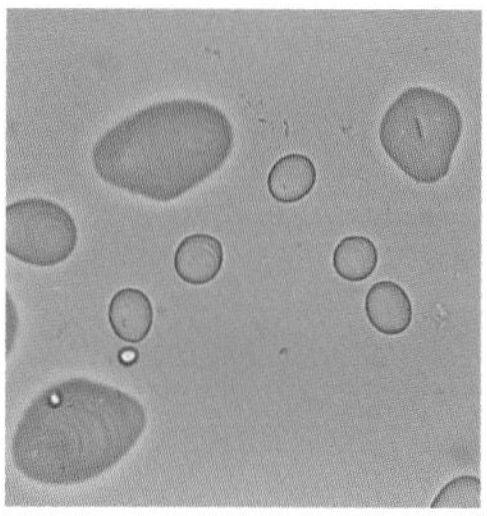

⑴　このつぶは何ですか。名前を答えなさい。
(　　　　)

⑵　このつぶにヨウ素液をたらすと，何色になりますか。(　　　　)

3 下のア～エの図のうち，ジャガイモの芽や根の出ているようすを正しく表しているのはどれですか。1つ選び，記号で答えなさい。(　　　　)

ア

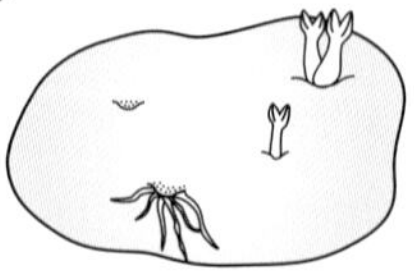

イ

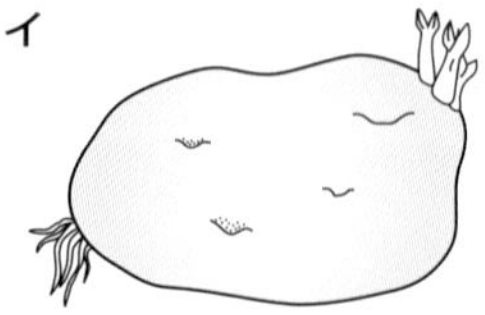

ウ

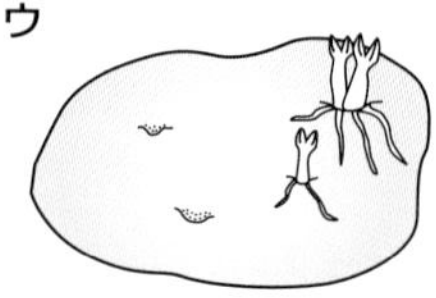

エ

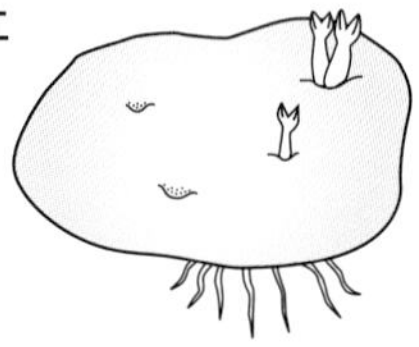

4 下の図は，ジャガイモのたねいもを畑に植えたときの，土の中の断面を表しています。あとの問いに答えなさい。

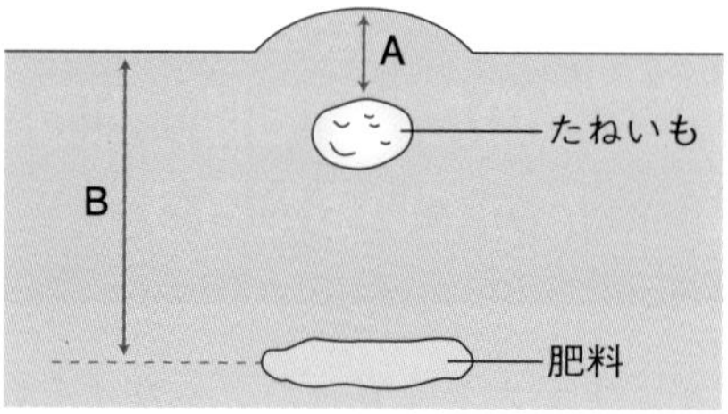

⑴　Aの深さは，およそ何cmが適当ですか。
(　　　　cm)

⑵　Bの深さは，およそ何cmが適当ですか。
(　　　　cm)

⑶　葉やくきが大きく育ったころ，たねいもをほり出してみると，手ざわりはどのようになっていますか。
(　　　　)

⑷　⑶のようになっているのはなぜですか。
(　　　　)

2 日光とでんぷん

1 考えよう

ジャガイモの新しいいものでんぷんは，どこでつくられたのか。

正しいのは？
- A 地上の葉でつくられた。
- B 地下のくきでつくられた。
- C たねいものでんぷんが移(うつ)った。

実験 ジャガイモの葉をとり，湯につけてやわらかくした後，エタノールで色をぬき，ヨウ素液(そえき)につけて，色の変化(へんか)を調べます。

①葉をあつい湯につけて，やわらかくする。

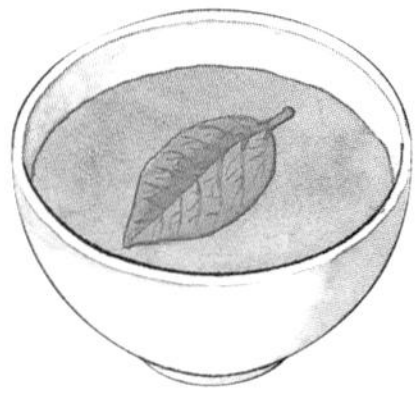

②湯で温めたエタノールに葉を入れて，葉の緑色をぬく。

70 〜 80℃の湯
（エタノールを直接火にかけて熱してはいけない。）

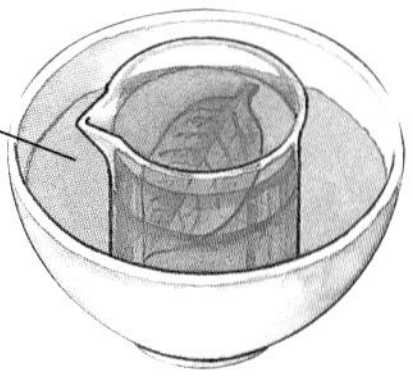

③水でエタノールを洗(あら)い落とす。

④葉をヨウ素液につけて色の変化をみる。

● ヨウ素液につけると，葉が青むらさき色になります。これは，**葉の中にでんぷんがある**ためです。

ヨウ素液につける前の葉	ヨウ素液につけた後の葉

● **植物の葉**は，**でんぷんをつくりだす**はたらきをもっています。葉にふくまれているでんぷんは，葉の中でつくられたでんぷんです。

● **新しいいも**の中にたくわえられているでんぷんも，もともと**葉でつくられて，いもに運ばれた**物です。

答 A

葉の色をぬく方法(ほうほう)のほかに，ろ紙にでんぷんをたたき出す方法もあります。

❶ やわらかくなるまで２〜３分にる。

❷ ろ紙と板ではさみ，木づちでたたく。

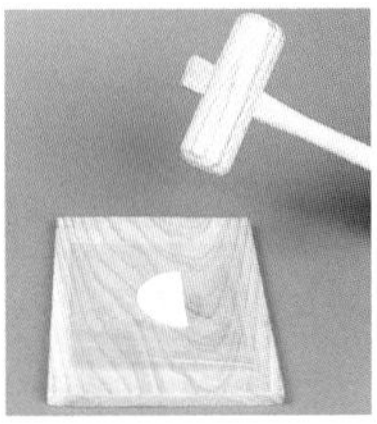

❸ 葉をそっとはがしろ紙をヨウ素液につける。

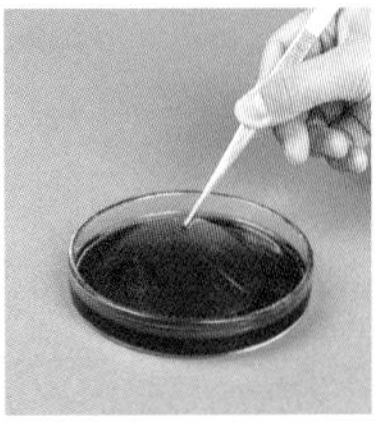

❹ やぶれないようていねいにろ紙をすすぐ。

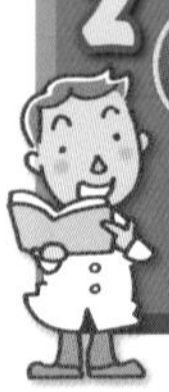

2 考えよう 葉に日光が当たると，でんぷんができるのだろうか。

正しいのは？

- **A** でんぷんは日光のはたらきでできる。
- **B** 日光は温度を上げるはたらきだけをする。
- **C** 日光は葉の中を明るくするだけである。

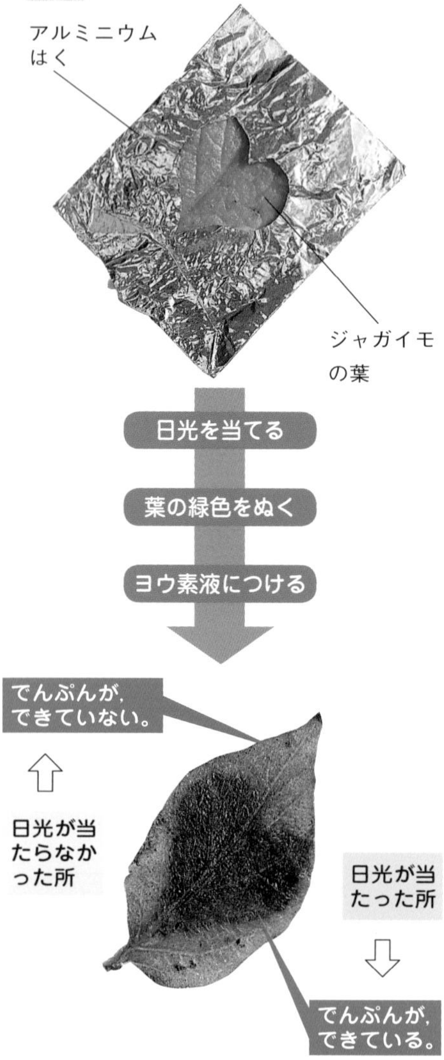

● 日光のよく当たる所とあまり当たらない所で育てたジャガイモをくらべると，**日光のよく当たる所で育てたほうが，葉やくきもよくしげり，いももたくさんできます。**そこで，次の実験をします。

実験 前の日に，ジャガイモの葉の一部をアルミニウムはくで包んで，日光が当たらないようにします。翌日の午後，この葉をとり，葉の緑色をぬいてから，ヨウ素液につけます。

● アルミニウムはくで包まず**日光が当たった部分は，**ヨウ素液につけると**青むらさき色になります。でんぷんができている**のです。

● アルミニウムはくで包み**日光が当たらなかった部分は，**ヨウ素液につけても，**青むらさき色になりません。でんぷんができていない**からです。

● この実験から，葉に日光が当たらないと，でんぷんができないことがわかります。

● ジャガイモのかわりに，インゲンマメやアサガオの葉を使って実験しても，結果は同じになります。ジャガイモにかぎらず，**植物の葉に日光が当たると，葉ででんぷんがつくられます。**

● この実験をするときは，かならず前の日か，その日の朝早く，まだ暗いうちに，**葉をアルミニウムはくで包んでおかなければなりません。**なぜなら，葉を包む前に日光が当たると，そのときにでんぷんができるからです。

答 A

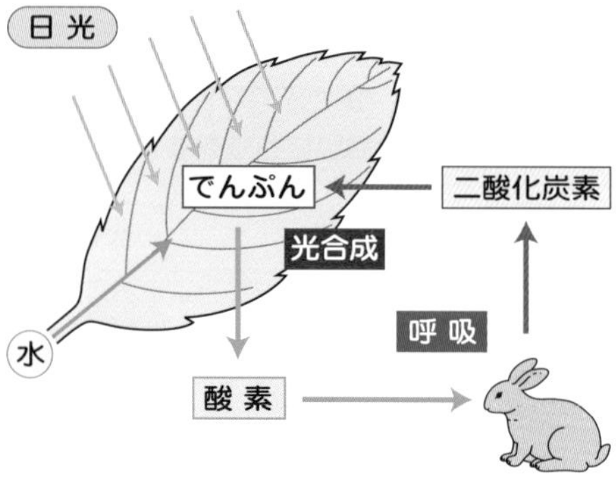

呼吸と光合成

もっとくわしく 日光とでんぷん…葉に日光が当たるとでんぷんができますが，日光がでんぷんに変わるわけではありません。**葉でとり入れた二酸化炭素と，根で吸い上げた水から，でんぷんと酸素をつくり出している**のです。これを**光合成**といい，このときに日光が必要です。（→p.60）

3 考えよう 葉でつくられたでんぷんは，その後どうなるのだろうか。

正しいのは？
- A ひと晩かけてなくなる。
- B 暗くなるとすぐになくなる。
- C 1か月かけてゆっくりなくなる。

実験 晴れた日に，日光のよく当たる所で育っているジャガイモの葉を，午後6時，翌日の午前0時，午前5時に1枚ずつとり，ヨウ素液ででんぷんがあるかどうか調べます。

- 午後6時にとった葉は，こい青むらさき色になります。まだ，**でんぷんがたくさんある**からです。
- 午前0時(ま夜中)にとった葉は，うすい青むらさき色になります。**でんぷんがへった**ことがわかります。
- 午前5時にとった葉は，青むらさき色になりません。**でんぷんがすっかりなくなった**ことがわかります。
- このように，でんぷんは，**夜の間に葉から他の部分へと移動**します。

答 A

4 考えよう 葉でつくられたでんぷんは，どこへ行ったのだろう。

正しいのは？
- A 葉やくきの成長に全部使われた。
- B たねいもにもどった。
- C 新しいいもと葉やくきの成長に使われた。

- でんぷんは水にとけないので，そのままでは，葉から出て行くことができません。そこで，**水にとける糖**という養分になって，水にとけて葉から出て行き，植**物のからだの各部分へと運ばれます**。
- そして，糖は，葉やくきなどの**からだが成長するための養分として使われたり**，新しいいもの中で，**再びでんぷんになってたくわえられたり**します。たねいものでんぷんとしてたくわえられたりはしません。

でんぷんがたくわえられるのはどこかな？

答 C

たいせつポイント 葉のでんぷん
- 日光を受けて，葉でつくられたもの。
- からだの各部へ行き，養分として使われる。

5 考えよう ジャガイモの株(かぶ)を上から見ると，葉はどのようについているか。

正しいのは？

A 上下の葉が重なるようについている。

B 葉のつき方にきまりはない。

C 葉が重ならないようについている。

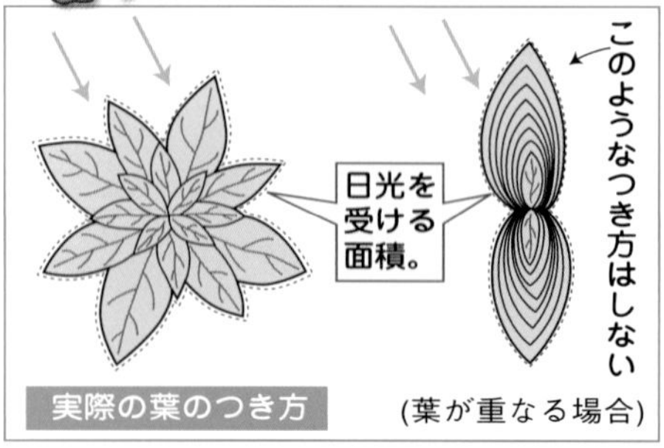

日光を受ける面積。
このようなつき方はしない
実際の葉のつき方
(葉が重なる場合)

葉のつき方と日光を受ける面積

● ジャガイモの株を上から見ると，下の写真のように，葉が重ならないようについているのがわかります。ジャガイモだけでなく，他の植物も，上から見ると，**葉が重ならないようについています。**

● 植物の**葉の大切なはたらきは，日光を受けて，でんぷんをつくること**です。そのために，葉は**いちばん日光を受けやすい位置(いち)**につきます。 答 C

ジャガイモの株

ホウセンカの株

ヒマワリの株

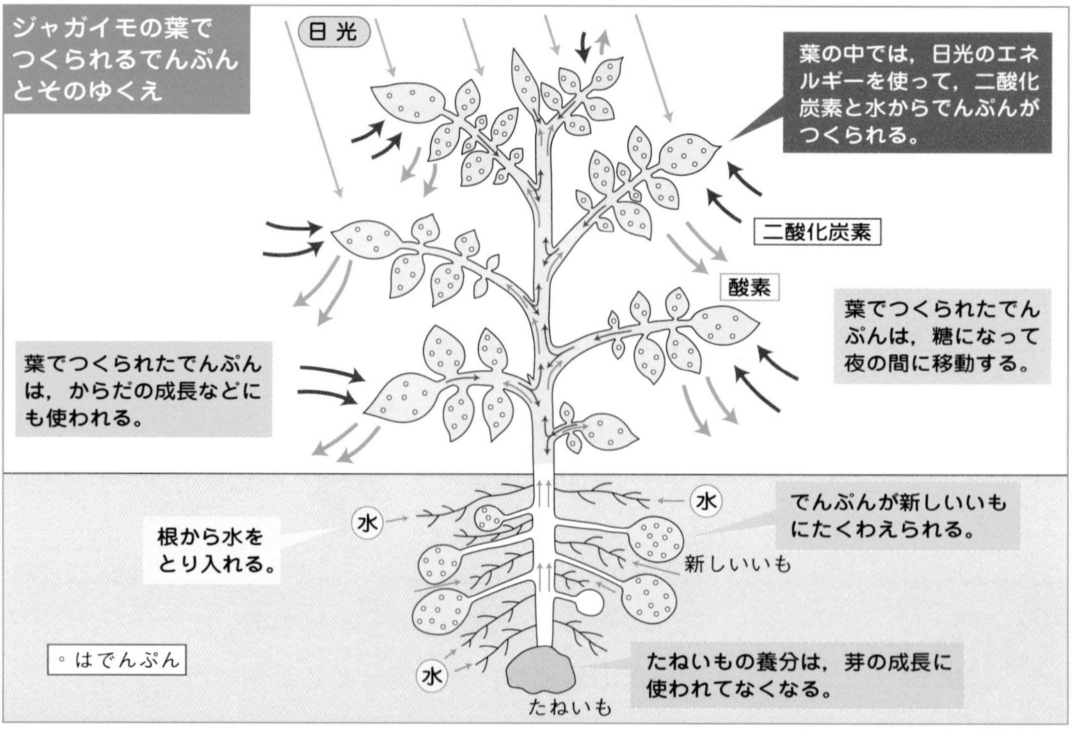

ジャガイモの葉でつくられるでんぷんとそのゆくえ
日光
葉の中では，日光のエネルギーを使って，二酸化炭素と水からでんぷんがつくられる。
二酸化炭素
酸素
葉でつくられたでんぷんは，糖になって夜の間に移動する。
葉でつくられたでんぷんは，からだの成長などにも使われる。
水
でんぷんが新しいいもにたくわえられる。
根から水をとり入れる。
新しいいも
◦ はでんぷん
たねいもの養分は，芽の成長に使われてなくなる。
たねいも

教科書のドリル

答え → 別冊5ページ

1 次の文の（　）にあてはまることばを書きなさい。

(1) ジャガイモの葉にでんぷんがあるかどうかを調べるときは，湯につけてやわらかくした後，湯で温めた（　　　　）に入れてからヨウ素液につける。これは，葉の色を（　　　　），ヨウ素液につけたときの色の変化を見やすくするためである。

(2) 植物が光合成をするためには，材料である（　　　　）や（　　　　）のほかに，（　　　　）のエネルギーが必要である。

(3) 葉でつくられたでんぷんは（　　　　）という養分になって，水にとけてから，全身へ運ばれる。

2 図1のように，ジャガイモの一部の葉をアルミニウムはくで包みました。あとの問いに答えなさい。

図1

図2

(1) この葉に日光をよく当てたあと，エタノールで色をぬいて，ヨウ素液につけました。このとき，青むらさき色になる葉がありました。それはどれですか。上の図2の中に，ぬりつぶしてしめしなさい。

(2) 青むらさき色になった所では，何ができたといえますか。（　　　　）

3 次の①～③の時刻にジャガイモの葉をつみとり，エタノールで色をぬいた後，ヨウ素液につけて，それぞれの色の変化を観察しました。

①午後６時　②午前０時　③午前５時

(1) ①～③の時刻につみとった葉は，ヨウ素液につけたとき，どのような反応をしめしますか。それぞれ次のア～ウから１つ選びなさい。

①（　　）　②（　　）　③（　　）

ア　うすい青むらさき色になる。

イ　こい青むらさき色になる。

ウ　青むらさき色にならない。

(2) (1)のことから，どのようなことがわかりますか。（　　　　）

4 次の文を読んで，正しいものには○，まちがっているものには×を書きなさい。

(1) 植物の葉は，日光が当たらなくても，でんぷんをつくることができる。（　　）

(2) 新しくできたいもの中には，葉のはたらきによってつくられたでんぷんがたくえわえられている。（　　）

5 上から見て，ジャガイモの葉の重なり方を正しく表しているのは，次のア，イのどちらですか。記号で答えなさい。

（　　）

ア

イ

3 水の通り道

1 考えよう　水は，ホウセンカのくきのどこを通ってのぼっていくのだろうか。

正しいのは？
- Ⓐ くきの中心に近い所を通る。
- Ⓑ くきの外側に近い所を通る。
- Ⓒ くきの中全体を通る。

水の吸い上げ実験

実験　食紅を水にとかしてろ過したり，切り花染色液を使って赤い水をつくります。ホウセンカを根元から切りとって，くきの切り口を赤い水につけておきます。しばらくすると，くきや葉が赤くなるので，切ってけんび鏡で見ます。

● それぞれ左や下の写真のようになります。

● くきを縦に切ると，２本の赤い線が見えます。次に，横に輪切りにしてみると，赤く染まった部分がくきの外側に近い所に，輪になって並んでいることがわかります。

● 葉をそのまま観察すると，筋が赤く染まっています。さらにうす切りにすると，葉の筋の上半分が赤くなっていることがわかります。

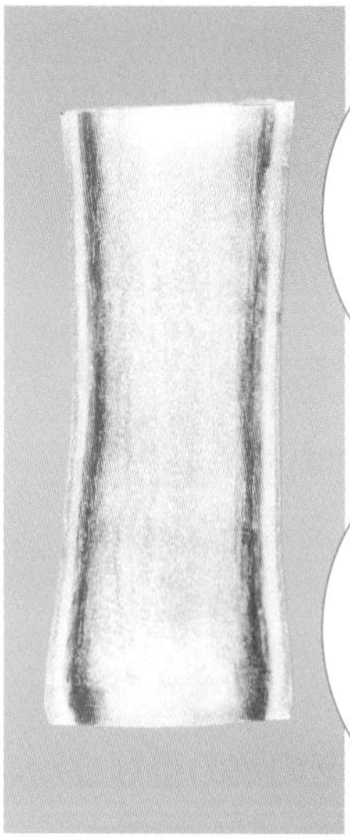

赤く染まったくき（縦）

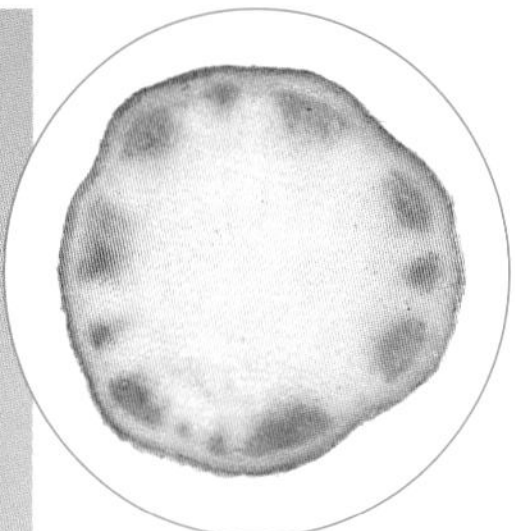

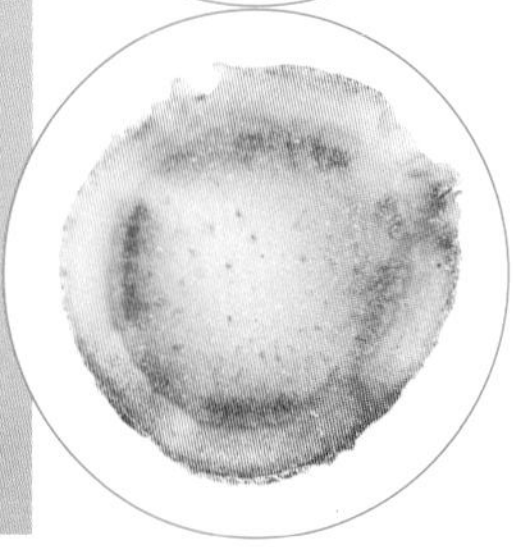

赤く染まったくき（上）と根（下）の輪切り

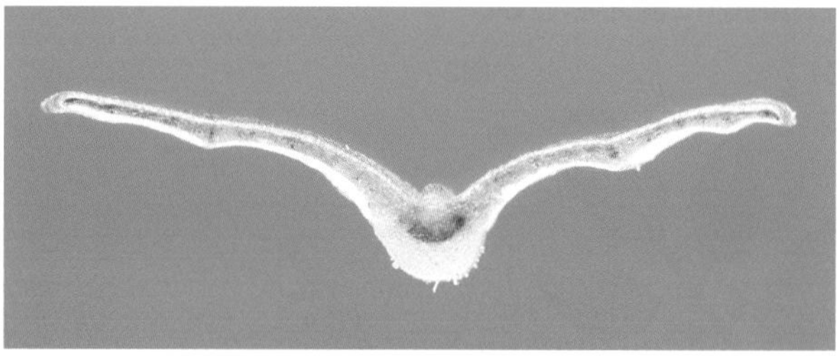

赤く染まった葉の断面

● 赤く染まった所が，根から上がってきた水の通り道です。これを道管といいます。

● 葉でつくられた養分は道管を通りません。

答 Ⓑ

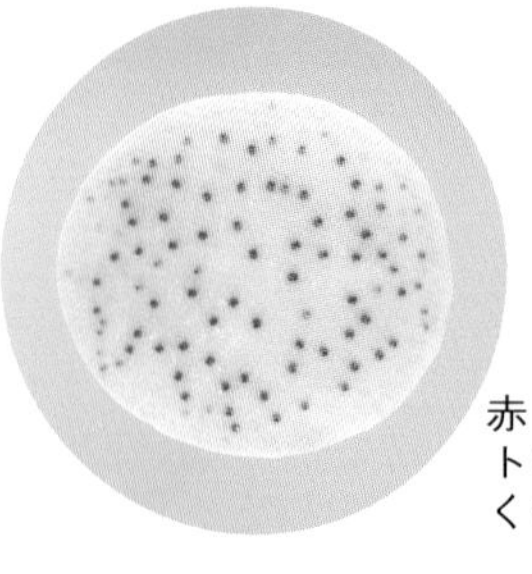

赤く染まったトウモロコシのくきの輪切り

もっとくわしく　道管のある場所…ホウセンカのほかに，ジャガイモ・ヒメジョオンなどでは，道管がくきの外側に近い所で輪の形に並んでいます。一方，トウモロコシやユリ・ムラサキツユクサ・イネなどでは，道管がくき全体にばらばらに散らばって広がっています。

2 考えよう くきから葉に送りこまれた水は，その後どうなるだろうか。

正しいのは？

A 葉にたまる。

B くきにもどる。

C 葉から空気中に蒸発する。

実験 ホウセンカにポリエチレンのふくろをかぶせ，ふくろの口をしっかりしばっておきます。くらべるために，葉を全部切りとったものに，同じようにポリエチレンのふくろをかぶせます。しばらくたってから内側のようすを調べます。

〔葉をとったもの〕　〔葉をとらないもの〕

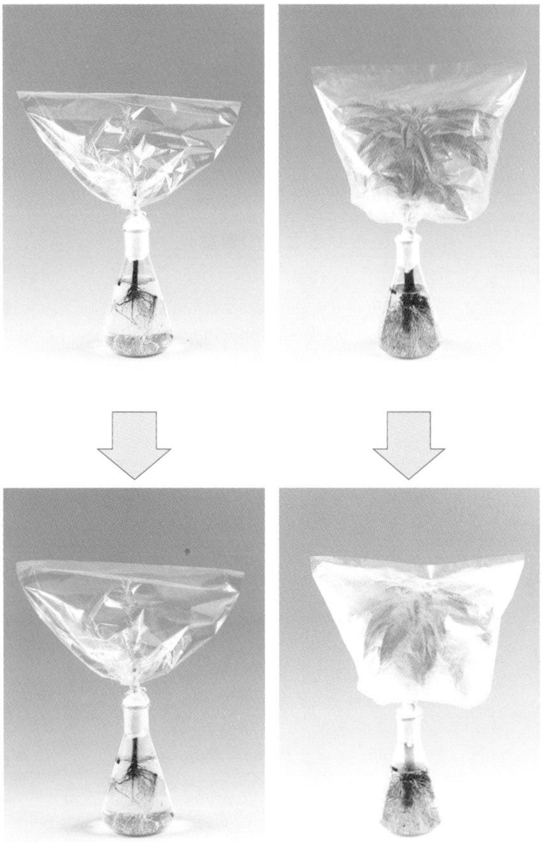

● しばらくたつと，**葉のついたままのホウセンカにかぶせたふくろの内側がくもってきます。** これはホウセンカから蒸発した水蒸気が，水てきになってふくろの内側につくからです。

● 一方，**葉をとってしまったホウセンカにかぶせたふくろはあまりくもりません。** このことから，**水の蒸発には，葉が大きな役割を果たしている**ことがわかります。

● このように，水が**水蒸気**になって空気中に出されることを**蒸散**といいます。

● このまま１日おいて，次の日に見ると，ポリエチレンのふくろの中に水がたまっています。この量をはかると，ホウセンカが１日にどれぐらいの水を蒸散させているのかわかります。　**答 C**

もっとくわしく 塩化コバルト紙…塩化コバルトという薬品は，かわいているときは青色をしていますが，水分をふくむとピンク色に変わります。この薬品をしみこませた紙を塩化コバルト紙といい，水分がふくまれているかどうか見分けるときに使います。青い塩化コバルト紙を葉の表面にはりつけておくとピンク色に変わります。この実験からも，水分が葉から蒸発していることがわかります。

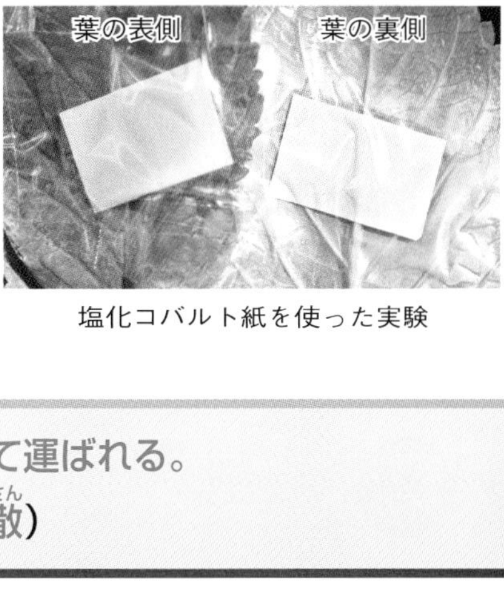

塩化コバルト紙を使った実験

たいせつポイント

植物の中の水
- くきの中の道管を通って運ばれる。
- 葉から蒸発する。（蒸散）

3 考えよう 葉に送りこまれた水は，葉のどこから蒸散するのだろうか。

正しいのは？
- A 葉の表面全体にしみ出して蒸散する。
- B 葉の表面にあいているあなから蒸散する。
- C 葉のふち全体から蒸散する。

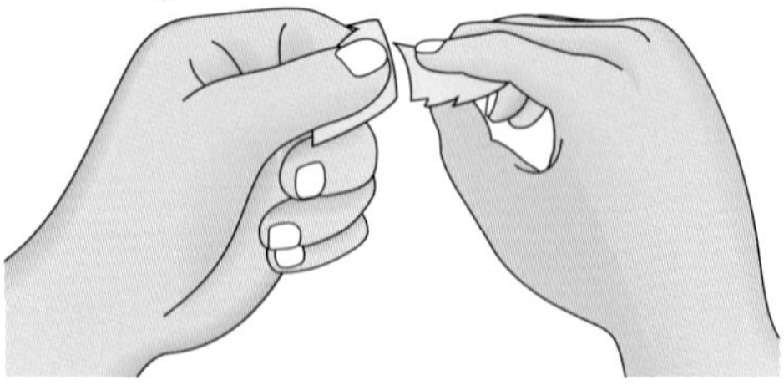

〔いろいろな葉の表皮〕

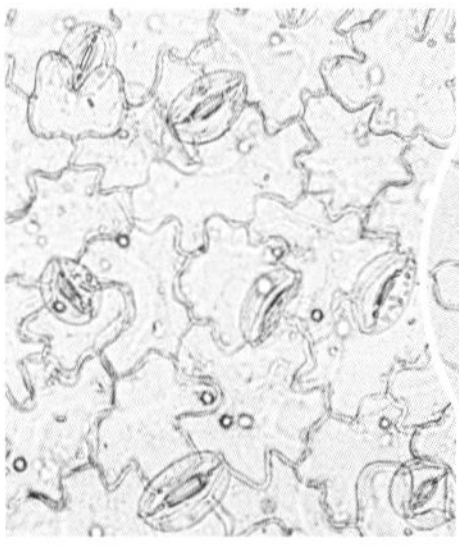

ホウセンカ(裏)

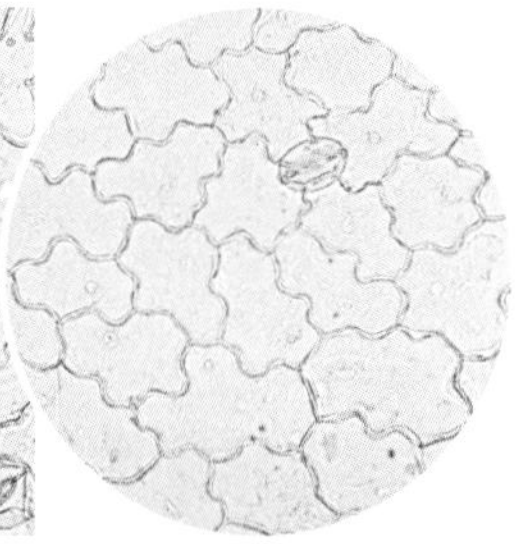

ホウセンカ(表)

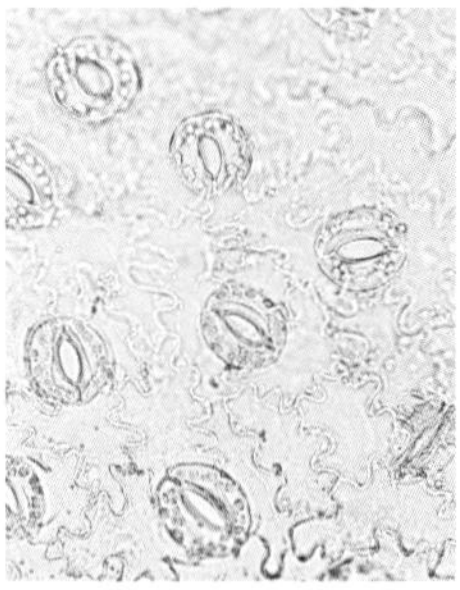

ジャガイモ(裏)

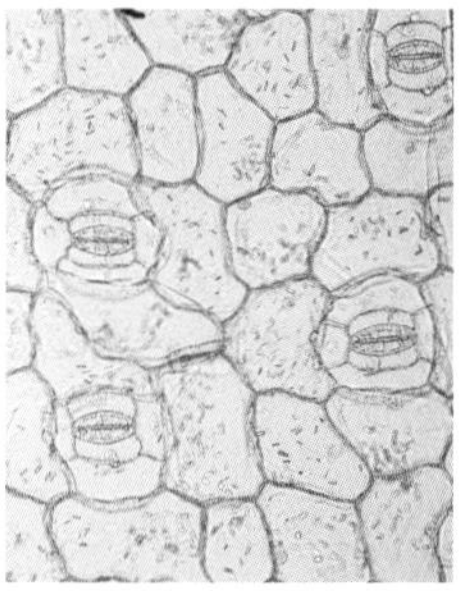

ツユクサ(裏)

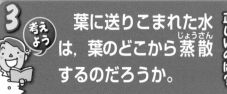

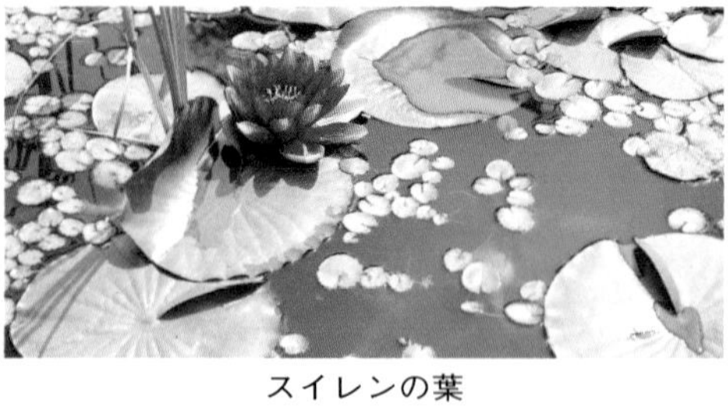

スイレンの葉

観察 ホウセンカやツユクサなどの葉の，裏側の表皮をうすくはがしてけんび鏡で観察します。

- **けんび鏡で観察すると，表皮は小さなへやでびっしりとおおわれている**ことがわかります。このへやを**細ぼう**といいます。
- ところどころに**三日月形の細ぼう**が，２個向かい合ってくちびるのように並んでいます。**この間にあるすきまを気こうといい，ここから蒸散します。**
- 気こうでは水分が出ていくだけでなく，**酸素**や**二酸化炭素**も出入りしています。
- 三日月形の細ぼうは水分をふくむとふくらみ，気こうを大きく広げます。いっぽう，水分が少なくなるとしぼんで気こうを閉じます。このようにして，蒸散する水分の量を調節しているのです。
- 気こうの数は植物の種類によってちがいますが，**葉の表よりも裏のほうにたくさんの気こうをもつ植物が多い**ことがわかっています。

答 B

もっとくわしく 気こうのある場所…気こうは葉に特に多いのですが，くきや花びらにも少しだけあります。ただし，地下の根にはありません。

たいていの植物では葉の表と裏の両方にありますが，ツバキやヤツデのように葉の表側には気こうをもたない植物もあります。一方，スイレンのように裏側がつねに水につかっていて，葉の裏側には気こうをまったくもたない植物もあります。また，オオカナダモやキンギョモのような水中の植物には，葉の表にも裏にも気こうがありません。

たいせつポイント

気こう
- **葉の裏側にたくさんある，**小さなすきま。
- 水分**や**酸素，二酸化炭素**が出入りしている。**

教科書のドリル

答え → 別冊6ページ

1 次の文の（　）にあてはまることばを書きなさい。

(1) 根からとり入れられた水は，くきの中にある（　　　　）という管を通って上がっていき，（　　　　）まで運ばれる。

(2) ホウセンカでは，水が通る管はくきの（　　　　）側に近い所にあり，葉では筋の（　　　　）半分にある。

(3) 葉まで送られてきた水は，（　　　　）という小さなあなから蒸発する。このあなは，葉の（　　　　）側にたくさんあることが多い。

2 ホウセンカを切りとり，食紅をとかした水をろ過した液にさしてしばらくおきました。その後，くきを横に切ったところ，下の図のように中が赤く染まっていました。あとの問いに答えなさい。

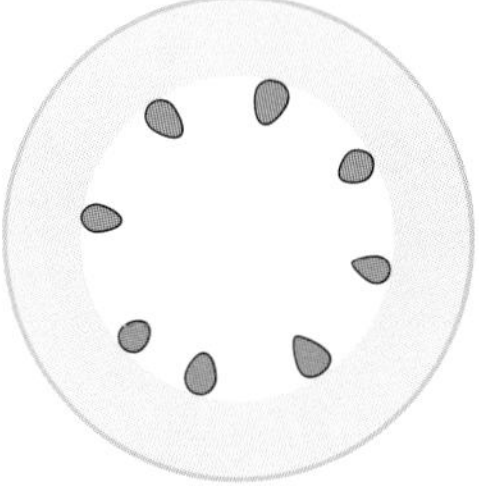

(1) 赤く染まっている管を何といいますか。名前を答えなさい。（　　　　）

(2) 赤く染まっている管はどのような管ですか。次のア～ウから１つ選び，記号で答えなさい。（　　　　）

ア　空気を通す管

イ　土を通す管

ウ　水を通す管

3 ホウセンカを２株用意し，片方の葉をすべてとり，もう片方の葉はそのままにしておきます。両方のホウセンカにポリエチレンのふくろをかぶせ，ふくろの口をしばり，数時間，日当たりのよい場所に置きました。次の問いに答えなさい。

(1) 葉をとったほうととってないほうをくらべると，それぞれのポリエチレンのふくろの内側はどうなっていますか。記号で答えなさい。（　　　　）

ア　葉をとっていないほうがよくくもる。

イ　葉をとったほうがよくくもる。

ウ　両方ともよくくもる。

(2) ふくろがくもった理由は何ですか。記号で答えなさい。（　　　　）

ア　葉から水蒸気が出ているから。

イ　葉から熱が出ているから。

ウ　葉から酸素が出ているから。

4 次の図は，植物の一部をけんび鏡で見たときのものです。これについて，あとの問いに答えなさい。

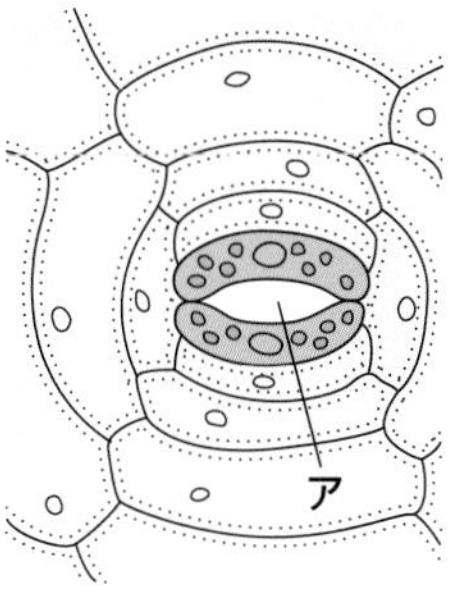

(1) 図のアの部分にはすきまがあります。このすきまの名前を答えなさい。

（　　　　）

(2) 水がこのすきまから蒸発することを何といいますか。（　　　　）

テストに出る問題

答え → 別冊6ページ
時間30分　合格点80点　得点　／100

1 ジャガイモを包丁で切ると，包丁に白いしるがつき，それがかわくと，白い粉になります。次の問いに答えなさい。 [合計 22 点]

(1) スライドガラスにジャガイモのしるをつけて，けんび鏡で見ると，どのように見えますか。次のア〜ウから１つ選び，記号で答えなさい。 [６点]〔　　　〕

ア
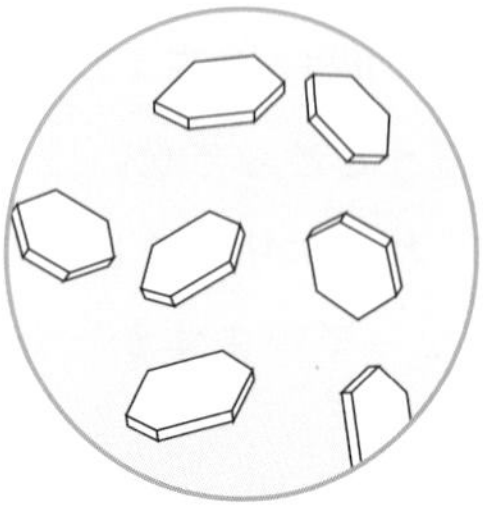
イ
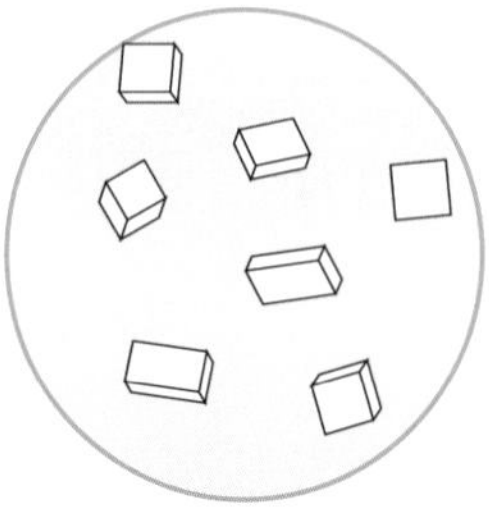
ウ

(2) この白い粉は，おもにどこでつくられますか。次から１つ選びなさい。 [６点]〔　　　〕

ア　根　　イ　くき　　ウ　葉　　エ　花

(3) この白い粉に，ある薬品を加えると，青むらさき色になります。何という薬品ですか。

[10 点]〔　　　　　〕

2 右の図１のように，実験前日にジャガイモの葉の一部をアルミニウムはくでおおい，次の日，十分日光に当てた後，その葉をつみとりました。次に，図２のように，つみとった葉を湯につけ，さらにエタノールに入れて温め，水でよく洗った後，ヨウ素液につけて色の変化を観察しました。これについて，あとの問いに答えなさい。 [合計 26 点]

図1
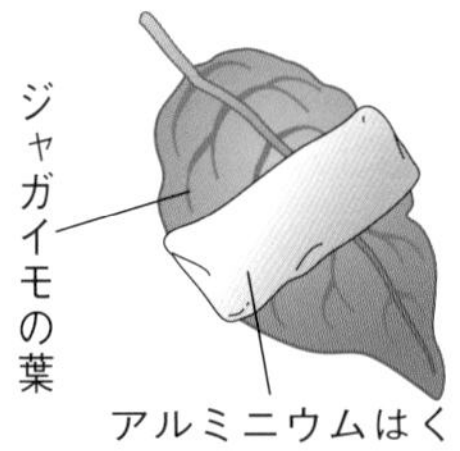

図２
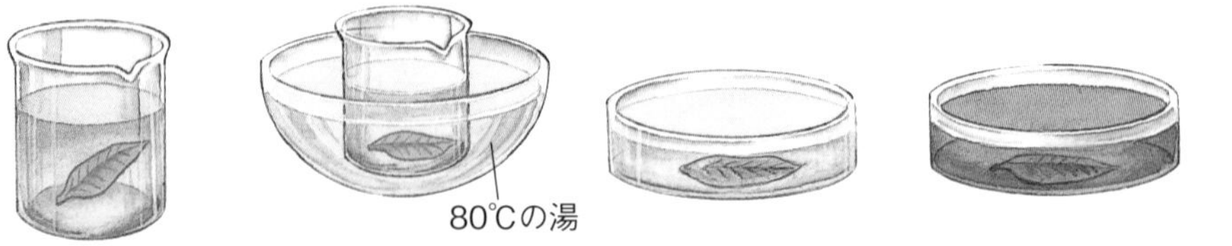

1. 湯につける。　2. エタノールにつける。　3. 水で洗う。　4. ヨウ素液につける。

(1) 上の図２の 2. のように，葉をエタノールにつけるのは何のためですか。

[10 点]〔　　　　　　　　　　〕

(2) 図２の 4. で，ヨウ素液につけたとき，葉の色はどのように変化しますか。次のア〜ウから１つ選び，記号で答えなさい。 [６点]〔　　　〕

ア　アルミニウムはくでおおわれていた部分だけが，青むらさき色になる。

イ　アルミニウムはくでおおわれていなかった部分だけが，青むらさき色になる。

ウ　葉の全体が青むらさき色になる。

⑶　この実験から，どのようなことがわかりますか。説明しなさい。

［10点］〔　　〕

3

右の図は，ジャガイモの葉でつくられる養分のゆくえを表したものです。次の問いに答えなさい。［合計32点］

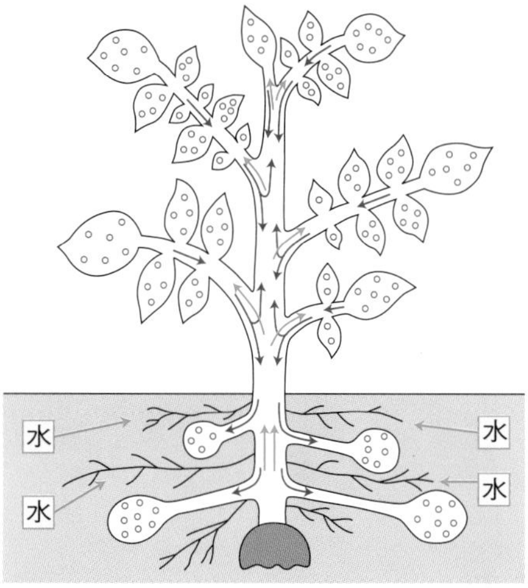

⑴　◦は，葉でつくられたり，いもにたくわえられたりしている養分を表しています。これは何ですか。［8点］〔　　〕

⑵　→は，◦が変化した養分の流れを表しています。◦が変化した養分とは何ですか。

［8点］〔　　〕

⑶　◦が⑵の養分に変化してから運ばれるのはなぜですか。その理由を答えなさい。

［10点］〔　　〕

⑷　新しいいもにたくわえられている養分は，どこから送られてきたものですか。次のア～エから１つ選び，記号で答えなさい。［6点］〔　　〕

ア　たねいもから送られてきた。　　イ　葉から送られてきた。

ウ　たねいもと葉から送られてきた。　　エ　新しいいもがつくりだした。

4

図のように，ホウセンカの葉をすべて切りとったものを用意し，とう明なビニールぶくろをかぶせて，くきにしっかりとひもを結んでとり付けました。同じように，葉をそのまま残したホウセンカも用意し，同じようにビニールぶくろをかぶせました。さらに，両方の根を水につけ，晴れた日に外に３時間ほど置いておきました。これについて，次の問いに答えなさい。［合計20点］

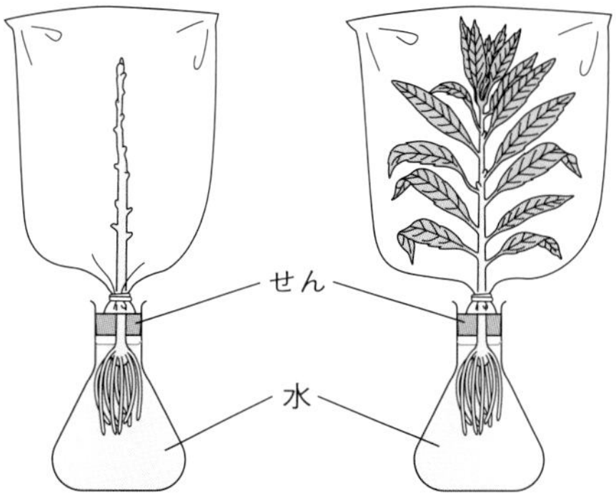

⑴　ふくろがくもったのは葉を切りとったほうですか。それとも葉がついているほうですか。［10点］

〔　　〕

⑵　この実験で，葉を切りとったホウセンカと，そうでないホウセンカの両方を使ったのはどうしてですか。［10点］

〔　　〕

なるほど科学館

植物の成長と季節

強い日光を受けて大きく成長したヒマワリ

▶植物は，日光を受けて葉ででんぷんをつくり，成長したり，いもやたねなどに養分をたくわえたりします。

▶ふつう，強い日光を受けるほうが，でんぷんをたくさんつくることができます。日光は，夏に最も強くなり，冬に最も弱くなります。そのため，日光が強い夏には葉でたくさんのでんぷんがつくられ，日光が弱い冬にはあまりでんぷんがつくられません。

▶植物が春から夏にかけてよく成長し，秋になると冬じたくをして，冬にはほとんど成長しないのは，このことが大きく関係しています。

ジャガイモとサツマイモ

同じなかまの花は，どれも似ているね。

▶ジャガイモとサツマイモは名前が似ているので，同じなかまだと思っている人がいるのではないでしょうか。実は，ちがうなかまなのです。

▶ジャガイモは，ナスやトマト・ピーマンなどと同じ「ナス科」とよばれるなかまで，どれも似たような花をつけます。

▶いっぽう，サツマイモは，アサガオやヒルガオと同じ「ヒルガオ科」とよばれるなかまで，どれも似たような花をつけます。

▶また，ジャガイモのいもは，地下のくきが太ってできたものですが，サツマイモのいもは，根が太ってできたものです。同じいもでも，からだの部分はちがうのです。

ナス科

ジャガイモの花

ナスの花

トマトの花

ヒルガオ科

サツマイモの花

アサガオの花

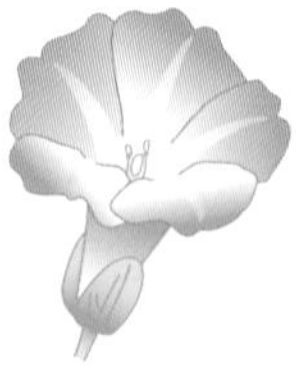
ヒルガオの花

4 生物と環境

教科書のまとめ

✪ 水は，生物の体内で，養分や酸素，二酸化炭素などを運ぶはたらきをする。

✪ 生物が呼吸したり，物が燃えると，酸素が使われ，二酸化炭素ができる。

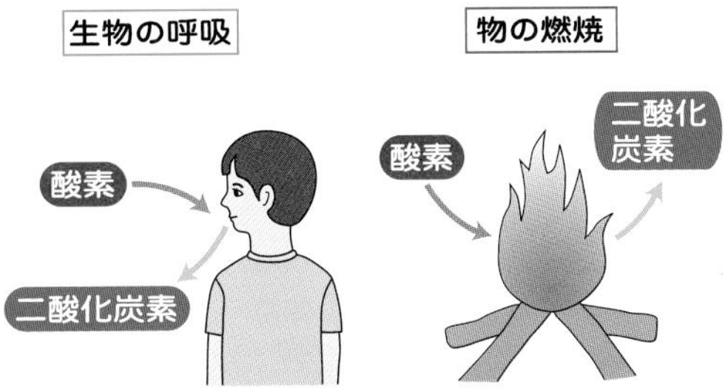

✪ 水は，蒸発したり，雨や雪として降ったりして，自然界をめぐっている。

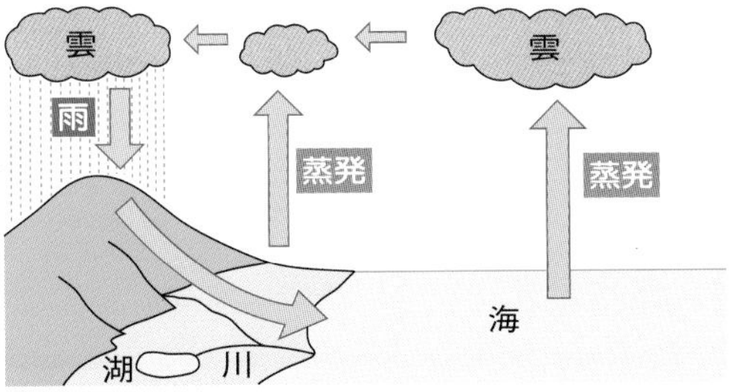

✪ 食べ物のもとは植物がつくり，順に動物にとり入れられる。

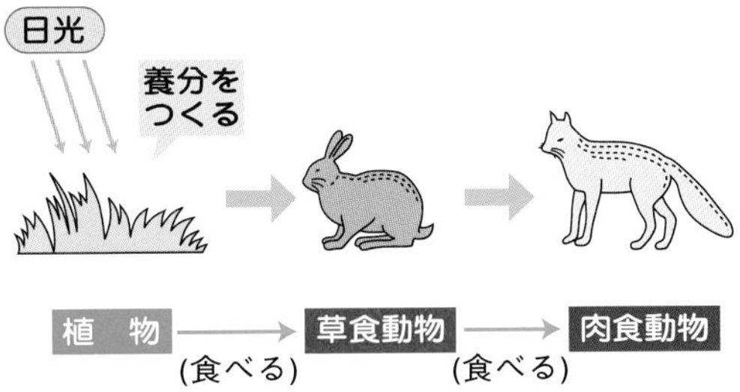

✪ 植物には，二酸化炭素をとり入れ，酸素を出すはたらきがある。

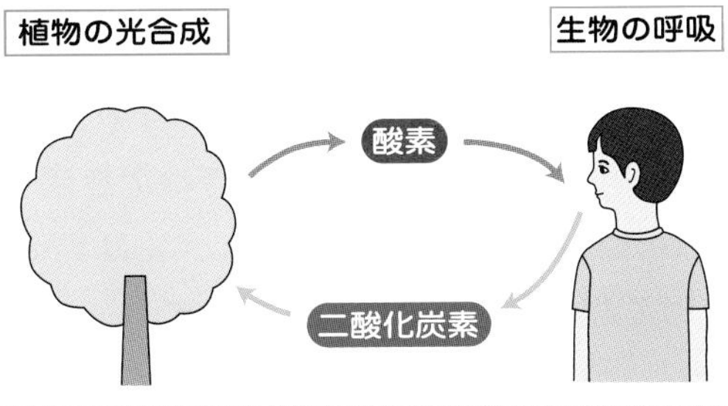

✪ 死がいやふんなどは，カビや細きんなどのび生物が，肥料に分解する。

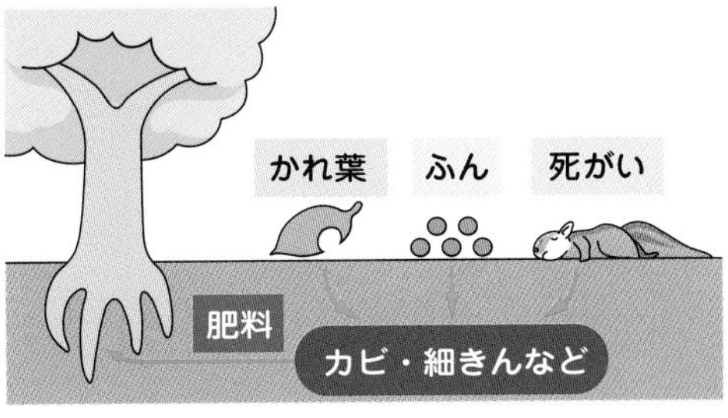

1 生物と水

1 考えよう

人や動物のからだの中で，水はどんなはたらきをしているのか。

正しいのは？

Ⓐ からだを動かすエネルギーのもとになる。

Ⓑ 体温をつくるための熱に変わる。

Ⓒ 養分や酸素をからだじゅうに運ぶ。

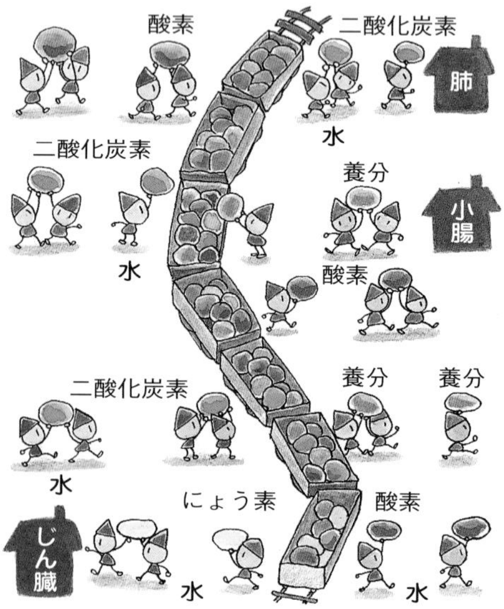

● 人や多くの動物のからだは，体重の約60～80%にあたる量の水をふくんでいます。

● 呼吸をすると，空気中の酸素は肺の中で水にとけ，血管の中へしみこんで，血液によって全身に運ばれます。また，からだの中でできた二酸化炭素は水にとけ，血管の中へしみこんで，血液によって肺に運ばれます。

● 食べた物は，消化管を通る間に消化液のはたらきを受け，消化されます。消化された養分は水にとけ，小腸で血液中にとり入れられて運ばれます。また，からだの中にできた不要物も，最後はにょうという水よう液になって，体外へ出されます。

● このように，人や動物のからだの中のはたらきは，すべて水にとけた状態で行われます。

答 Ⓒ

2 考えよう

植物のからだの中で，水はどんなはたらきをしているのだろうか。

正しいのは？

Ⓐ 養分として，実やいもをつくるもとになる。

Ⓑ 色水となって，葉やくきに色をつける。

Ⓒ 養分や肥料分をからだじゅうに運ぶ。

● 植物のからだも，その重さの約80%にあたる量の水をふくんでいます。植物のからだの中に水が不足すると，植物はしおれたり，かれたりします。

● 植物は，根から水を吸収します。このとき，土の中の肥料分が水にとけて，植物体内にとりこまれ，水といっしょに植物のからだじゅうに行きわたります。

● また，昼間，日光を受けてできたでんぷんは糖になり，水にとけてからだの各部に運ばれます。

答 Ⓒ

3 考えよう さばくにいる生物は水を使わずに生きているのだろうか。

正しいのは？

A さばくの生物は水を使わずに生きている。

B くふうして集めたりためたりしている。

C 石や砂を分解して水をとり入れている。

● 地球上のすべての生物は水がなければ生きていくことはできません。これはさばくの生物も同じです。

● そのため，さばくの生物はさまざまなくふうをして水をとり入れたり，ためこんだりしています。

● さばくにすむキリアツメという虫は，夜に発生するきりがからだじゅうについてできた水てきを集めて水分をからだにとり入れます。

● さばくにはえているアロエやサボテン，リュウゼツランなどの植物は葉の中に，また，ラクダは血液の中に水をためこむことができます。

答 B

フタコブラクダ

リュウゼツラン

4 考えよう 水はどんどん蒸発するのに，なぜ地球上からなくならないのか。

正しいのは？

A 雨や雪となって地上にもどるから。

B 地球の中心から出てくるから。

C 宇宙から地球に入ってくるから。

● 海や川や湖の水面からは，たえず水が蒸発しています。また，植物は，根から水を吸収する一方で，葉から体内の水を蒸発させています。

● 空気中の水蒸気は，空気が高い所にのぼって冷やされると，水てきに変わり，雲になります。そして，雲が大きくなると，雨や雪になって地上に降ってきます。

● このように，水は地上と空気中の間をぐるぐるとめぐっているので，地球上の水の量がへることはありません。

答 A

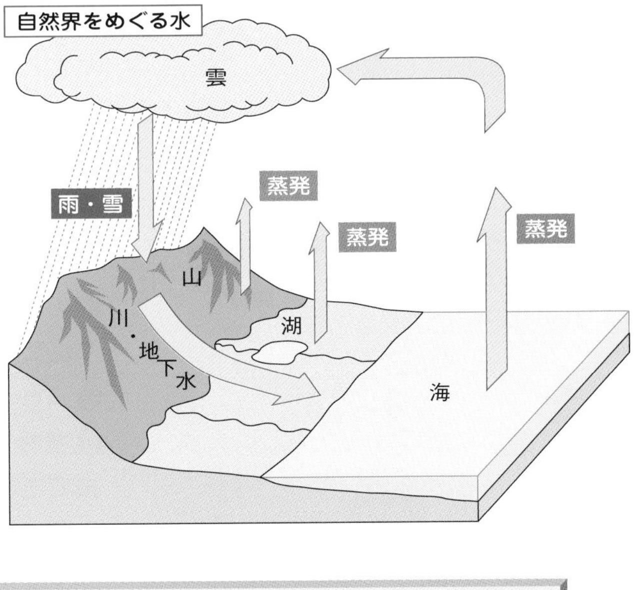

たいせつポイント

水
- 生物の活動や成長には，水が必要。
- 地上と空気中の間をめぐっている。

2 生物と空気

1 考えよう

植物は，何からでんぷんをつくっているのだろうか。

正しいのは？

- Ⓐ 水だけからつくる。
- Ⓑ 水と空気中の酸素からつくる。
- Ⓒ 水と空気中の二酸化炭素からつくる。

ポリエチレンのふくろを使った実験

昼間の実験	実験前の割合	実験後の割合
酸　　素	16%	18%
二酸化炭素	5%	3%

夜間の実験	実験前の割合	実験後の割合
酸　　素	21.0%	20.5%
二酸化炭素	0.04%	0.8%

それぞれの実験結果（例）

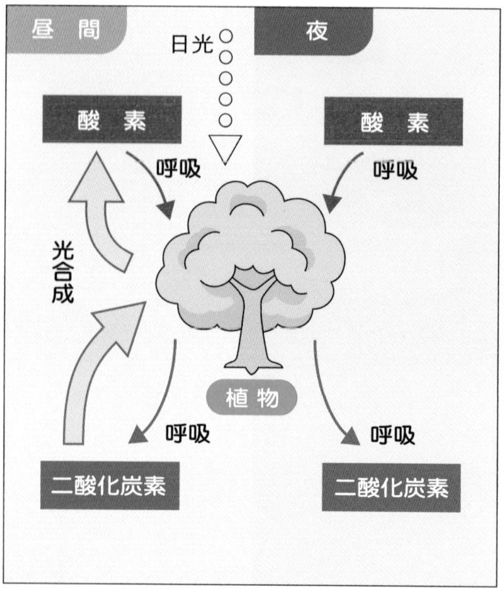

植物と空気

実験 晴れた日の昼間，切りこみを入れたポリエチレンのふくろをインゲンマメにかぶせて息をふきこんだ後，切りこみをふさいで，30分おきに気体検知管で酸素と二酸化炭素の量をはかります。

● 息をふきこむと，ふくろの中には二酸化炭素の多い空気が入っています。

● しばらくすると，だんだん二酸化炭素がへっていき，かわりに酸素がふえていきます。

● これから，**植物は日光が当たっているとき二酸化炭素をとり入れて酸素を出している**とわかります。

● これは植物が日光の力で，根から吸い上げた**水**と空気中の**二酸化炭素**から，**でんぷん**と**酸素**をつくりだしているからです。このはたらきを**光合成**といいます。

実験 同じように，夜，ポリエチレンのふくろをインゲンマメにかぶせて空気をふきこんでふさぎ，その成分の変化をはかります。

● しばらくすると，だんだん酸素がへっていき，かわりに二酸化炭素がふえていきます。

● これから，**植物も呼吸している**ことがわかります。

● 植物も一日じゅう呼吸をしていますが，昼間は光合成でできる酸素のほうが，呼吸で使われる酸素よりも多いのでわかりにくいのです。

● 植物は昼間，非常にたくさんの二酸化炭素を吸収し，酸素をつくり出します。そのため，昼と夜を通じて考えると，二酸化炭素をとり入れて酸素を出しているといえます。

答 Ⓒ

2 考えよう 空気中の酸素がなくならないのは，なぜだろうか。

正しいのは？

- **A** 空の高い所で二酸化炭素が酸素になるから。
- **B** 地球の中心から酸素が出てくるから。
- **C** 植物が酸素をつくりだすから。

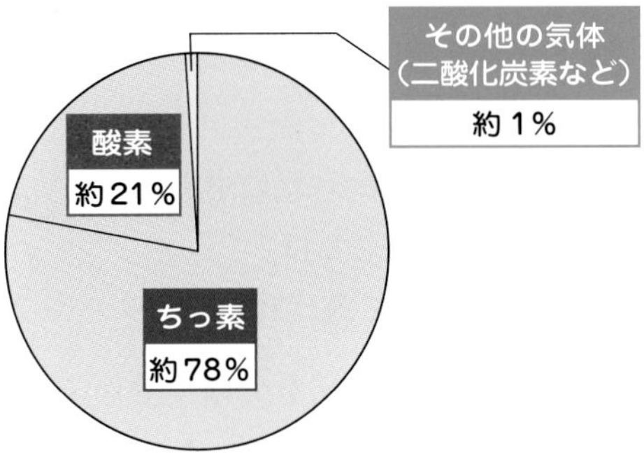

空気の成分

● 空気は，おもにちっ素と酸素という２つの気体でできていて，そのうち，**酸素は空気全体の約21%**をしめています。

● 人や他の動物も植物も，**すべての生物が，たえず呼吸をして**，空気中の**酸素をとり入れ，二酸化炭素を出しています**。

● 発電所で電気を起こすのに**石油を燃やしたり，製鉄**所で**石炭を燃やしたり**するときも，**自動車や飛行機を動かす**ときも，たくさんの**酸素が使われ，二酸化炭素が出されます**。

● 生物は何億年もの間，呼吸をし続けてきましたが，それによって空気中の酸素がなくなったということはありません。これは，すべての生物が酸素を使う一方で，**酸素をつくり出す生物がいる**からです。それが，**植物**です。

● 植物は，日光を受けて**光合成**をし，でんぷんをつくります。このとき，**二酸化炭素をとり入れ，酸素を出しています**。

● つまり，生物が呼吸をして出した二酸化炭素や，物が燃えて出た二酸化炭素を植物がとり入れ，酸素をつくり出して，空気中にもどしているのです。　**答 C**

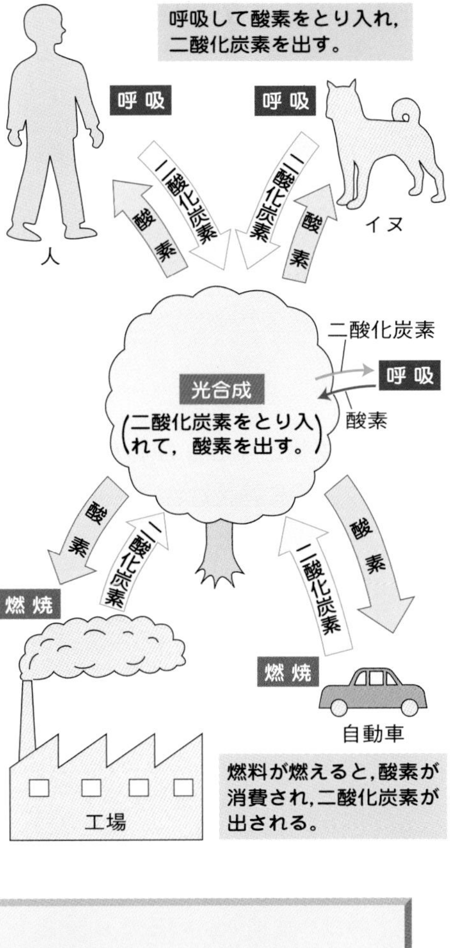

なぜだろう？ いま，地球の空気は，ほとんどがちっ素と酸素でできています。しかし，地球ができたころの空気は，ほとんどが火山から出てきた二酸化炭素と水蒸気で，酸素はふくまれていませんでした。なぜ，たくさんの酸素ができたのでしょうか。

答 酸素ができたのは，日光を受けて酸素をつくる**植物**が現れてからです。現在の空気中にある酸素は，植物が何十億年もかけてつくったものです。

たいせつポイント

- 酸素…光合成のときつくられる。
- 二酸化炭素…呼吸や燃焼のときつくられる。

教科書のドリル

答え → 別冊6ページ

1 次の文の（　）にあてはまることばを書きなさい。

(1) 生物のうち，（　　　）のなかまは（　　　）をして酸素をつくり出すことができる。

(2) 動物のからだの中で，酸素，二酸化炭素，養分などは，（　　　）という体液によって運ばれる。

(3) 植物が日光を受けてでんぷんをつくるとき，その材料となるのは（　　　）と（　　　）である。

(4) 植物はまわりの空気をとりこんで，一日中，（　　　）をしている一方，日光が当たると（　　　）もしている。

(5) 地表や海の水は，日光を受けて蒸発し，上空で水てきに変わって（　　　）となり，やがて（　　　）や（　　　）として，地上にもどってくる。

2 生物と水のかかわりについて，次の問いに答えなさい。

(1) 植物は，水を何という部分からとり入れていますか。名前を答えなさい。

（　　　）

(2) 動物の血液の中で，水が運んでいるものを２つあげなさい。

（　　　）
（　　　）

(3) 水をまったく使わないで生きている生物はいますか。いるなら例を１つあげなさい。いないなら「いない」と答えなさい。

（　　　）

3 下の図は，気体の移動を表したものです。あとの問いに答えなさい。

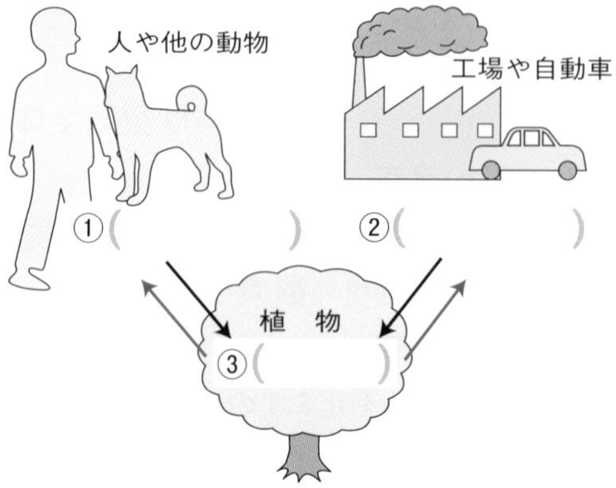

(1) 図の中の（　）にあてはまることばを書きなさい。

(2) ⟶と⟶は，それぞれ何という気体の移動を表していますか。

⟶（　　　）　⟶（　　　）

4 下の図で，ア，イは気体，⟶と⟶はそれぞれ，気体の移動に関係する生物のはたらきを表しています。あとの問いに答えなさい。

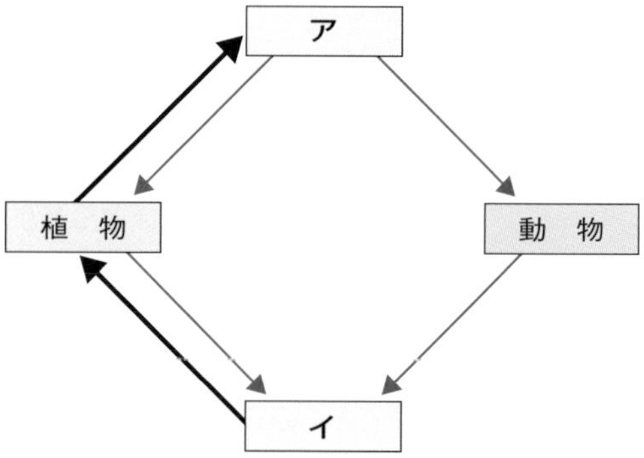

(1) アとイにあてはまるのは，それぞれ何の気体ですか。名前を答えなさい。

ア（　　　）　イ（　　　）

(2) ⟶と⟶それぞれのはたらきを何といいますか。名前を答えなさい。

⟶（　　　）　⟶（　　　）

3 生物と食物

1 考えよう

植物はでんぷん以外の養分をどのようにしてつくっているのだろうか。

正しいのは？

A 根からとり入れた肥料をそのまま使う。

B 肥料とでんぷんからつくる。

C でんぷん以外の養分は必要ない。

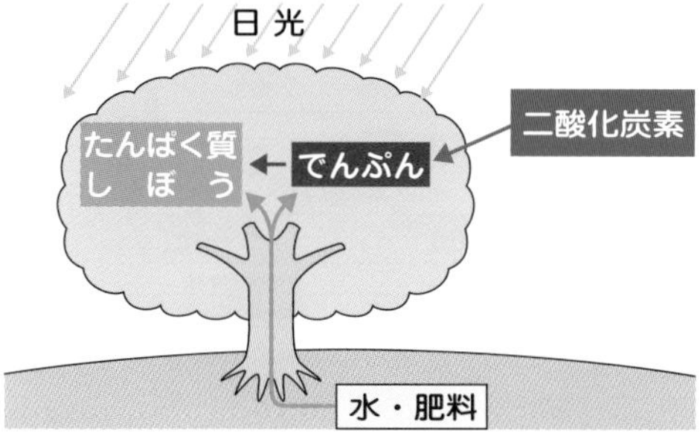

● 植物を育てるには，水と肥料をあたえればよく，動物のようにえさをあたえる必要はありません。

● 植物の成長に必要な養分は，人や動物と同じで，たんぱく質や炭水化物，しぼうなどです。

● 植物は，光合成でできたでんぷんと根から吸収した肥料から，さまざまな養分を自分でつくり出すことができます。

答 B

2 考えよう

自然の中で，養分は，どのように流れていくのだろう。

正しいのは？

A 植物→動物→植物→動物→…

B 植物→動物→動物→動物→…

C 動物→動物→動物→動物→…

● 生物が成長するのに必要な養分を，日光の力を使って最初につくり出すのは植物です。

● 次に，この植物は草食動物(おもに植物を食べる動物)に食べられて，食べた草食動物の養分となります。

● さらに草食動物は，肉食動物(おもに動物を食べる動物)に食べられて養分となります。この肉食動物も，もっと大きな肉食動物に食べられ，その動物の養分となります。

● 生物はすべて「食べる・食べられる」という関係でつながっているといえます。このつながりのことを食物連鎖といいます。

答 B

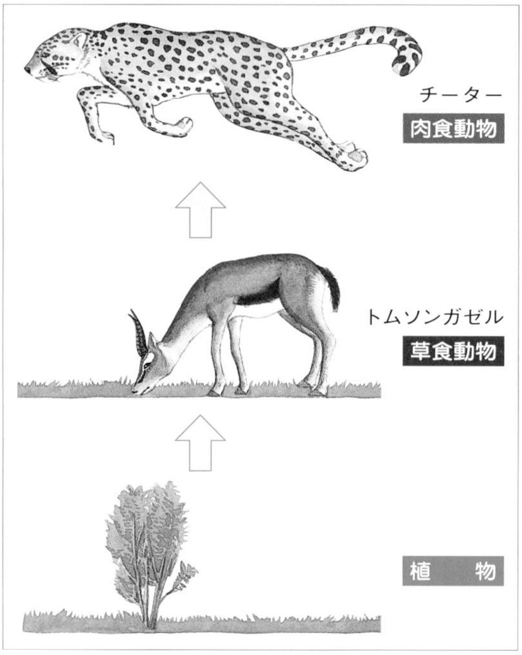

もっとくわしく

生産者と消費者…肉食動物をふくむすべての動物は最初に植物がつくった養分を直接または間接的に食べることで生きているということができます。そのため，植物を生産者，それを食べる動物を消費者ともよびます。

3 考えよう 動物が生きるためには，どれぐらいの量の食物が必要だろうか。

正しいのは？

A 自分の体重と同じぐらいの量。

B 自分の体重よりもずっと少ない量。

C 自分の体重よりもずっと多い量。

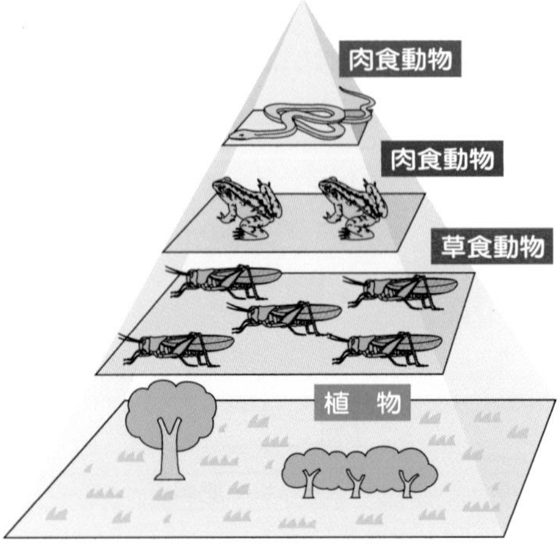

生物のピラミッド

● ウシやウマなどの**草食動物**は，１年間に**自分の体重よりもはるかに多い量の植物**を食べます。

● たとえば，体重約600kgのウマは１年間に約3t（3000kg）の植物を食べ，体重約1tのウシは１年間に約20tの植物を，体重約5tのゾウは１年間に約100tの植物を食べます。

● ですから，**草食動物が生きていくためには，非常にたくさんの植物がなければならない**ということになります。

● 同じように，**肉食動物**が生きていくためにも，**肉食動物よりも多くの量の動物が必要**です。

● たとえば，体重が1kgほどのマングースは１年間におよそ数十kgの動物を食べ，体重150tあるシロナガスクジラも，１年間に自分の数倍もの量のプランクトンを食べるといわれています。

● このように，食べる生物よりも，食べられる生物のほうが量が多いのがふつうです。**植物から食物連鎖をたどっていくと，どんどんその量が少なくなっていき**，植物をいちばん下にして，それぞれの生物の量をその上に積み重ねていくと，**ピラミッド形**になります。

● もし**植物が少なくなってしまう**と，えさがへってしまうので，それを食べる**草食動物がへり**，さらにそれを食べている**肉食動物までへってしまう**のです。

答 C

肉食動物

ライオン

タカ

ヘビ

サメ

草食動物

ウマ

ニワトリ

バッタ

ミジンコ

もっとくわしく

生物の数の変化…食べる生物がふえると，食べられる生物がへってしまいます。すると，食べる生物はえさが少なくなってしまうので，こんどは逆にへっていきます。すると，こんどは天敵のへった食べられる生物がふえていきます。これをくり返して，最後にはもとにもどります。ふつう生物はこのようにしてつりあいを保っているのですが，何かの原因でそのバランスがくずれ，ある生物がいなくなってしまうことを**絶めつ**といいます。

4 考えよう 落ち葉を入れたペトリ皿にダンゴムシを入れると，どうなるだろうか。

正しいのは？

A えさがないのでダンゴムシが死んでしまう。

B ダンゴムシは落ち葉を食べて生きる。

C ダンゴムシはえさがなくても生きられる。

観察 ペトリ皿にダンゴムシを10ぴきと落ち葉を1枚入れ，どうなるか観察します。

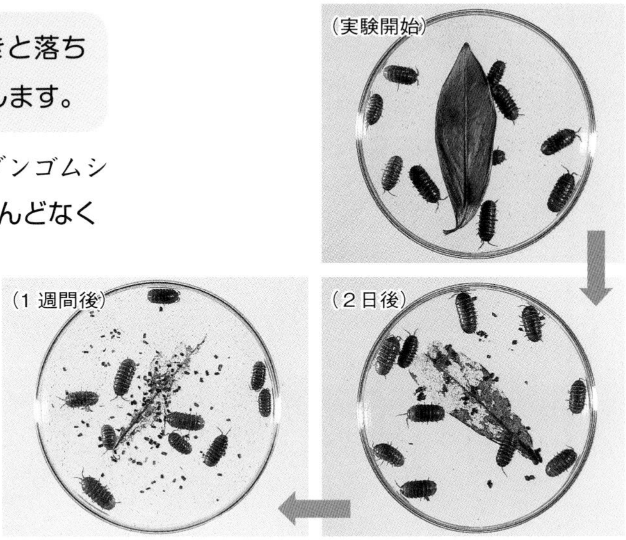

（実験開始）
（2日後）
（1週間後）

● ペトリ皿にダンゴムシを入れておくと，ダンゴムシが落ち葉を食べ，1週間ほどで落ち葉はほとんどなくなってしまいます。

● このように，ダンゴムシやミミズなどの動物は，落ち葉やかれた植物を食べて養分にしています。また，クワガタムシの幼虫のように，かれた木を食べる動物もいます。

答 B

5 考えよう 動物に食べられなかった落ち葉はどうなるのだろうか。

正しいのは？

A どんどん積もっていく。

B び生物に分解されて肥料になる。

C ひとりでに消えてなくなる。

● 小さな動物が食べなかったかれ葉，動物の死がい，ふんなどは，おもに土の中にいるカビや細きんなどのび生物によって分解されます。

● 分解されてできたものは，水にとけて肥料となり，再び植物の根からとり入れられて養分となります。

● このように，植物が日光を受けてつくった養分は，肥料となって，最後には再び植物へもどってくるのです。

答 B

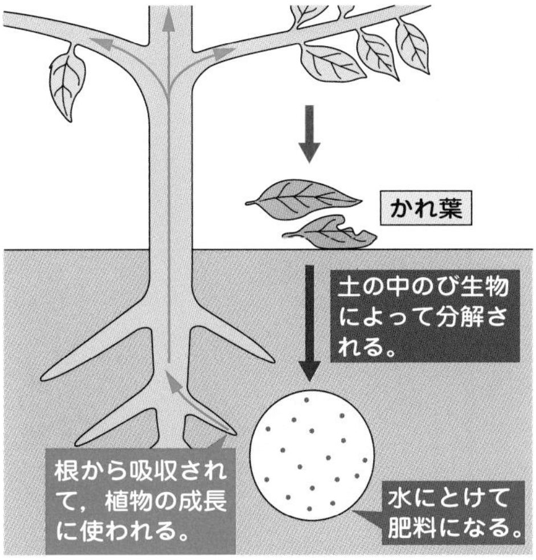

かれ葉
土の中のび生物によって分解される。
根から吸収されて，植物の成長に使われる。
水にとけて肥料になる。

もっとくわしく 分解者…このように，かれ葉や死がい，ふんなどを肥料にもどす生物のことを分解者ともよびます。

たいせつポイント
- 人や動物の食物のもとは，すべて植物がつくったもの。
- 生物の養分は，植物→草食動物→肉食動物と流れていく。

さまざまな生物が，食べる・食べられるという関係を通してつながっています。

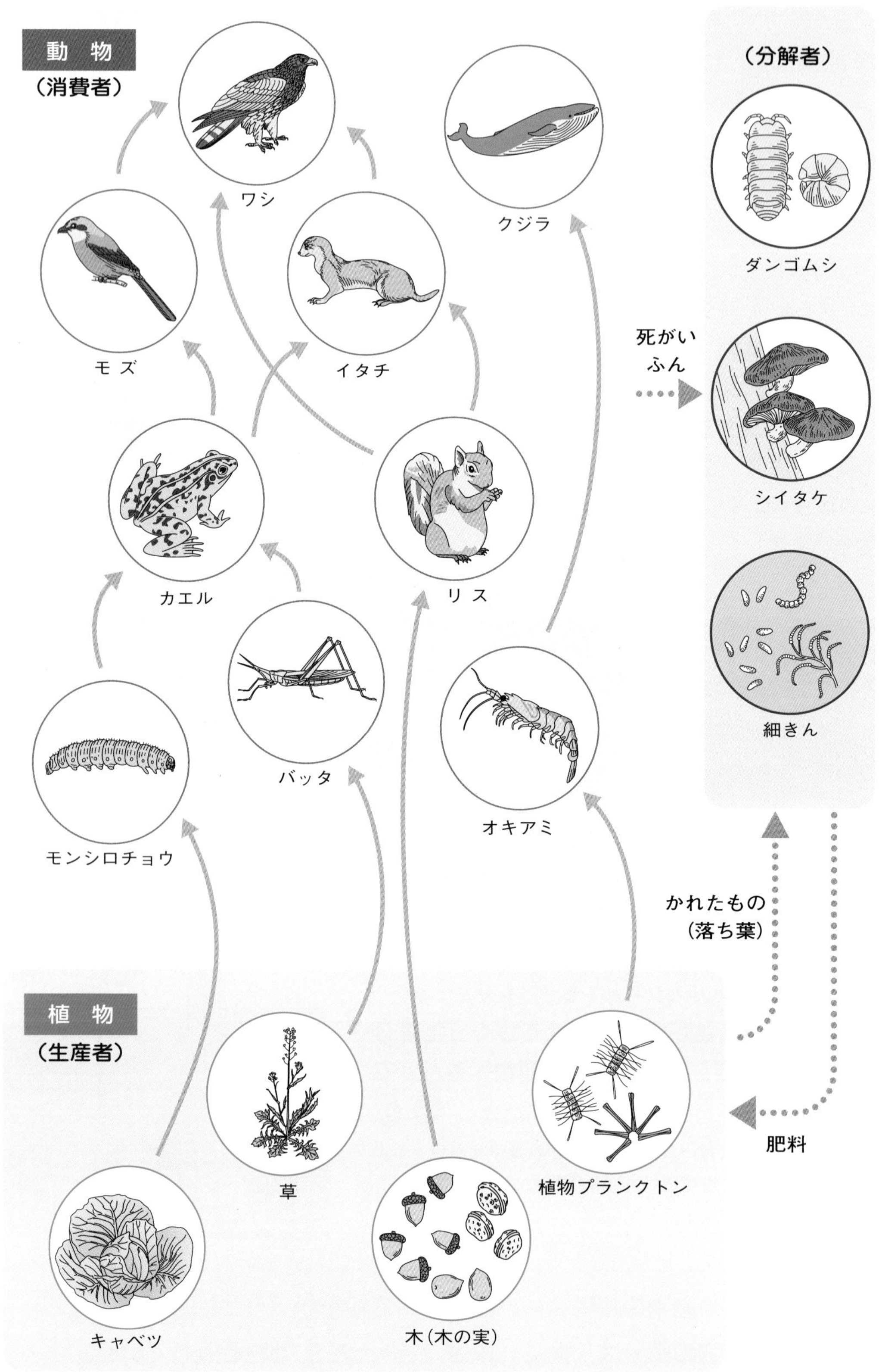

4 水の中の小さな生物

1 考えよう

えさが不足したとき，水そうのメダカは，何を食べているのだろう。

正しいのは？

Ⓐ 水そうの中の水草を食べている。
Ⓑ 水そうの中の小石や砂（すな）を食べている。
Ⓒ ガラスや小石についた緑色のものを食べる。

観察 メダカをかっている水そうのガラスに緑色のものがつくことがあります。これをけんび鏡（きょう）で観察（かんさつ）したり，メダカにあたえたりしてみましょう。

● ガラスについた緑色のものをけんび鏡で見ると，**小さな生物がたくさんいる**ことがわかります。また，この**緑色のものを，メダカは食べます**。

● かっているメダカは，えさが不足したりすると，ガラスや小石の表面についた緑色の小さな生物を食べます。メダカが，ガラスや小石をつつくのは，このためです。

答 Ⓒ

水そうのガラスについた緑色のものの中には小さな生物がたくさんいるんだよ。

池や小川の小さな生物

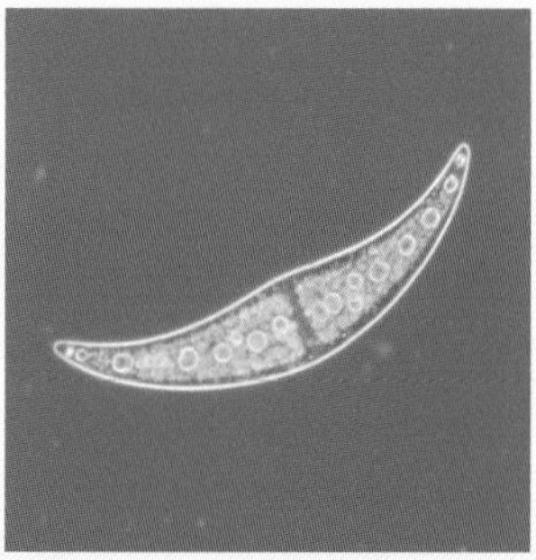

△ミカヅキモ(135倍)

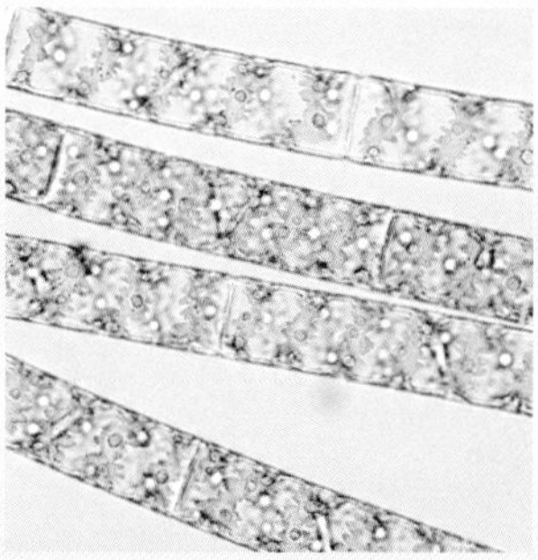

△アオミドロ(150倍)

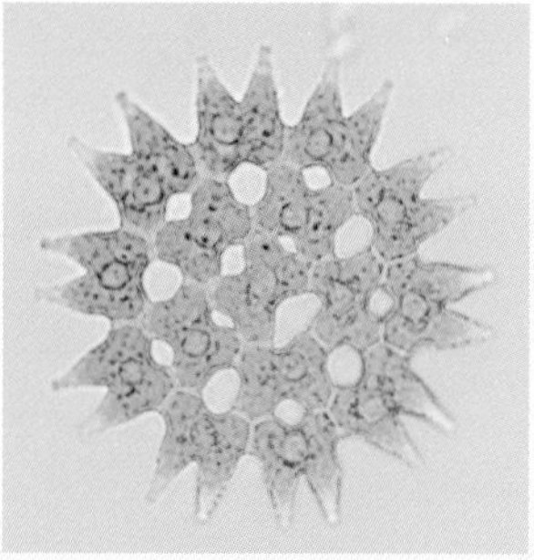

△クンショウモ(200倍)

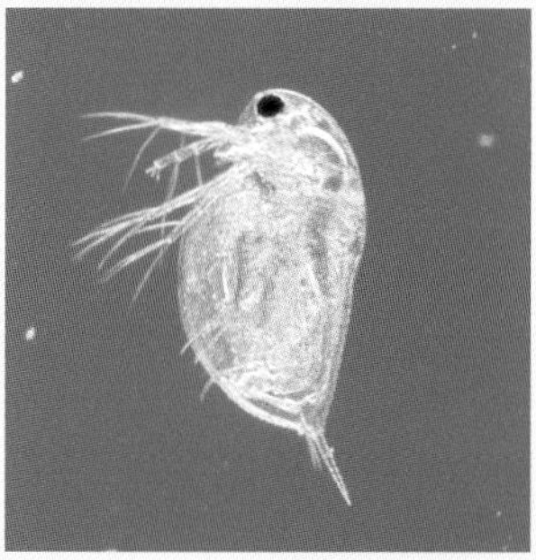

△ミジンコ(20倍)

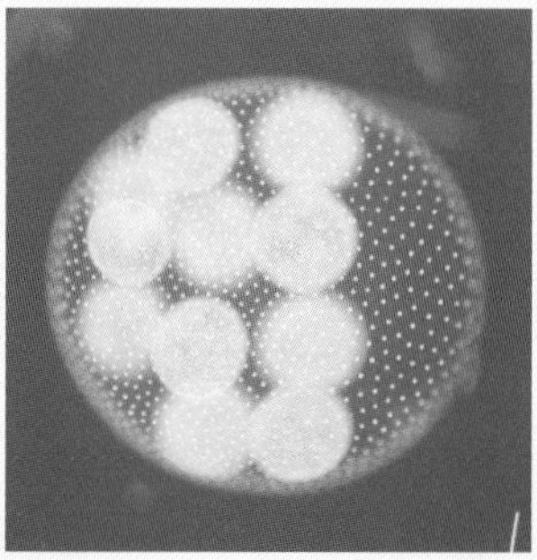

△ボルボックス(40倍)

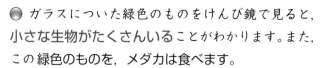

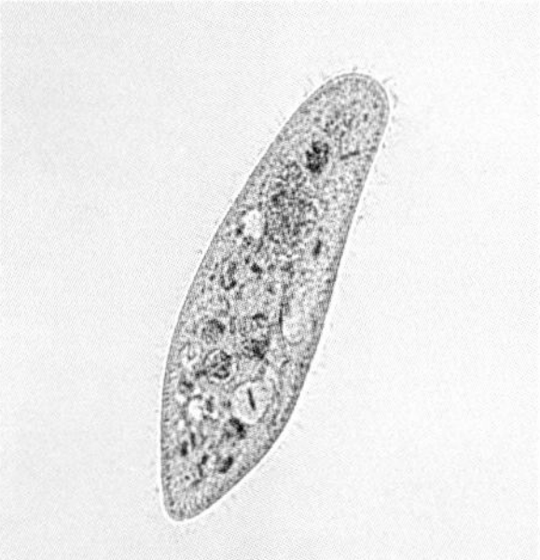

△ゾウリムシ(150倍)

2 考えよう 池や小川にすむ魚がえさをあたえないのに育つのはなぜだろう。

正しいのは？
- A 小さな生き物を食べるから。
- B 自分のなかまを食べるから。
- C 他の魚にえさをもらうから。

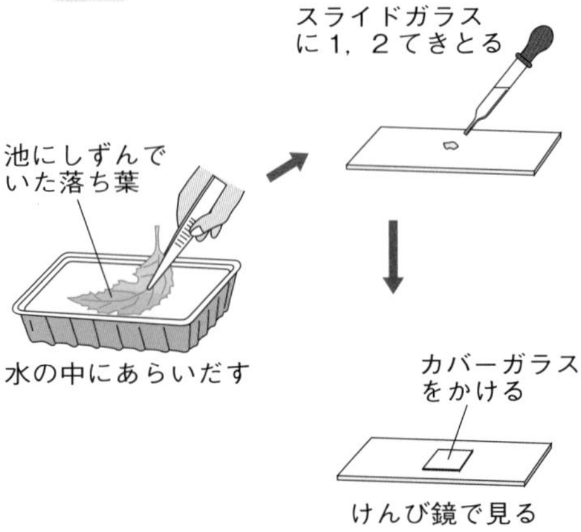
池にしずんでいた落ち葉
水の中にあらいだす
スライドガラスに1，2てきとる
カバーガラスをかける
けんび鏡で見る

観察 池や小川の水を図のようにして集め，けんび鏡(きょう)で観察(かんさつ)してみると，どんなことがわかるでしょう。

● 池や小川の水をけんび鏡で見ると，**小さな生物がたくさんいる**ことがわかります。また，メダカをかっている水の中にいたのと同じ小さな生物も見られます。

● 魚がすんでいる水の中には，小さな生物がいて，**魚のえさ**になっています。これらのうち，緑色で動かないものは植物のなかまで，細い毛やひげのようなものをもち動きまわるものは動物のなかまです。

● 海の中にも小さな生物がいます。

答 A

たいせつポイント 池や小川の水の中 { 小さな生物がたくさんすんでいる。この小さな生物が魚のえさとなっている。

海の小さな生物

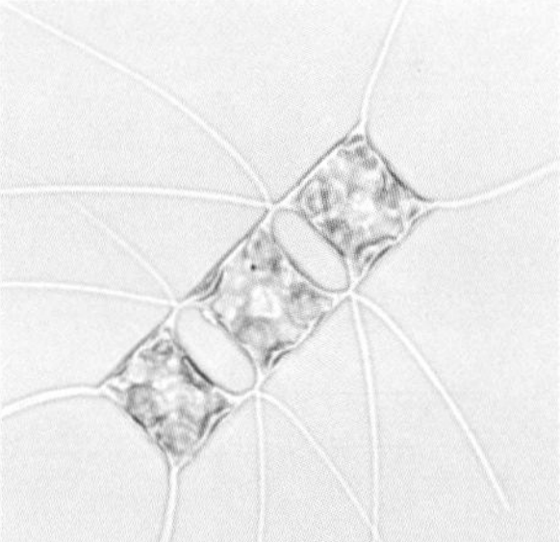
△ツノケイソウ(240倍)

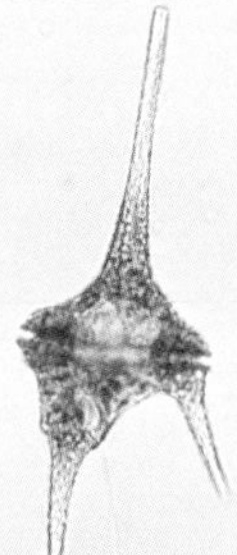
△ツノモ(200倍)

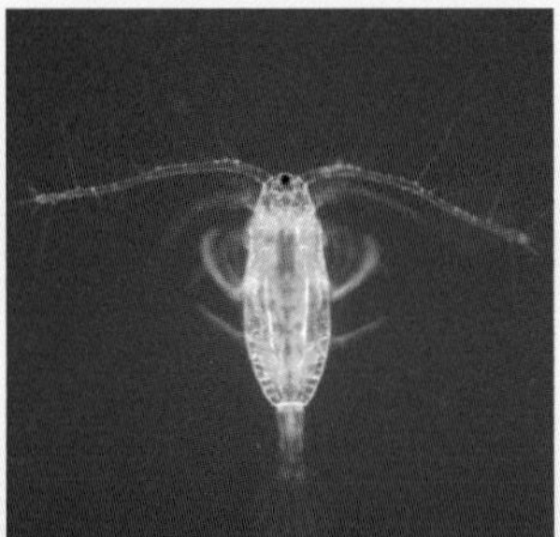
△ケンミジンコ(20倍)

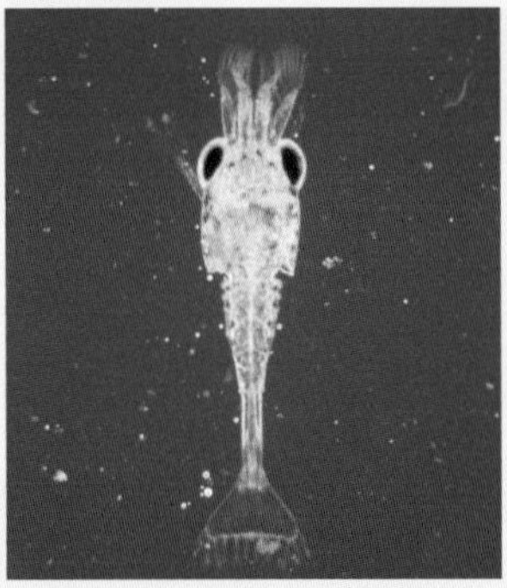
▷エビの子ども(10倍)

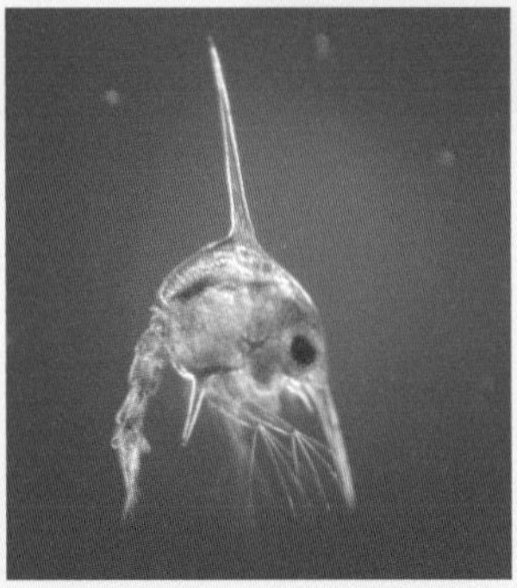
▷カニの子ども(15倍)

教科書のドリル

答え → 別冊7ページ

1 次の文の（　）にあてはまることばを書きなさい。

(1) 動物は，日光を受けてでんぷんをつくることが（　　　　）。

(2) 植物は，日光を受けて（　　　　）と（　　　　）から養分(ようぶん)をつくる。

(3) おもに植物を食べて生きている動物のことを（　　　　），動物を食べて生きている動物のことを（　　　　）という。

2 次の動物の中で，おもに植物（草，たね，実，みつ，植物プランクトンなど）を食べるものはAのグループ，おもに動物だけを食べるものはBのグループに分け，それぞれ記号で答えなさい。

ア　ウマ　　　イ　チーター
ウ　ウシ　　　エ　モンシロチョウ
オ　ミジンコ　カ　カエル（親）
キ　モズ　　　ク　バッタ

A（　　　　）
B（　　　　）

3 次のア～ウそれぞれの生物について，それぞれの量(りょう)（合計の重さ）を，多いほうから順(じゅん)に並(なら)べ，記号で答えなさい。

ア　植物
イ　植物を食べる動物
ウ　動物を食べる動物

（　　　）>（　　　）>（　　　）

4 下の図のように，ペトリ皿にダンゴムシ7ひきと落ち葉を1枚(まい)入れ，1週間後に落ち葉のようすを観察(かんさつ)すると，どのような変化(へんか)が見られますか。あとのア～ウから1つ選(えら)びなさい。（　　　）

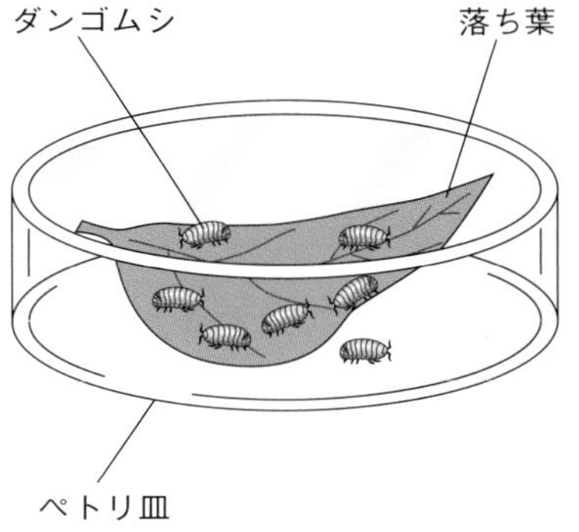

ア　落ち葉に変化は見られず，ダンゴムシがすべて死んでいる。
イ　落ち葉は，ダンゴムシにほとんど食べられている。
ウ　落ち葉にもダンゴムシにも何も変化は見られない。

5 下の図は，池の水をけんび鏡(きょう)で調べたときに見られた生物です。名前を書きなさい。

ア
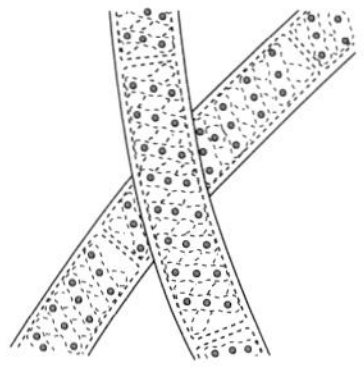
イ
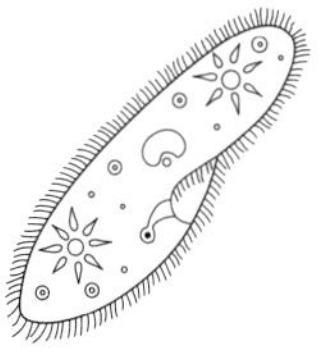
ウ
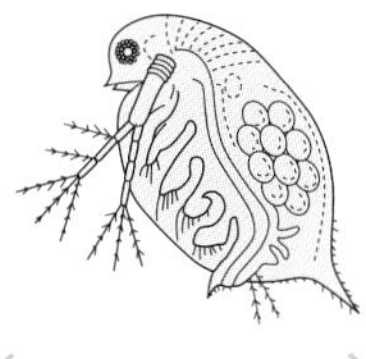
エ
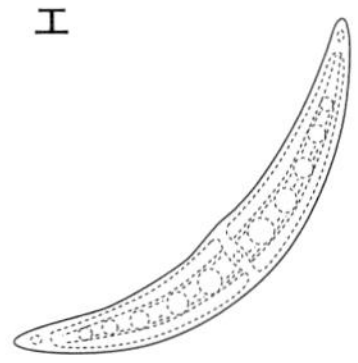

ア（　　　　）　イ（　　　　）
ウ（　　　　）　エ（　　　　）

テストに出る問題

答え → 別冊7ページ
時間30分　合格点80点

得点　／100

1 下の図は，水が自然界をめぐっているようすを表しています。これについて，次の問いに答えなさい。
［合計 20 点］

(1) A～Dの矢印は，すべて水のすがたを表しています。それぞれの名前を答えなさい。

［各 4 点］ A〔　　　　〕
B〔　　　　〕
C〔　　　　〕
D〔　　　　〕

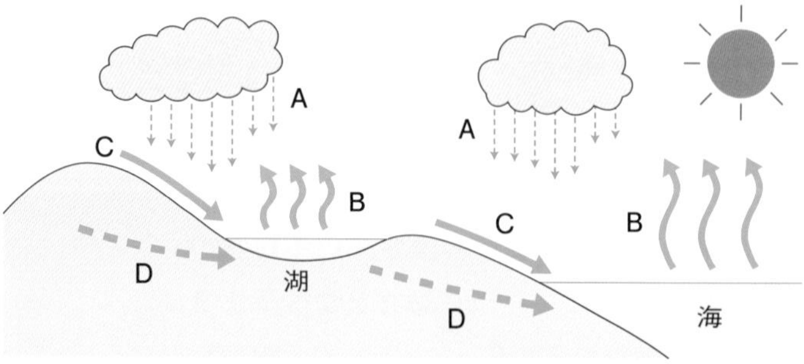

(2) 地上に降ってくる水Aの量と，蒸発する水Bの量をくらべると，どちらのほうが多いですか。次のア～ウから正しいものを1つ選び，記号で答えなさい。　［4点］〔　　　〕

ア　Aのほうがはるかに多いので，地上にある水はどんどんふえている。
イ　Bのほうがはるかに多いので，地上にある水はどんどんへっている。
ウ　AとBがほぼ同じなので，地上にある水の量は大きく変わらない。

2 右の図は，食べる・食べられるの関係でつながっている生物を表しています。次の問いに答えなさい。
［合計 25 点］

例：リスが木の実を食べるとき。

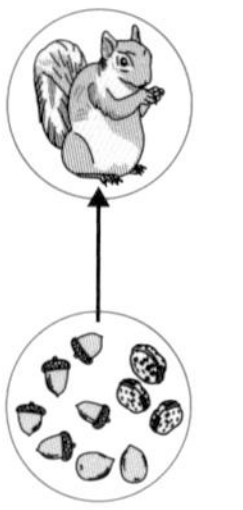

(1) これらの動物の，食べる・食べられるの関係は，どのようになっていますか。例にならって，図に矢印をかきなさい。　［5 点］

(2) このような，食べる・食べられるの関係のことを漢字４文字で何といいますか。名前を答えなさい。　［5 点］〔　　　　〕

(3) 上の図の動物のほかにも，植物を食べる動物はたくさんいます。次の文の①～③の{　　}の中のア～ウから，それぞれ正しいものを１つずつ選び，記号で答えなさい。

［各 5 点］ ①〔　　　〕②〔　　　〕③〔　　　〕

ウシやウマなどが食べている植物の量はどれくらいなのか調べてみた。たとえば，体重約1000kgのウシは，1年間に，約①{ア　200kg　イ　2000kg　ウ　20000kg}の植物を食べ，体重約600kgのウマは，1年間に，約3000kgの植物を食べるそうである。このように，植物を食べる動物が生きていくためには，②{ア　非常に少ない　イ　体重と同じくらいの　ウ　非常に多くの}植物がなければならない。したがって，植物がへると，それを食べている動物も③{ア　ふえる　イ　変わらない　ウ　へる}ことになる。

3 空気や水と生物の関わりについて，次の問いに答えなさい。 ［合計 20 点］

(1) 空気中の酸素の割合はどれくらいですか。次のア～エから１つ選び，記号で答えなさい。
［5点］〔　　　〕

ア 約11%　　イ 約21%　　ウ 約31%　　エ 約41%

(2) 次の文の①～③にあてはまることばを，それぞれ答えなさい。 ［各5点］

①〔　　　〕②〔　　　〕③〔　　　〕

人が呼吸をすると，空気中の酸素は〔 ① 〕の中で水にとけ，血管の中にしみこんで，〔 ② 〕にまじって全身に運ばれる。また，からだの中でできた〔 ③ 〕は，水にとけ，血管の中にしみこんで，〔 ② 〕にまじって〔 ① 〕に運ばれる。

4 右の図は，かれ葉がび生物を通してじゅんかんしていくようすを表したものです。次の問いに答えなさい。 ［合計 20 点］

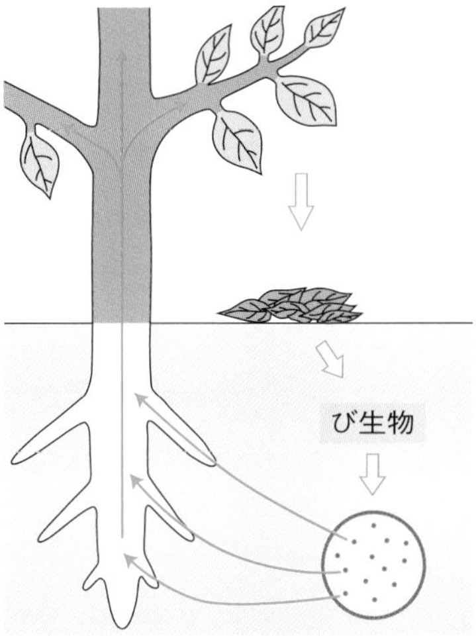

(1) 図の中のび生物にあたるものを，次のア～カから２つ選び，記号で答えなさい。 ［各 5 点］

〔　　　〕〔　　　〕

ア ダニ　　イ 細きん　　ウ ミミズ
エ トビムシ　　オ ヤスデ　　カ カビ

(2) び生物のはたらきを，次のア～ウから１つ選び，記号で答えなさい。 ［5 点］〔　　　〕

ア かれ葉などをおしかためる。
イ かれ葉などを分解する。　　ウ かれ葉などを保存する。

(3) び生物によって(2)のようにされたかれ葉は，植物にとって，どのような役割があるといえますか。次のア～エから１つ選び，記号で答えなさい。 ［5点］〔　　　〕

ア 気体になりやすい肥料となり，植物の根からとり入れられ，植物の成長に使われる。
イ 気体になりやすい肥料となり，植物の葉からとり入れられ，植物の成長に使われる。
ウ 水にとけて肥料となり，植物の根からとり入れられ，植物の成長に使われる。
エ 水にとけて肥料となり，植物の葉からとり入れられ，植物の成長に使われる。

5 水中の小さな生物をけんび鏡で観察すると，下の図のような小さな生物が見られました。それぞれの名前を書きなさい。 ［各3点…合計15点］

ア
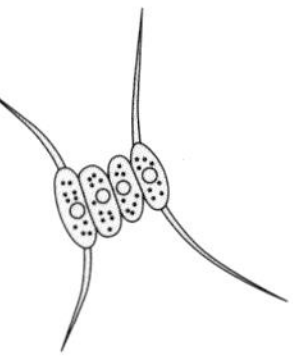
イ
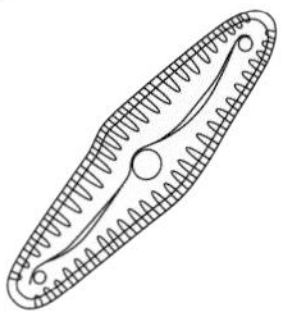
ウ
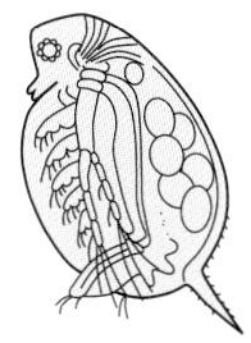
エ
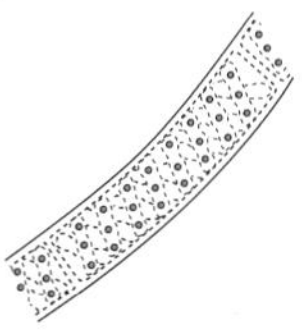
オ
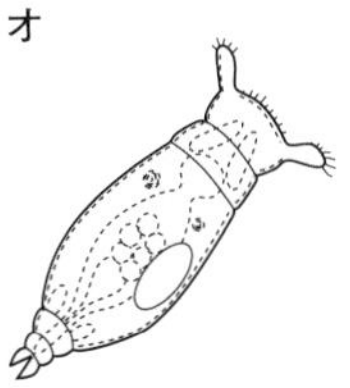

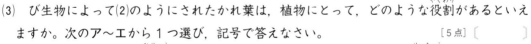

〔　　　〕〔　　　〕〔　　　〕〔　　　〕〔　　　〕

コアラは何を食べる？

ユーカリの葉を
食べるコアラ

▶コアラはオーストラリアにすむ動物で，一日中木の上で生活し，ほとんど地上には降りません。

▶昼は木の上でねむり，夜になると起きて活動します。動物園にコアラを見に行っても，なかなか動いているところを見られないのは，このためです。

▶コアラは，自分がすんでいる木の葉を食べて生きています。木の葉だったら何でも食べるのかというと，そうではなく，ユーカリという木の葉だけしか食べません。ユーカリは，もともと日本にはない木なので，コアラを飼育している動物園では，ユーカリをオーストラリアからとりよせて植えています。また，コアラは，ユーカリの葉を食べるだけで，水は飲みません。

だれがつくったフグの毒!?

▶フグは，とてもおいしい魚なのですが，めん許を持った調理師がさばかないと食べられません。なぜなら，フグはもう毒をもっていて，毒のある部分をとり除く必要があるからです。

▶実は，この毒はフグが自分の体内でつくりだしたものではありません。エサとして食べた貝やヒトデのもっていた毒を，ためこんだものだと考えられています。

▶そのしょうこに，人工のエサをあたえて，他の生物が入りこまないように注意深く育てたフグは毒をもっていません。

▶貝やヒトデの毒も，たどってみると，そのエサとなったプランクトンがつくりだしたものだといわれています。

5 月と太陽

教科書のまとめ

★ 新月のあと，月は右側から広がって満月になり，右側から欠けていく。

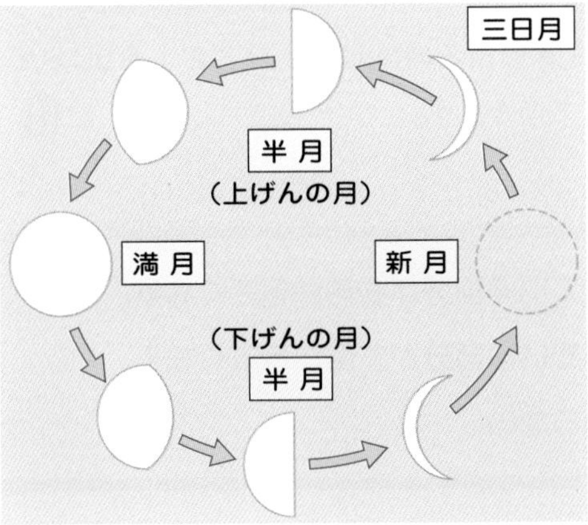

★ 太陽はたえず強い光を出していて，黒点という暗い部分が見られる。

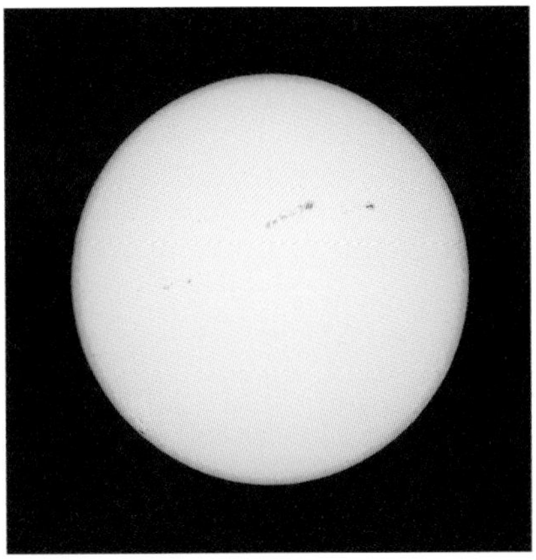

★ 月は地球や太陽との位置関係によって満ち欠けする。

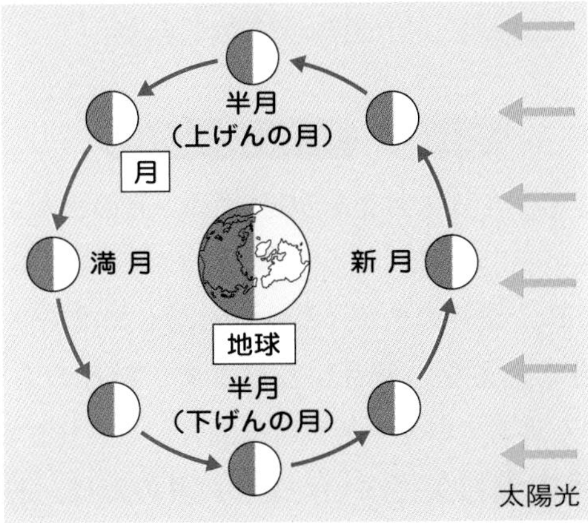

★ 月は表面が岩でおおわれていて，クレーターというくぼみが見られる。

1 月の満ち欠け

1 考えよう 満月のあと，月の形はどのように変わっていくのだろうか。

正しいのは？

- A 右側からだんだん欠けていく。
- B 左側からだんだん欠けていく。
- C 変わらない。

満月の後の月

● 満月のあとに毎日観察を続けていくと，下の図のように，右側(西側)からだんだん欠けていき，全体として細くなっていきます。

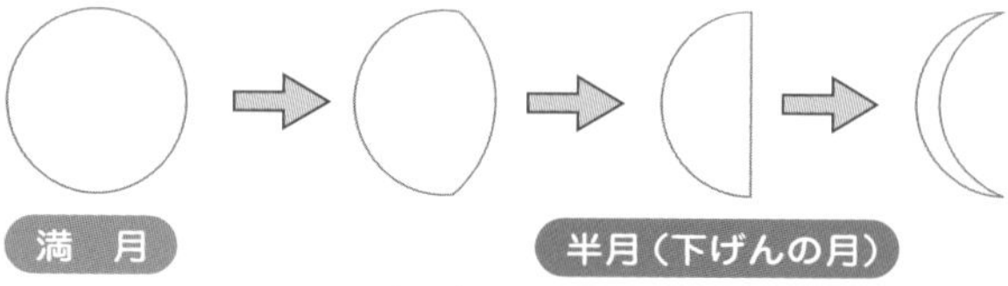

● このとき月の出る時刻は，１日でおよそ50分ずつ，おそくなっていきます。

答 A

2 考えよう 新月のあと，月の形はどのように変わっていくのだろうか。

正しいのは？

- A 光っている部分が右側から広くなる。
- B 光っている部分が左側から広くなる。
- C 変わらない。

新月の後の月

● 新月のあとも毎日観察を続けていくと，下の図のように，日がたつにつれて，光っている部分が右側(西側)から広くなり，全体として丸くなっていきます。

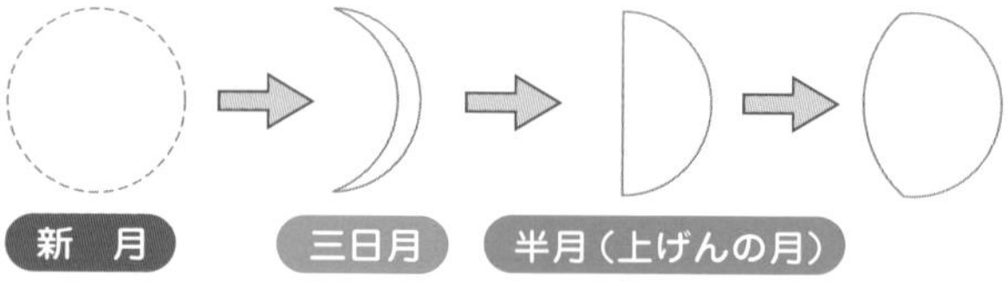

● このときも，１日でおよそ50分ずつ，月の出がおそくなります。

● このように，満月のあと，月はだんだん欠けていき，最後には何も見えない新月になります。新月のあと，月はだんだん満ちていき，最後には満月にもどります。

● これを**月の満ち欠け**といいます。月の形は，およそ29.5日で，もとにもどります。

答 A

満月のあとの半月を下げんの月，新月のあとの半月を上げんの月というよ。

3 考えよう 月の形が，日によってちがって見えるのはなぜだろうか。

正しいのは？

- Ⓐ 月が自分で光を出す部分がちがうから。
- Ⓑ 月がこまのように回っているから。
- Ⓒ 光を受けている部分の見え方がちがうから。

● 月は地球上から見るといろいろな形に見えますが，いつでもボールのような形(球形)で変わりません。

● 月は自分では光を出していません。太陽から受けた光を反射しているから光って見えるのです。

● そのため，光の当たっている側だけが光って見えます。つまり，光の当たり方によってちがった形に見えるのです。

答 Ⓒ

もっとくわしく 地球照…太陽の光が地球にはねかえって月を照らし，直接は太陽の光が当たっていない所も見えることがあります。これを地球照といいます。

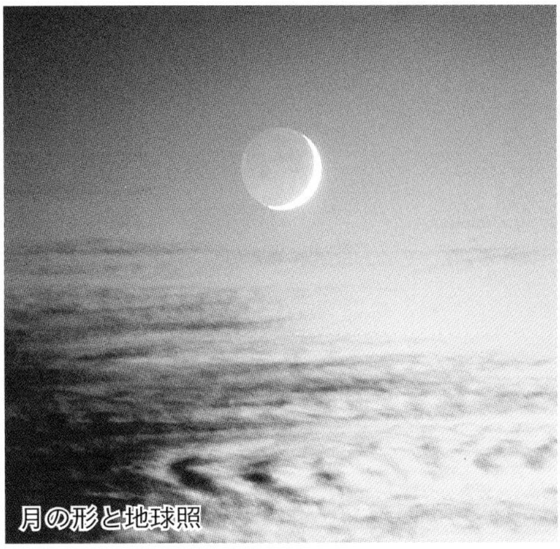

月の形と地球照

4 考えよう 月の見え方と，太陽の位置には，きまりがあるのだろうか。

正しいのは？

- Ⓐ 月が光っているほうの反対側に太陽がある。
- Ⓑ 月が光っている側に太陽がある。
- Ⓒ 月の見え方と太陽の位置には特にきまりはない。

● 月は自分では光を出さず，太陽の光を反射して光っています。そのため，月の形を見れば，太陽がだいたいどちらにあるのかがわかります。月の光っている側に太陽があるのです。

● 月は地球のまわりを回っています。これを公転といいます。月は公転しているので，太陽と月と地球の位置関係が少しずつ変化します。

● 日によって，太陽と月と地球の位置関係が変わるので，光の当たり方も変わり，満ち欠けが起こるのです。

答 Ⓑ

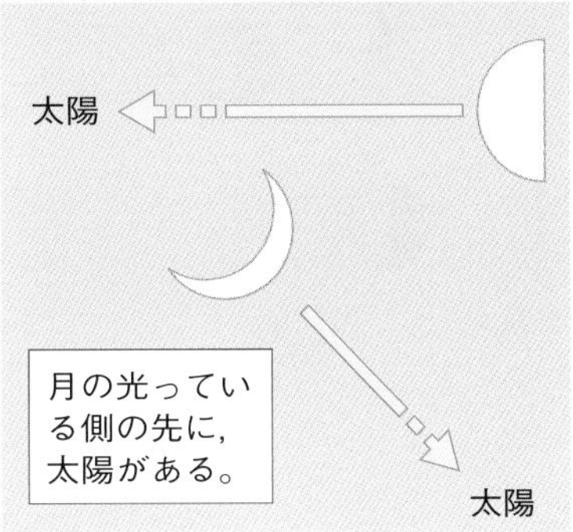
太陽
月の光っている側の先に，太陽がある。
太陽

たいせつポイント 月 {満月からだんだん欠けて新月になり，またもとにもどる。
地球・太陽との位置関係の変化で満ち欠けをする。

5 考えよう 満月に見えるのは，太陽と月と地球の位置関係がどのようなときか。

正しいのは？

A ほぼ直線上に月－地球－太陽の順に並ぶとき。
B ほぼ直線上に地球－月－太陽の順に並ぶとき。
C 月－地球－太陽が直角三角形をつくるとき。

ボールに光を当てる実験

観察 太陽に見立てたライトからの光を，月に見立てたボールに当てて，いろいろな向きから見くらべ，形の変化を観察します。

- 地球と太陽の間に月が入ると，太陽の光を反射する面は見えなくなるので，**新月**になります。
- 月・地球・太陽が直角三角形の頂点の位置にくると，**半月**になります。
- 月が地球をはさんで太陽の反対側にくると，**満月**になります。
- 下の図を見ると，**月の見え方が順に変わっていく**ことがわかります。

答 A

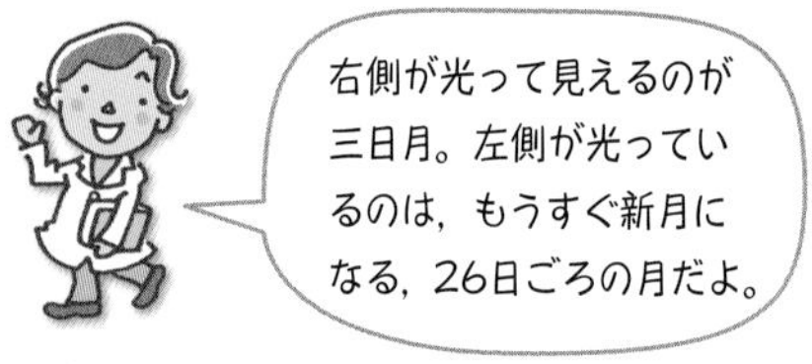

右側が光って見えるのが三日月。左側が光っているのは，もうすぐ新月になる，26日ごろの月だよ。

月・地球・太陽の位置関係と月の形

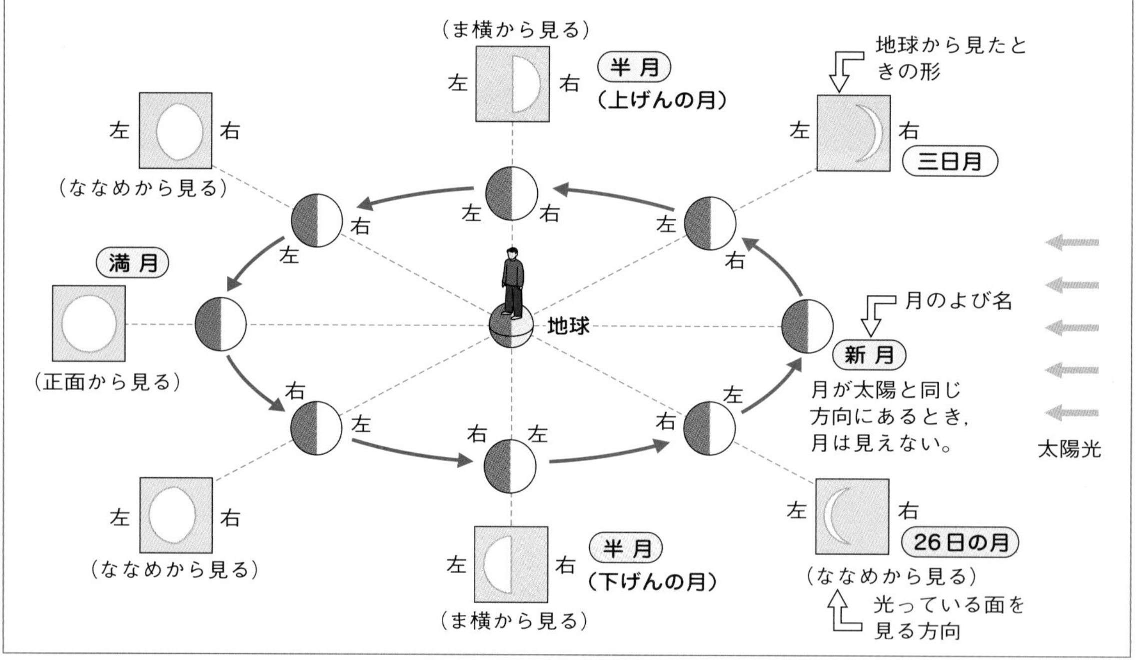

たいせつポイント 月の満ち欠け：新月→三日月→半月（上げんの月）→満月→半月（下げんの月）→26日の月→新月 のくりかえし。

教科書のドリル

答え → 別冊8ページ

1 次の文の(　)にあてはまることばを書きなさい。

(1) 月は，毎日少しずつ形を変えていきます。これを，月の(　　　　　)とよびます。

(2) まったく見えない月を(　　　　　)とよびます。これから数えて３日目には，(　　　　　)とよばれる月になります。

(3) まん丸に見える月を(　　　　　)といいます。また，半分だけ光って見える月を，(　　　　　)といいます。

(4) 月が地球のまわりを回ることを，月の(　　　　　)といいます。

2 次の図は，ある日，南の空に見えた月の形を表したものです。これについて，あとの問題に答えなさい。

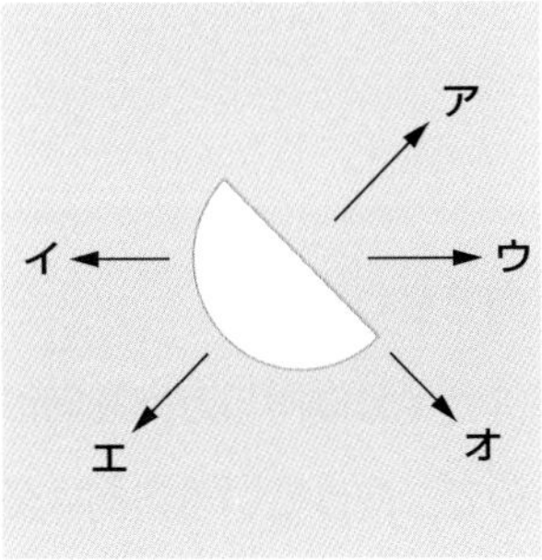

(1) この月は何とよばれていますか。次の(　)にあてはまるような月の名前を答えなさい。

(　　　　　)の月

(2) このとき，太陽はどちらの方向にありますか。上の図中のア～オの中から１つ選び，記号で答えなさい。

(　　　)

3 図１は，日本で見られるさまざまな月の形を，順番に関係なく表したものです。この図について，あとの問題に答えなさい。

図１

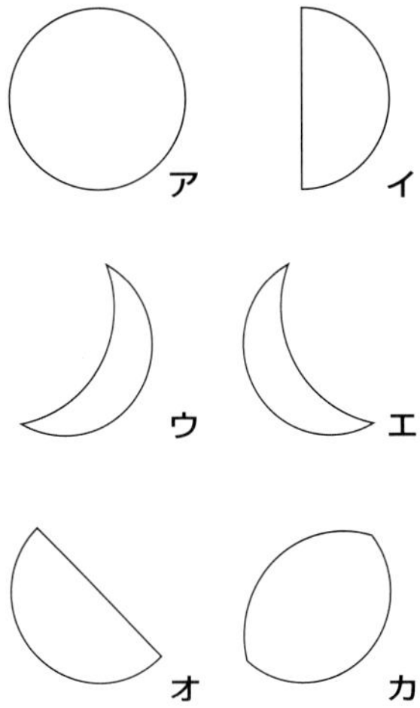

(1) 月の形が図１のアの形になった後，どんな順番に変化してもとのアの形にもどりますか。イ～カを正しい順に並べ，記号で答えなさい。

ア→(　　)→(　　)→(　　)→(　　)→(　　)→ア

(2) 月がイの形のとき，月の位置はどうなっていますか。図2のＡ～Ｈから１つ選び，記号で答えなさい。

(　　　)

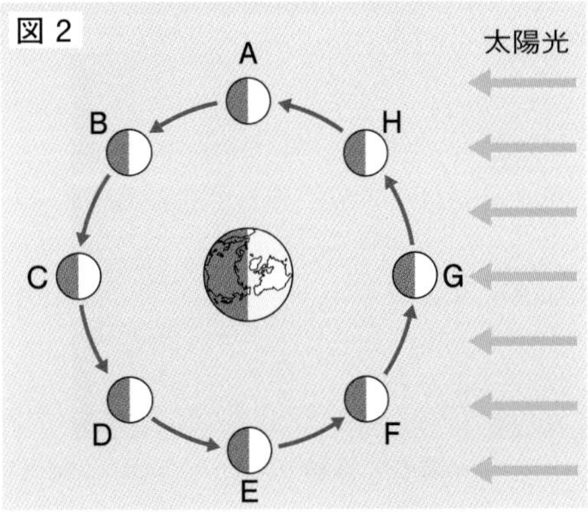

2 太陽と月のようす

1

考えよう 太陽の表面はどのようになっているのだろうか。

正しいのは？

- **A** 暗い点がいくつか見られる。
- **B** 無数のくぼみがある。
- **C** 平らな岩でおおわれている。

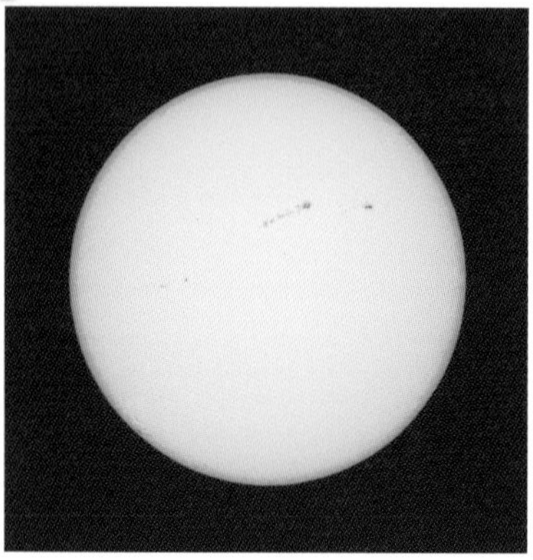

太　陽

● 太陽は，月とはちがって，**自分で表面から光を出しています**。この光っている表面部分を**光球**といい，**高温の気体**でできています。光球の温度は**およそ6000℃**です。

● 太陽の表面をよく観察すると，**はん点のように暗く見える部分**があります。これを**黒点**といいます。ここは温度が4000℃ぐらいでまわりよりも低く，**出てくる光も弱いので暗く見えるのです**。

● 太陽の熱は，非常に強い光として，表面から四方に出続けています。地球上の生物は，この光のおかげで生きていくことができるのです。

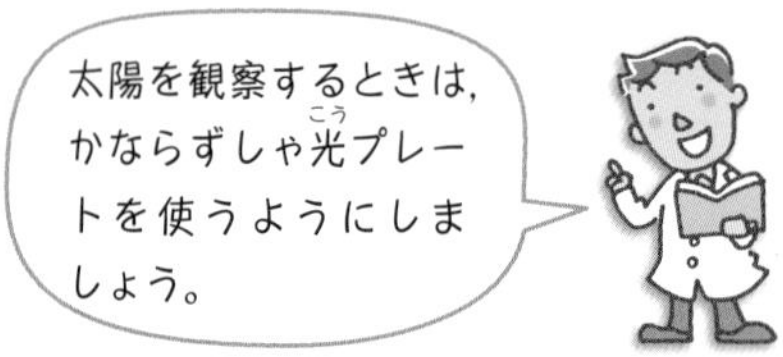

太陽を観察するときは，かならずしゃ光プレートを使うようにしましょう。

答 **A**

太陽の温度…太陽の温度は，内側にいくほど高くなっていき，中心部分では1600万℃ぐらいになると考えられています。

2

考えよう 太陽は，地球にいつも同じ方向を向けているのだろうか。

正しいのは？

- **A** いつも同じ方向で変わらない。
- **B** 一年のうちおよそ半分は同じ方向を向けている。
- **C** 回転しているので，向けている方向は変わる。

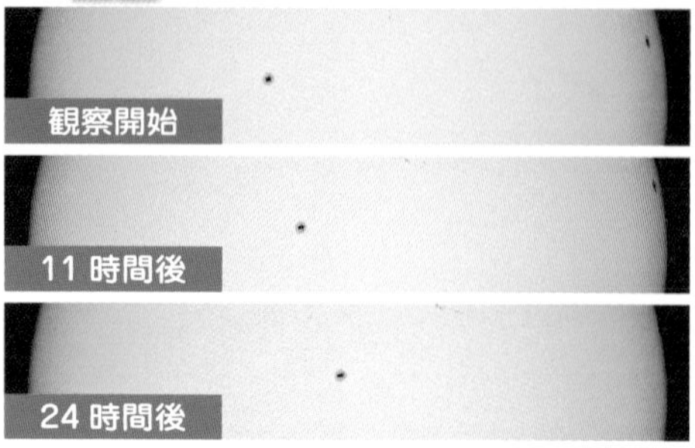

黒点の移動

● 黒点の動きを何日か観察すると，少しずつ移動していくのがわかります。これは**太陽が，こまのように回っている**からです。このように自分自身が回ることを**自転**といいます。

● 太陽が自転するのにかかる時間は，地球が太陽のまわりを回る時間とはちがうので，**太陽は地球に，いろいろな方向を向けている**ことになります。

答 **C**

3 考えよう 月の表面はどのようになっているのだろうか。

正しいのは？

Ⓐ 黒く見える所には，液体の水がある。
Ⓑ 無数のくぼみがある。
Ⓒ 表面全体を空気がおおっている。

月の表面

● 月の表面は，地球と同じようにかたい岩石や砂などでおおわれています。しかし，地球とはちがって，表面に空気のような気体や，水はありません。

● 表面には**クレーター**とよばれる丸いくぼみがたくさんみられます。クレーターの大きさはさまざまで，大きいものでは直径が約300kmにもなります。

● 表面のうち，白っぽく見える部分を**陸**や**高地**といいます。ここにはクレーターが多く，でこぼこしています。

● 一方，黒く見える部分を**海**といいます。ここはクレーターが少なくて平らです。ここにも，水はありません。

● 月には水も空気もないので，生物はすんでいません。

答 Ⓑ

4 考えよう 月は地球にいつも同じ方向を向けているのだろうか。

正しいのは？

Ⓐ いつも同じ方向で変わらない。
Ⓑ 一年のうちおよそ半分は同じ方向を向けている。
Ⓒ 満ち欠けに合わせて変わる。

月のもよう

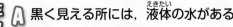

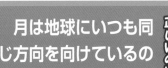

● 月の表面のもようを観察し続けると，もようの位置や形は，月がどんなに満ち欠けしても変わらないことがわかります。

● このことから，月がいつも同じ方向を地球に向けていることがわかります。

● 月は地球のまわりを回る**公転**だけではなく，自分自身もこまのように回って(**自転**して)います。

● 1回公転するのにかかる時間と，1回自転するのにかかる時間がまったく同じなので，地球から見るといつも同じもようが見えるのです。

● 地球から，月の裏側を見ることはできません。 答 Ⓐ

たいせつポイント

- 太陽…強い光を出す。黒点という，まわりよりも暗い部分がある。
- 月…水や空気はなく，クレーターというくぼみが見られる。

5 考えよう 地球と月の大きさをくらべると，どちらが大きいだろうか。

正しいのは？
- A 地球より月が大きい。
- B 地球より月が小さい。
- C 月と地球の大きさはほぼ同じ。

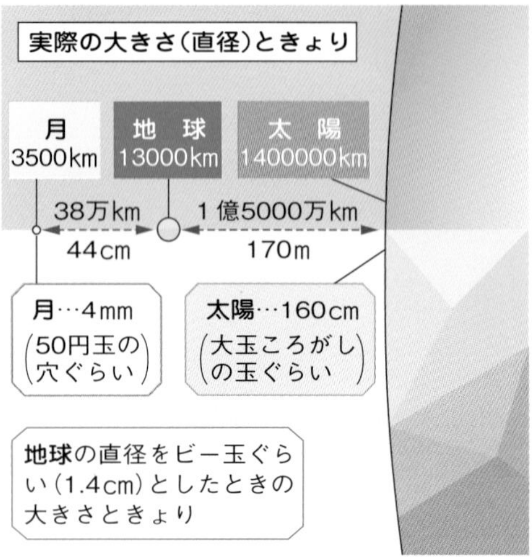

● 地球も月も太陽も，すべてボールのような形（球形）をしています。

● 月の直径は地球の約$\frac{1}{4}$倍（およそ3500km）にあたります。地球からはおよそ38万kmはなれています。

● 太陽の直径は地球の約109倍（およそ140万km）です。地球からはおよそ1億5000万kmはなれています。

● **地球・月・太陽の大きさ**をくらべると，**太陽が最も大きく，月が最も小さい**ことになります。 答 B

なぜだろう？ 太陽の直径は，月の直径のおよそ400倍にあたります。しかし，地球からは，どちらもほぼ同じ大きさに見えます。なぜでしょうか。

答 地球からのきょりをくらべると，太陽のほうが月よりも約400倍遠くにあるので，同じぐらいの大きさに見えるのです。

6 考えよう 地球－月－太陽が，この順番でちょうど一直線に並ぶと，どうなるだろうか。

正しいのは？
- A 一直線に並ぶことはない。
- B 太陽が欠けて見える。
- C 月の中がすけて見える。

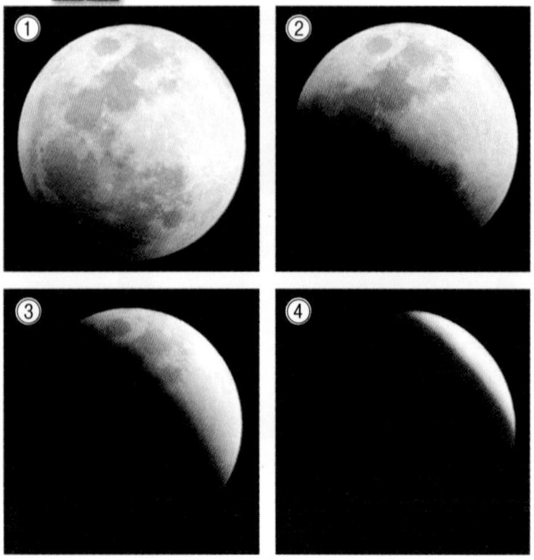

月が見えなくなるようす

● 地球と月と太陽が**ちょうど一直線に並ぶと，月や太陽の一部が欠けたり，見えなくなってしまう**ことがあります。

● 地球－月－太陽の順番に並ぶと，**月が太陽をかくしてしまう**ことがあります。これを**日食**といいます。

● 太陽－地球－月の順番に並ぶと，地球が，月に当たるはずの光をさえぎってしまうことがあります。すると，**月の上に地球のかげが見えます**。これを**月食**といいます。

● 日食が起こるのは新月のとき，月食が起こるのは満月のときだけです。 答 B

たいせつポイント
- 太陽…直径は地球の109倍，地球からのきょりは1億5千万km。
- 月…直径は地球の$\frac{1}{4}$倍，地球からのきょりは38万km。

教科書のドリル

答え → 別冊8ページ

1 次の文の（　）にあてはまることばを書きなさい。

(1) 太陽の表面で強い光を出している部分を（　　　　）といい，このうちはん点のように暗く見える部分を（　　　　）という。

(2) 太陽や月が自分自身でこまのように回ることを，（　　　　）という。

(3) 月の表面のうち，白っぽいでこぼこした部分を（　　　　），黒っぽい平らな部分を（　　　　）という。

(4) 下の写真のように，月の表面には，たくさんのくぼみがみられる。このくぼみのことを，（　　　　）という。

2 次の文のうち，正しいものには○，まちがっているものには×を答えなさい。

(1) 満月(まんげつ)が，太陽と同じ方向に見えることはない。（　　）

(2) 月の表面は，ちっ素(そ)と酸素(さんそ)の大気でおおわれている。（　　）

(3) 地球から見ると，太陽と月は，ほぼ同じ大きさに見える。（　　）

(4) 月の表面のうち，太陽の光に照(て)らされているのは，いつも半分だけである。（　　）

(5) 太陽の表面は，気体でできている。（　　）

3 次の文は，それぞれ太陽と月のどちらについて説明(せつめい)したものですか。太陽についての文にはア，月についての文にはイ，どちらにもあてはまらない文には×をそれぞれ答えなさい。

(1) 表面が，かたい岩石でできている。（　　）

(2) 表面には，液体(えきたい)の水がある。（　　）

(3) 晴れていれば，夜にはかならず見ることができる。（　　）

(4) 地球の100倍以上(いじょう)の大きさである。（　　）

(5) ほかの星からの光を反射(はんしゃ)して，光っている。（　　）

(6) 地球にはいつも同じ方向を向けている。（　　）

4 日食や月食について，次の問いに答えなさい。

(1) 月が太陽をかくしてしまうのは，日食と月食のどちらですか。（　　　）

(2) 日食や月食がおこるのは，太陽・地球・月がどんな順番(じゅんばん)で並(なら)んでいるときですか。それぞれ，下のア～ウの記号で答えなさい。

日食（　　－　　－　　）

月食（　　－　　－　　）

ア　太陽

イ　地球

ウ　月

テストに出る問題

答え → 別冊8ページ
時間30分　合格点80点

得点	/100

1 図1は太陽・月・地球の位置関係を表したものです。月がA～Dの位置にあるとき，月はそれぞれどのように見えますか。図2のア～キの中からそれぞれ選びなさい。

［各5点ずつ…合計20点］

A〔　　　　〕　B〔　　　　〕　C〔　　　　〕　D〔　　　　〕

図1

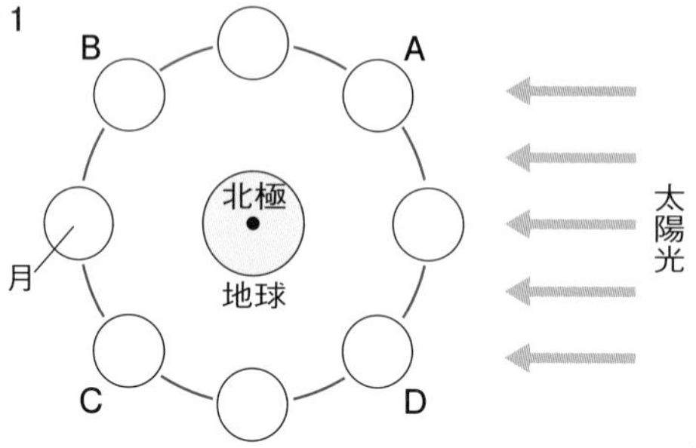

図2

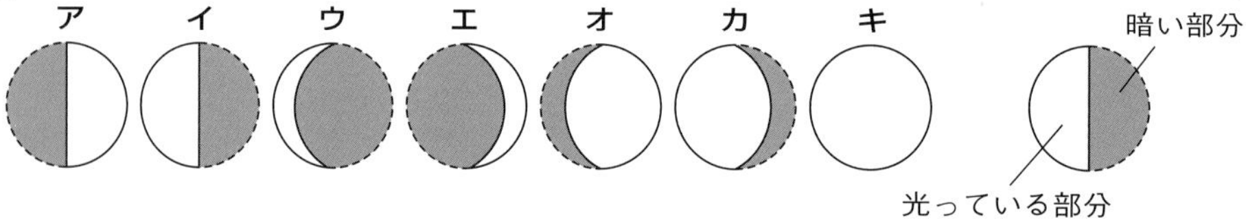

2 ある年最初の満月は1月3日でした。このときの月について，次の各問いに答えなさい。［合計31点］

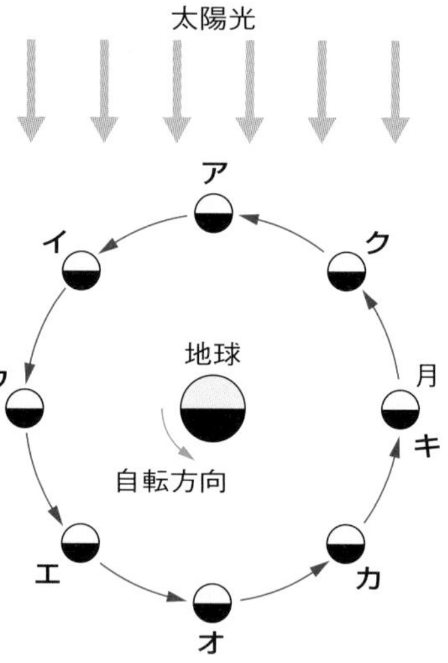

(1)　1月3日の月は，図のどの位置にあったことになりますか。ア～クから選びなさい。

［5点］〔　　　　〕

(2)　図のアの位置にある月を何といいますか。名前を答えなさい。［8点］〔　　　　〕

(3)　1月3日の日の入りのころ，月はどの方向にありますか。次のア～エから1つ選び，記号で答えなさい。

［5点］〔　　　　〕

ア　東　　イ　西　　ウ　南　　エ　北

(4)　1月3日をすぎると，月の光っている部分は少しずつ欠けはじめます。1月5日ごろのようすはどうなっていますか。例のように，月のかげの部分をえんぴつでぬりつぶしなさい。［8点］

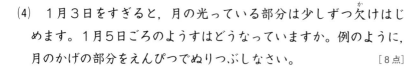

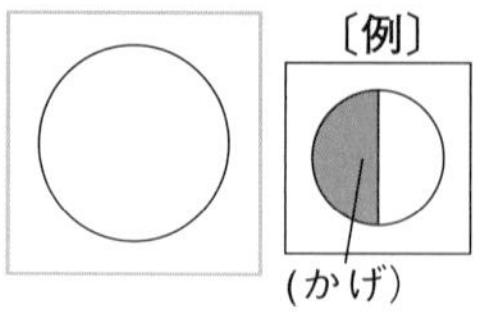

(5)　1月25日ごろに見える月を何といいますか。次のア～エから1つ選び，記号で答えなさい。

［5点］〔　　　　〕

ア　満月　　イ　上げんの月　　ウ　下げんの月　　エ　三日月

3 優花(ゆうか)さんがふと月を見上げたところ，月が右の図のように，ふだんの満(み)ち欠(か)けとはちがう形になっていることに気がつきました。これについて，以下(いか)の問題に答えなさい。 [合計 18 点]

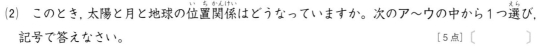

(1) 調べてみると，月に当たるはずの光を地球がさえぎって，地球のかげが月に見えていることがわかりました。このような現象(げんしょう)を何といいますか。 [8 点]〔　　　　〕

(2) このとき，太陽と月と地球の位置関係(いちかんけい)はどうなっていますか。次のア～ウの中から１つ選(えら)び，記号で答えなさい。 [5 点]〔　　　　〕

ア　太陽－地球－月　　イ　太陽－月－地球　　ウ　地球－太陽－月

(3) 優花さんがしばらく観察(かんさつ)を続けると，地球のかげは見えなくなり，月はもとの形にもどりました。このときの月の形を次のア～エの中から１つ選(えら)び，記号で答えなさい。 [5 点]〔　　　　〕

ア　新月　　イ　上げんの月　　ウ　満月(まんげつ)　　エ　下げんの月

4 下の写真は，月と太陽の一部分を表しています。これについて，あとの問いに答えなさい。 [合計 31 点]

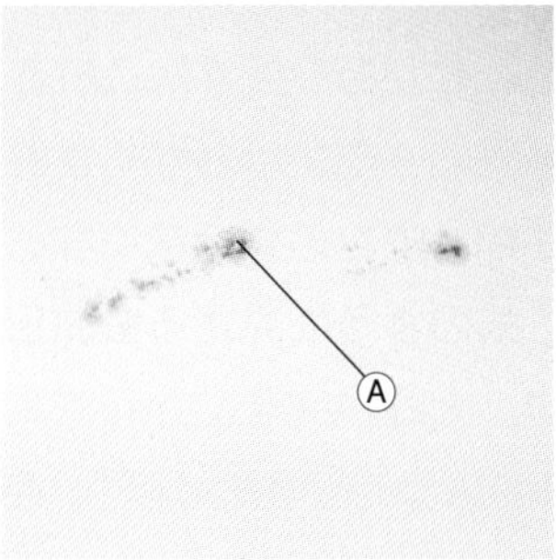

Ⅰ

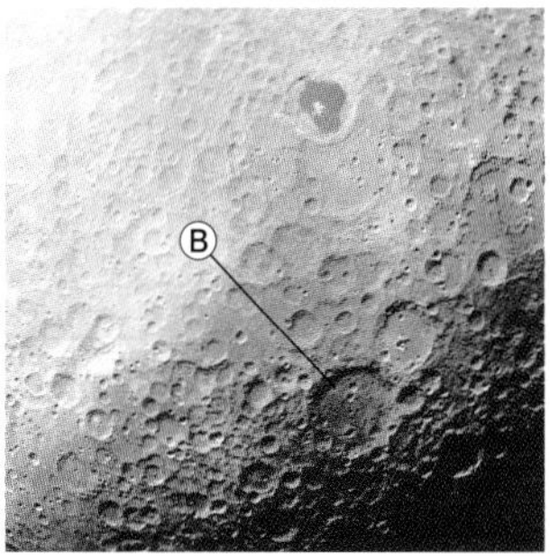

Ⅱ

(1) Ⅰ，Ⅱのうち，月の写真はどちらですか。記号で答えなさい。 [5 点]〔　　　　〕

(2) ⅠのⒶを何といいますか。名前を答えなさい。 [8 点]〔　　　　〕

(3) また，ⅠのⒶはどのような部分ですか。次の中から１つ選び，記号で答えなさい。 [5 点]〔　　　　〕

ア　まわりより温度が高い部分　　イ　まわりより温度が低い部分
ウ　まわりよりもり上がっている部分　　エ　まわりよりくぼんでいる部分

(4) ⅡのⒷは，大きなくぼみです。これを何といいますか。 [8 点]〔　　　　〕

(5) 太陽と月のうち，自分で強い光を出して光っているのはどちらですか。両方なら，「両方」と書きなさい。 [5 点]〔　　　　〕

クレーターのでき方

月の表面

▶月の表面を天体望遠鏡で見ると，丸く連なった山に囲まれた平たんな地形が数多く見られます。この地形をクレーターとよびます。

▶クレーターの大きさはさまざまで，直径200kmをこえる大きなものから，数km以下の小さなものまであり，月全体では数万個にのぼります。

▶月がほぼ現在の大きさになったころ，地球や月のまわりには，星になりきれなかった小さなかけらがまだたくさん残っていました。

▶この星のかけらがいん石となって月にしょうとつしました。その結果，表面に大小さまざまなくぼみができたのです。

▶地球上でも，小さなクレーターがいくつか発見されています。

いろいろな日食

▶太陽・月・地球が，この順に一直線で並ぶと，月が太陽をかくしてしまうことがあります。これを日食といいます。

▶日食には，太陽の一部だけがかくされて見えなくなる部分日食と，全体がかくされて見えなくなるかいき日食，太陽のふちだけ残って輪のように見える金環日食があります。

▶かいき日食で，太陽が完全にかくされているのはほんの数分ですが，夕方のようにうす暗くなり，空には星さえ見えます。

2020年～50年に日本で見られる，かいき日食・金環日食

起こる日	種類	見られる場所
2030年 6月 1日(土)	金　環	北海道の大部分
2035年 9月 2日(日)	かいき	石川から北関東にかけて
2041年10月25日(金)	金　環	京都・富山から中部・東海にかけて
2042年 4月20日(日)	かいき	伊豆鳥島のみ

※上の場所のまわりでも大きく欠ける部分日食が見られます。

欠けたまましずむ太陽

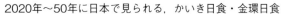

かいき日食

6 土地のつくりと変化

教科書のまとめ

★ 切り通しの両側のがけの地層は，もともとつながっていた。

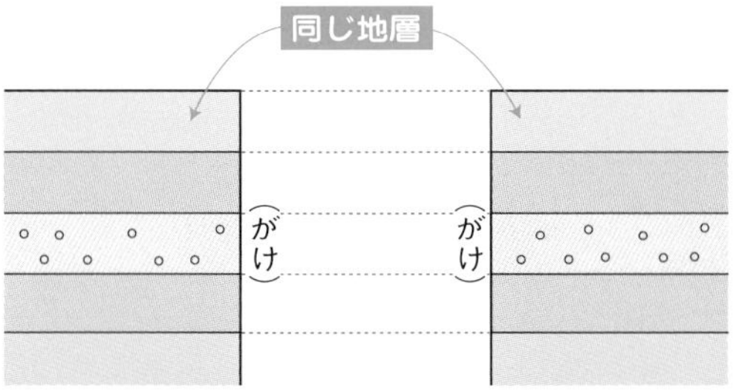

★ 地層は，最初は水平に積もるが，後でしゅう曲したり，断層ができたりする。

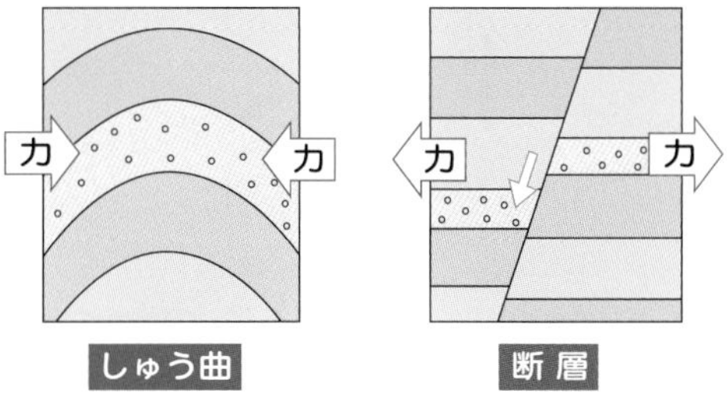

★ 土砂が積もるとき，つぶの大きいものほどはやくしずみ，下のほうに積もる。

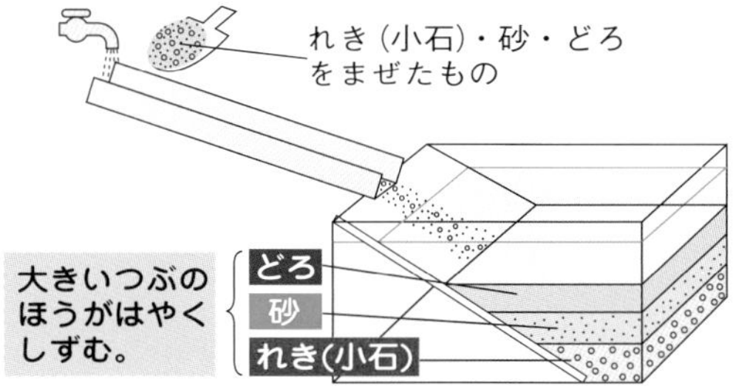

れき（小石）・砂・どろをまぜたもの
大きいつぶのほうがはやくしずむ。
どろ
砂
れき(小石)

★ 火山がふん火すると，よう岩や火山灰で，土地のようすが変化する。

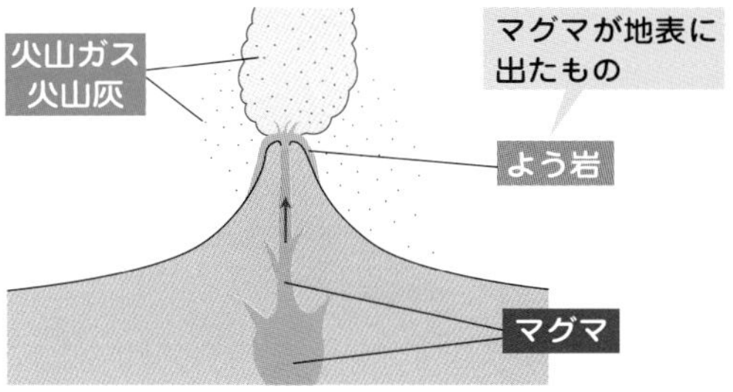

★ 地層のつぶがおしかためられると，れき岩や砂岩やでい岩ができる。

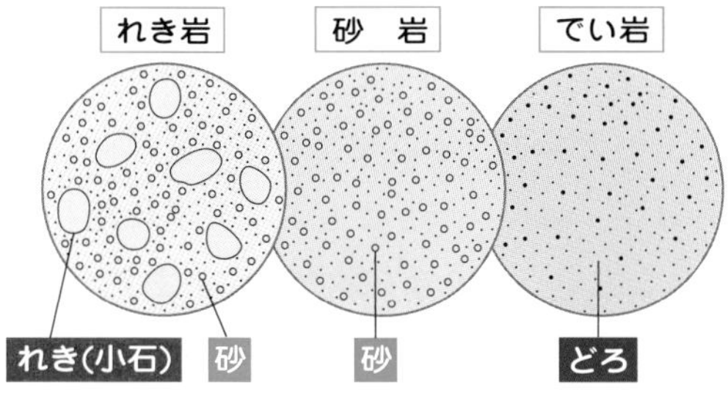

★ 地しんが起こると，断層や土砂くずれで，土地のようすが変化する。

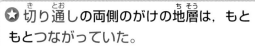

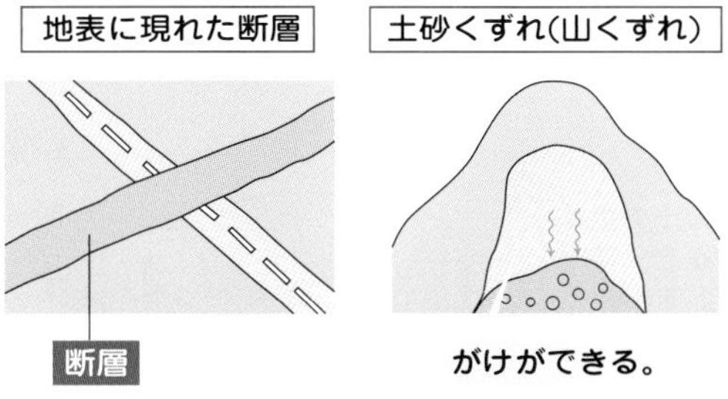

1 地層のしまもよう

1 考えよう

しまもようは，がけの中まで続いているのだろうか。

正しいのは？

- A しまもようは，がけの表面だけにある。
- B しまもようは，がけの中まで続いている。
- C しまもようは，少し入った所でなくなる。

● がけや切り通し（道を通すために，山などをけずった所）などを見ると，下の写真のように，しまもようになっている所としまもようになっていない所があります。

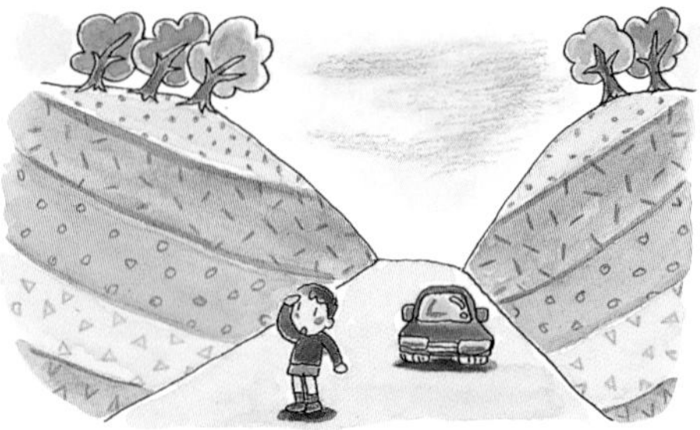

観察 しまもようのある切り通しで，反対側の面を見てくらべてみましょう。

● 切り通しの片方のがけにしまもようがあれば，反対側のがけにも同じようなしまもようがあります。この両方のしまもようは，切り通しができる前は，ひとつながりのものでした。

● 色のちがうねん土を平らにのばして何枚も重ね，一部を切りとると，左下の図のように，その切り口にしまもようが現れます。

● がけに見られるしまもようも，これと同じで，いろいろな色の土や岩石がうすい層になって重なっている所がけずられて，切り口にしまもようが現れたものです。このような土や岩石の層を地層といいます。

答 B

切り通しの両側のがけには，同じようなしまもようがある。もとはつながっていたんだろうね。

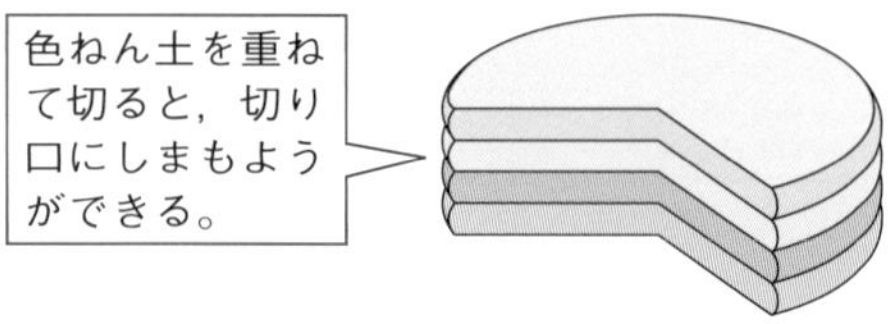
色ねん土を重ねて切ると，切り口にしまもようができる。

2 考えよう 地層の色がちがって見えるのは，なぜだろうか。

正しいのは？

- **A** 地層をつくっているつぶの大きさがちがうから。
- **B** 地層にはえているコケなどの種類がちがうから。
- **C** 地層の温度がちがうから。

● 地層のみられるがけで，それぞれの層を観察すると，**たくさんのつぶ**でできていることがわかります。

● 地層は，つぶの大きいほうから，**れき（小石）・砂・どろ**という名前の，**大きさのちがう土砂**からできています。どろのうち，とくに細かいものをねん土といいます。

● **つぶの大きさがちがうと色もちがって見える**ので，しまもようになるのです。

● しまもようになっていない所は，大きな岩石のかたまりになっている所がほとんどです。

答 A

3 考えよう ボーリングでは，どうやって地下を調べるのだろうか。

正しいのは？

- **A** 横からトンネルをほって，地層をたどる。
- **B** 管を地面にさして，土や石をとり出す。
- **C** 地しんのようすを観察する。

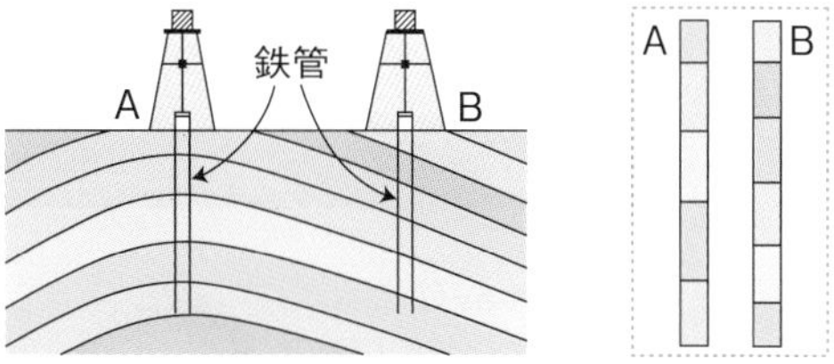

● 長い鉄管の先にかたい刃をつけ，鉄管を回しながら地中深くさしこんでいくと，**地下の地層をくりぬいてとり出す**ことができます。

● これを**ボーリング**といい，何か所かで行うと，がけや切り通しがない場所でも，**地下のようすがよくわかります。**

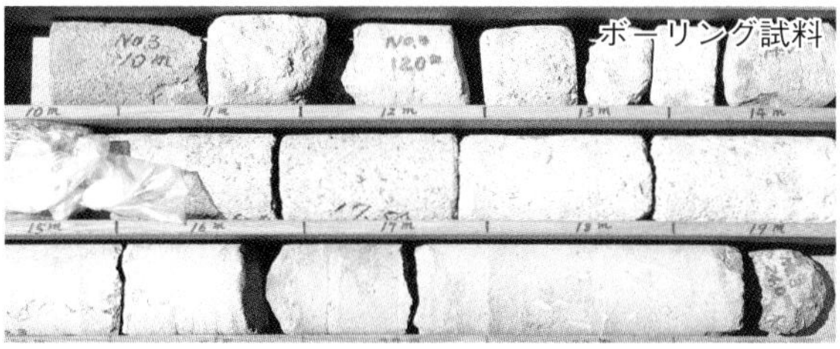

● 大きな建物を建てるときには，地しんなどでこわれてしまわないように，地下のようすをよく知っておく必要があります。そのため，大きな工事の前にはボーリングを行います。

答 B

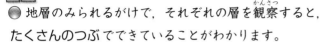

たいせつポイント

地層 ｛ **土や岩石**が層になったもの。がけで**しまもよう**としてみられる。
層によって，**つぶの大きさがちがう**。

2 地層のでき方

1 考えよう

地層の中のれきや砂のつぶは，どんな形をしているのだろうか。

正しいのは？
- A 角ばっているつぶが多い。
- B 丸みをおびているつぶが多い。
- C 針のような形をしているつぶが多い。

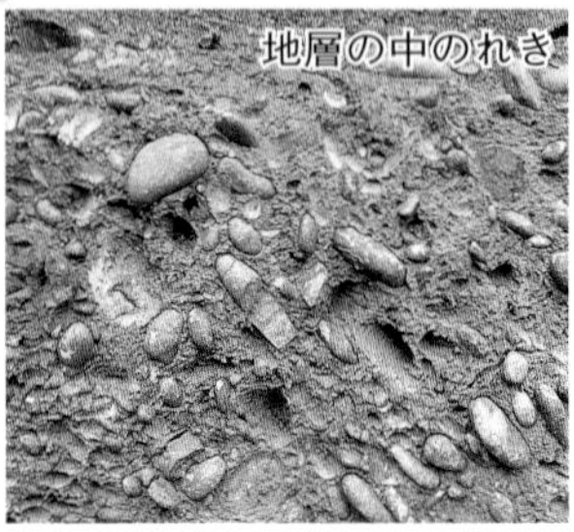

● 地層の中のれきや砂のつぶの形は，角がとれて丸みをおびていることがほとんどです。

● 川の中のれきや砂は，川の水に流されると，けずられて角がとれ，丸みをおびます。

● このことから，地層は川の水に流されたれきや砂やどろが積もってできたものだということがわかります。

答 B

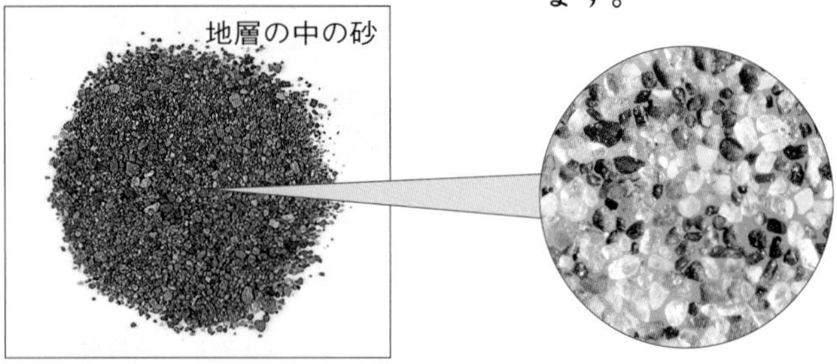

2 考えよう

れき，砂，どろが分かれて積もるのはなぜだろうか。

正しいのは？
- A 同じ大きさのものどうしが集まるから。
- B 大きいつぶのほうがしずみやすいから。
- C 小さいつぶのほうがしずみやすいから。

①れき，砂，どろを水に入れて，よくかきまぜる。
②れき，砂，どろをまぜたものを，別の水の中に入れる。

実験 左の図のように，れき・砂・どろを水の中に入れてよくまぜ，積もり方を調べます。

● しばらく置いておくと，一番下にれき，その上に砂，いちばん上にどろが積もります。

● つぶの大きさで分かれて積もるのは，つぶの大きさでしずむはやさがちがっていて，大きいれきが一番はやくしずみ，細かいどろが最後にしずむからです。

答 B

3 考えよう れき，砂，どろは，河口近くではどのように積もるのだろうか。

正しいのは？

A れきもどろも，よくまざって積もる。
B 河口近くにどろ，遠い所にれきが積もる。
C 河口近くにれき，遠い所にどろが積もる。

● 川の水が海に流れこむと，水の流れは急におそくなります。ここでまず，れきがしずんで積もります。
● 砂はれきよりしずむのがおそいので，れきよりも遠くまで流されて積もります。
● どろは砂よりもさらにしずむのがおそいので，砂よりもさらに遠くまで流されて積もります。
● この結果，**河口にいちばん近い浅い所にれき**が積もり，**それより遠く深い所に砂，さらに遠くて深い所にどろ**が積もるということになります。 答 C

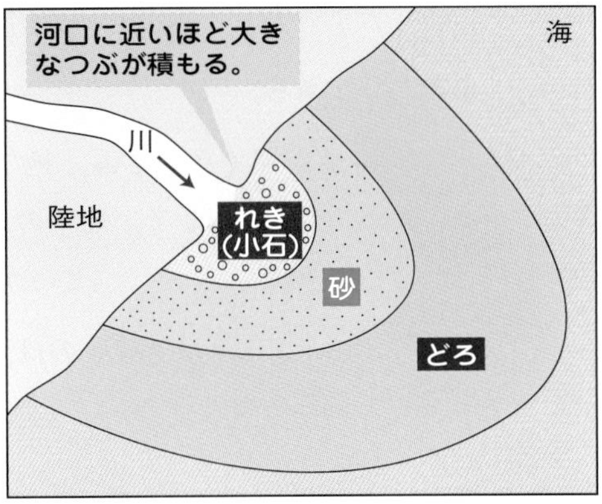

海底のようす

4 考えよう どろの上にれきや砂が重なる地層もあるのはなぜだろう。

正しいのは？

A 海底がしずんで，だんだん深くなるから。
B 浅い所に積もったれきが深い所に流されるから。
C 海がうめ立てられて，だんだん浅くなるから。

● 川から運ばれてきた土砂が海底に積もっていくと，海はしだいにうめ立てられて，陸地が海のほうへのびていくので，**海底が浅くなっていきます。**
● そのため，もとはどろが積もるような深さだった所が，だんだん浅くなり，ついには砂やれきが積もるような深さになります。
● このようにして，どろの層の上に砂が積もり，砂の層の上にれきが積もります。 答 C

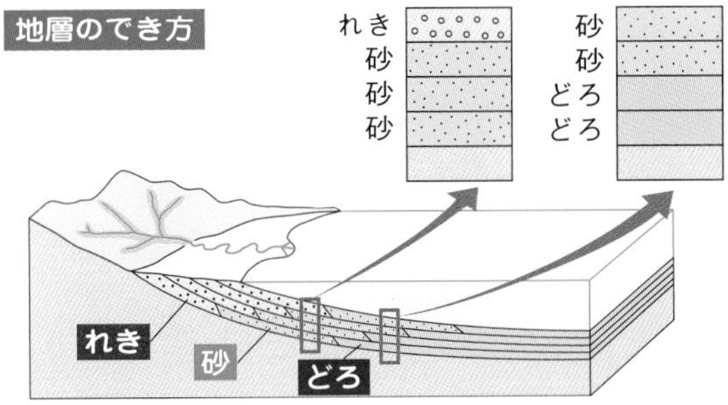

もっとくわしく 大雨と地層…梅雨(つゆ)や台風で大雨が降ると，川の水かさがまし，ふだんよりも流れが速くなります。このようなときは，れきもふだんより遠くまで流されて積もるので，どろが積もっているすぐ上にれきが積もります。

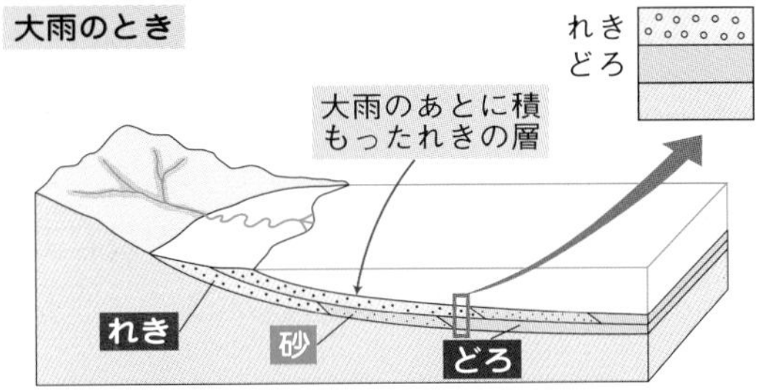

たいせつポイント 水と地層
- **つぶが丸い…水のはたらきを受けた。**
- **河口に近いほうかられき(小石)→砂→どろの順にしずむ。**

教科書のドリル

答え → 別冊9ページ

1 次の文の(　)にあてはまることばを書きなさい。

(1) がけや切り通しでしまもようがみられるのは，(　　　　)という土や砂の層があるからである。

(2) 鉄管を地中深くさしこみ，地下の岩石をくりぬいてとり出して，地下のようすを調べることを(　　　　)という。

(3) 地層がしまもように見えるのは，各層をつくっている物のつぶの(　　　　)がちがうからである。

(4) がけや切り通しで，しまもようになっていない所は，大きな(　　　　)のかたまりになっている所がほとんどである。

(5) 地層にふくまれる土砂を，つぶの大きいほうから順にならべると(　　　　)，(　　　　)，(　　　　)となる。

(6) 川の水によって運ばれてきたれき・砂・どろが，河口近くの海底で積もるとき，河口に最も近い所に積もっていくのは，(　　　　)である。

2 次の(1)〜(2)の文で，正しいものには○，まちがっているものには×と答えなさい。

(1) 切り通しの片方のがけにしまもようがあれば，ふつう，反対側のがけにも同じようなしまもようがみられることが多い。(　　)

(2) がけや切り通しなどでみられるしまもようは，がけや切り通しの中のほうまでは続いていない。(　　)

3 下の図のような装置で，地層のでき方を調べる実験をしました。あとの問いに答えなさい。

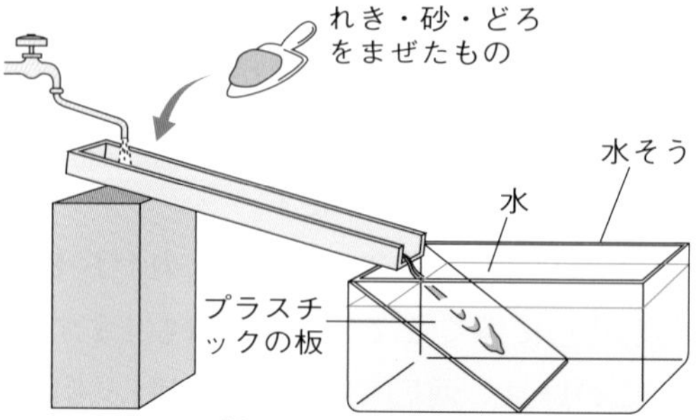

(1) 水そうの底に積もったものを横から見ると，どのようになっていますか。次のア，イから正しいものを選びなさい。(　　)

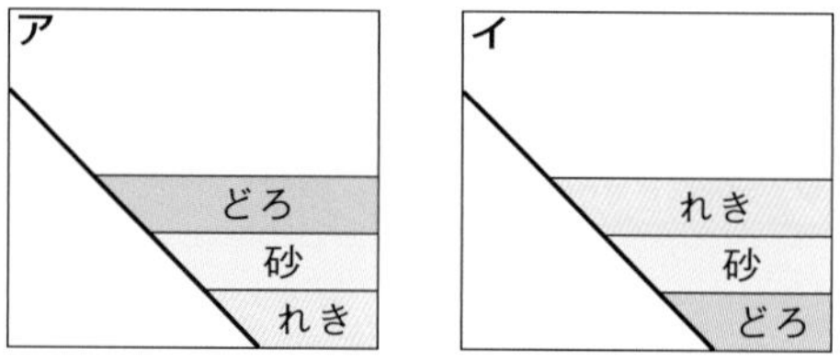

(2) (1)のようになるのは，つぶの大きさで何が変わるからですか。(　　　　)

4 次の図は，海底にしずんだ土砂の種類を表したものです。A，B，Cにあてはまるものを下のア〜ウから選び，記号で答えなさい。

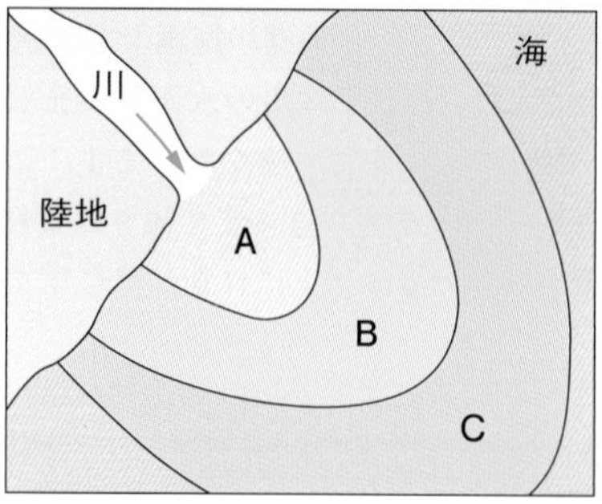

A(　　)　B(　　)　C(　　)

ア　れき　　イ　どろ　　ウ　砂

3 地層の変化と化石

1 考えよう

海に積もった土砂は，長い時間がたつとどうなるのだろうか。

正しいのは？

A 少しずつ海にとけてなくなる。

B どろどろになってすべてまざる。

C 岩石に変わる。

● 川の水によって運ばれた土砂は，海までくると，流れがおそくなるので，しずんで，海底に積もります。

● 海底では，つぎつぎに土砂が積もるので，はじめに積もった土砂は，あとから上に積もった物の重みでおしかためられます。このようにしてできた岩石をたい積岩といいます。　答 C

おしつぶされ
ちゃうよー。

おもなたい積岩　…どんな土砂が固まったかによって名前がきまっている。

れき岩

れきと砂からできた

砂岩

砂のつぶからできた

でい岩

どろからできた

2 考えよう

海底でできた地層が，なぜ陸上でみられるのだろうか。

正しいのは？

A 地層ができたあと，海水がしみこんだから。

B 地層がおし上げられたから。

C 地層が陸上でも積もったから。

● くわしい研究によると，大地は，ごくわずかずつですが動いていることがわかっています。

● 地層は，海底に土砂が積もってできますが，長い年月の間に，土地とともに地層がおし上げられ，陸上でみられるようになります。　答 B

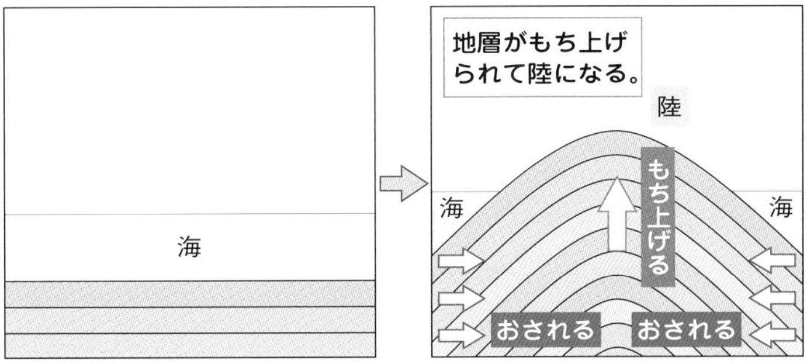
海
地層がもち上げられて陸になる。
陸
海
海
もち上げる
おされる
おされる

3 考えよう　波うった地層は，どのようにしてできるのだろう。

正しいのは？
- **A** 地層が横からおされて，しわになった。
- **B** 地層が上と下からおされて，しわになった。
- **C** 波うった地形の上に土砂が積もった。

しゅう曲した地層

● 左の写真のように，地層が波うっている所があります。これをしゅう曲といいます。

● 色のちがうねん土を平らに引きのばして何枚か重ね，両側からおすと，ねん土が波うった形になります。

● これと同じように，地層ができるときは，海底に水平に積もりますが，その後，長い間横からおされ続けると，地層にしわがよって曲がります。そのようにしてできたのがしゅう曲です。

答 A

山脈のでき方…高い山がつらなっている地形を山脈といいます。ヒマラヤ山脈やアルプス山脈など，世界中のほとんどの山脈が，しゅう曲によってつくられたものです。

4 考えよう　ずれた地層は，どのようにしてできるのだろうか。

正しいのは？
- **A** 地層がずれて積もった。
- **B** 地層が上と下からおされて，ずれた。
- **C** 地層が左右から引っぱられ，切れてずれた。

引っぱられてできた断層

● 左の写真のように，地層がずれている所があります。これを断層といいます。

● 左の写真では，左側の地層が切れ目にそってずり落ちています。このようになるのは，下の図のように，地層が両側から引っぱられて切れる場合です。

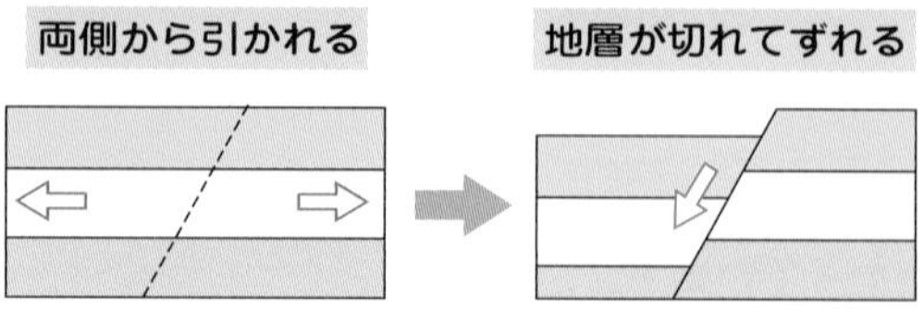

● 海底に土砂が積もるときは，切れ目のない1枚の地層ができますが，その後，地層が両側から引っぱられると，地層が切れて，ずれができます。そのようにしてできたのが断層です。

答 C

5 考えよう 地層の中から，骨のような形をした石が出てくるのはなぜだろう。

正しいのは？

A 大昔の火山からは，骨のような石が出てきたから。
B 大昔の生物の骨が，石に変わったから。
C 大昔の生物は，石のような骨をもっていたから。

● 地層の中に，大昔の動物の骨や貝がらの形をした石がうまっていることがあります。
● このような石のことを化石といいます。化石のほとんどは，生きていたときと同じものでできているのではなく，固い所が石に変わったものです。
● 木の葉や羽根のあと，巣穴のあとや 足あとが石の中に残ったものも，化石といいます。
● 化石を調べると，大昔にどんな生物がいたのかを，知ることができます。

アンモナイトの化石

答 B

6 考えよう 化石は，どうして地層の中から見つかるのだろうか。

正しいのは？

A 生物の死がいが土の中にもぐりこんで石になった。
B 生物の死がいの上に土砂が積もって石になった。
C 生物の死がいが石になったあとに積もった。

● 化石は地層の中から発見されます。このことから，化石となる生物は，地層ができるときに，土砂といっしょに積もることがわかります。
● 土砂の中にうまった生物のからだは，長い年月の間に石に変わることがあります。こうして，化石ができます。
● そのため，化石から，その地層ができた時代や，その当時の環境を知ることもできます。

答 B

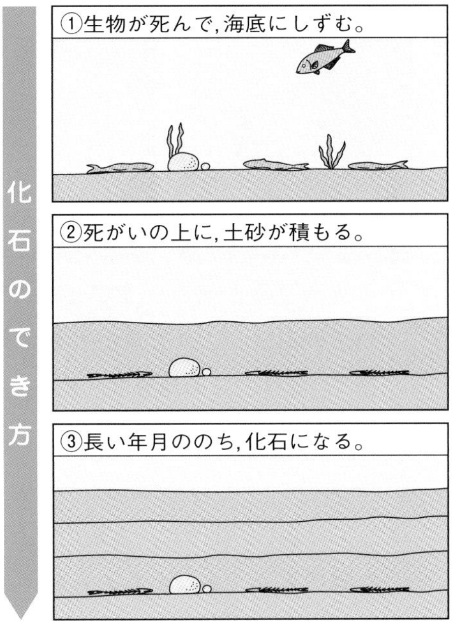

化石のでき方
①生物が死んで，海底にしずむ。
②死がいの上に，土砂が積もる。
③長い年月ののち，化石になる。

もっとくわしく 化石からわかること…地層ができた時代や，その当時の環境を知る手がかりになる化石は，それぞれきまっています。例として，つぎのようなものがあります。

例
- アンモナイトの化石➡約１億年～２億年前にできた。
- アサリやハマグリの化石➡浅い海だった。

たいせつポイント
- たい積岩…土砂がおしかためられて，岩石になったもの。
- 化石…大昔の生物や生活のようすが，石になり残ったもの。

教科書のドリル

答え → 別冊9ページ

1 次の文の（　）にあてはまることばを書きなさい。

(1)　どろがかたまった岩石を（　　　　　）岩，砂がかたまった岩石を（　　　　　）岩という。

(2)　海底でできた地層が陸上でみられるのは，海底にあった地層が（　　　　　）られたためである。

(3)　大昔の生物の骨や貝がら，木の葉などが地層の中にうもれたまま残っているものを（　　　　　）という。これらの多くは石となっている。

2 下の写真は，地層の中からとり出した岩石です。これについて，あとの問いに答えなさい。

A

B

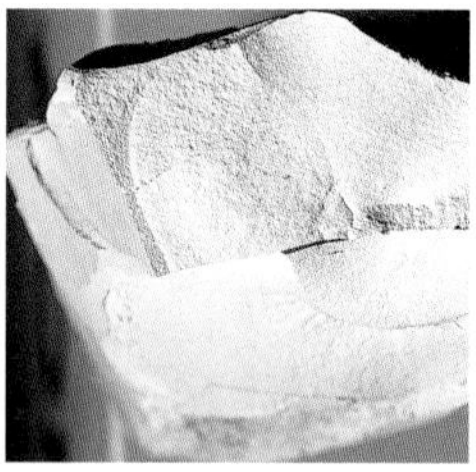

(1)　上のような岩石を虫めがねで見ると，つぶの形は，どれも角がとれて丸みをおびています。この地層は，どのようにしてできたと考えられますか。

（　　　　　　　　　　　　）

(2)　上の岩石のように，あとから上に積もった物の重みでおしかためられてできた岩石を何といいますか。（　　　　　）

(3)　(2)の岩石のうち，上のAとBの岩石を何といいますか。

A（　　　　　）　B（　　　　　）

3 下のア，イのような地層がみられました。あとの問いに答えなさい。

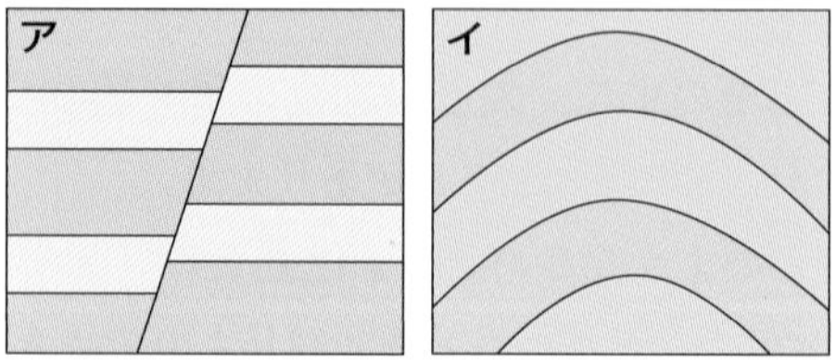

(1)　アのように，地層がずれている所を何といいますか。（　　　　　）

(2)　(1)は，どのようにしてできたのですか。

（　　　　　　　　　　　　）

(3)　イのように，地層が波うっている所を何といいますか。（　　　　　）

(4)　(3)は，どのようにしてできたのですか。

（　　　　　　　　　　　　）

(5)　イとおなじしくみでできた，世界的に有名な山脈の名前を２つ答えなさい。

（　　　　　）（　　　　　）

4 化石には，その化石が発見された地層ができた時代や，当時の環境を知る手がかりとなるものがあります。下の化石を，時代がわかるものと環境がわかるものに分け，化石の名前を答えなさい。

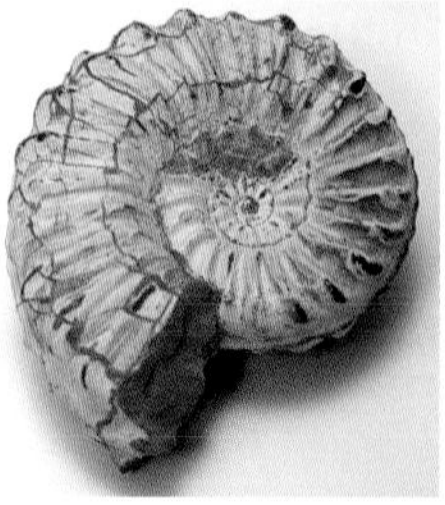

アンモナイト

アサリ

時代（　　　　　）

環境（　　　　　）

4 火山のふん火と土地の変化

1 考えよう 火山がふん火すると，どのようなものが出てくるのだろうか。

正しいのは？
- A よう岩や火山ガスなど。
- B よう岩や液体の水など。
- C よう岩やとけた鉄など。

● 火山がふん火すると，さまざまな物が外に出ます。

● よう岩は，どろどろにとけた岩石で，山腹を流れて下るうちに冷やされて固まります。冷えて固まった岩石のことも，よう岩といいます。

● また，よう岩や岩石のかけらが高くふき上げられることがあります。大きな物は火山のすぐ近くに落ちますが，小さなつぶは，風に乗って飛ばされます。

● この小さなつぶを火山灰といいます。火山灰は木や炭を燃やしたときにできる灰とはちがう物です。

● ほかに，水蒸気や二酸化炭素などでできた，火山ガスとよばれる気体も出てきます。

答 A

桜島のふん火（鹿児島県）

もっとくわしく　火山だんと火山れき…火山からは，これらのほかに火山だんや火山れきという大きなものもふき出されます。火山れきのうち，たくさんのあながあいていて，軽いものを軽石といいます。

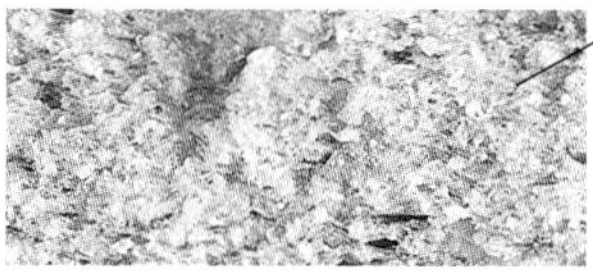

軽石の表面

2 考えよう マグマとよう岩は，どのようにちがうのだろうか。

正しいのは？
- A 地下のよう岩が地表に出たものがマグマ。
- B 地下のマグマが地表に出たものがよう岩。
- C マグマとよう岩は，まったく別のもの。

● 火山のつくりを図でしめすと，右のようになります。火山の地下深い所には，マグマだまりという所があり，マグマがたまっています。

● マグマは，地球の内部で発生した熱によって，地下の岩石がとけて，どろどろになったものです。

● マグマが地表にふきだすと，よう岩とよばれるようになります。このとき，マグマから火山ガスや火山灰も出てきます。

答 B

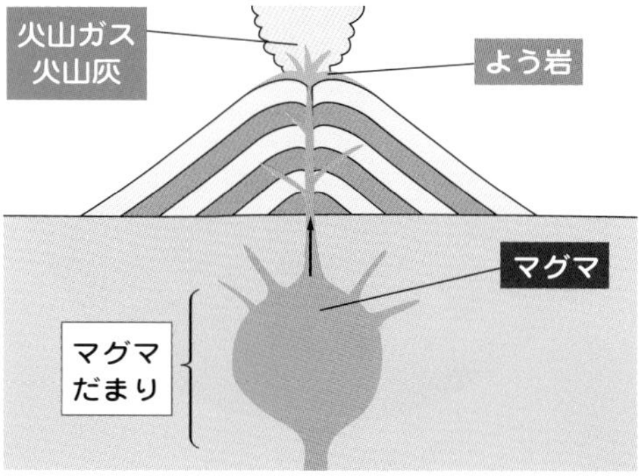

3 考えよう 火山灰も，積み重なって地層をつくるのだろうか。

正しいのは？

Ⓐ 火山灰も地層をつくる。
Ⓑ 火山灰は量が少ないので，地層をつくらない。
Ⓒ つぶの大きさが同じなので，地層をつくらない。

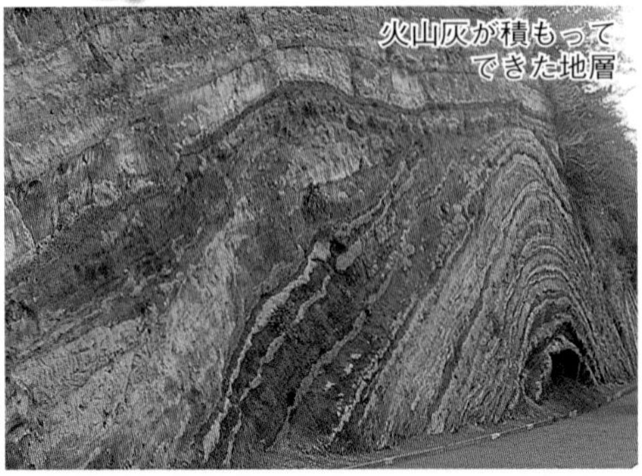

● 火山が何度もふん火すると，火山のまわりに火山灰が積もります。

● ふん火のたびにふき出す物が少しずつちがうので，積もった土地の断面にはしまもようが現れます。このようにしてできた層も地層といいます。

● 火山灰はとても軽いので，風に乗って遠くまで運ばれます。そのため，大きいふん火では，何千kmもはなれた場所で，地層をつくることがあります。 答 Ⓐ

なぜだろう？ 左の写真のように，しまもようにみえないような火山灰のがけもあります。なぜしまもようにみえないのでしょうか。

答 火山灰が一度にたくさん積もると，層がとても厚くなり，しまもようにみえなくなります。このようながけは，火山灰がたくさん飛んでくる，火山の近くでよくみられます。

4 考えよう 火山灰でできた地層のつぶは，どのような形をしているのだろう。

正しいのは？

Ⓐ 角ばっているものが多い。
Ⓑ 丸みをおびているものが多い。
Ⓒ 針のような形をしているものが多い。

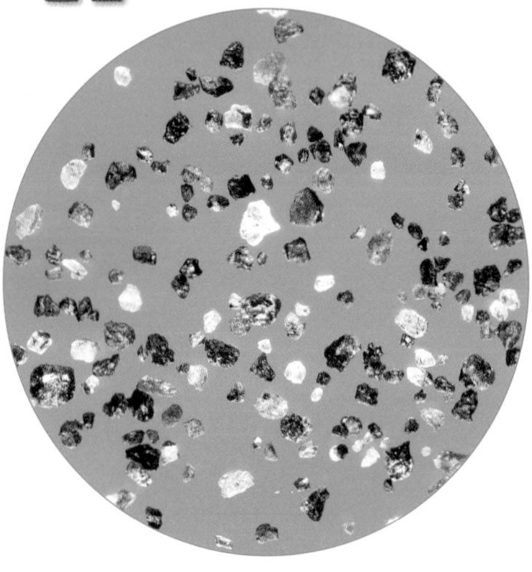

火山灰のつぶの形

● 火山灰を解ぼうけんび鏡で観察すると，角ばったつぶが多いことがわかります。

● 同じように，火山のふん火でできた地層の土を観察しても，角ばったつぶがみられます。これは，火山灰の層は水のはたらきを受けずに積もった層だからです。

● また，火山灰の中には，ガラスのようにとう明なつぶも多くみられます。

● このような地層の中には，角ばっている石や，小さなあながたくさんあいている石（軽石）がみられることもあります。これは，ふん火のときにいっしょに飛ばされたものです。 答 Ⓐ

5 どの火山も，同じようなふん火のしかたをするのだろうか。

正しいのは？

Ⓐ どれもみんな同じ。

Ⓑ どの火山もふん火のたびに変わる。

Ⓒ 大きく3つのタイプに分けられる。

◉ 火山は，大きく次の３つに分けることができて，それぞれふん火のしかたがちがっています。

① **おわんをふせたような形**をしている火山

② **なだらかな台地状**の火山

③ **きれいな円すい状**をしている火山

◉ おわんをふせたような形をしている火山には，北海道の**有珠山**や**昭和新山**，長崎県の**雲仙岳（普賢岳）**などがあります。このタイプの火山は，よう岩がねばねばしているので，**ばく発的なふん火**をします。

◉ なだらかな台地状の火山には，ハワイの**マウナロア山**や**キラウエア山**などがあります。このタイプの火山は，よう岩がさらさらしているので，ばく発を起こさず，**よう岩が静かに流れ出すふん火**をします。

◉ きれいな円すい状をしている火山には，鹿児島県の**桜島**や静岡県・山梨県の**富士山**などがあります。このタイプの火山は，上の２つのタイプの中間にあたり，**ばく発的なふん火をしたり，よう岩が静かに流れ出したり**します。

答 Ⓒ

①おわんをふせたような火山

②なだらかな台地状の火山

③きれいな円すい状の火山（p.95 の桜島も）

火山のふん火
- マグマが地表に出て，よう岩になる。
- 火山灰が遠くまで飛んで積もる。

6 考えよう　火山の形は，昔からずっと同じままなのだろうか。

正しいのは？

A ふん火でふき出たよう岩などで変化してきた。

B ふん火とは関係なく，少しずつ変化してきた。

C 昔から，ずっと同じまま。

雲仙岳（1991年）

雲仙岳（1996年）

● 火山のふん火で大量に流れ出たよう岩は，冷えて固まると石になります。すると，**山の形が変わったり**（有珠山，雲仙岳など），**川がせき止められて湖ができたり**（約２万年前のふん火でできた栃木県の中禅寺湖など），**新しい島ができたり**（1973年にできた東京都の西之島新島）します。

● 火山灰が何mもの厚さに積もることもあります。

● このように，**火山のふん火によって，土地のようすは変化します。**

● また，火山のふん火は，その付近に住んでいる人に**災害をもたらすこともあります。**流れてきたよう岩やふり積もった火山灰で，家がこわれたり，田畑の作物が収かくできなくなったりします。

答 A

もっとくわしく

火山と日本…日本は火山国といわれるほど火山の多い国で，世界中の火山の約1割が日本にあります。火山のふん火は大きな災害をもたらしますが，火山の近くには温泉がわき出る所が多く，人がたくさん集まります。そこで，火山のようすを観測し，ふん火を予知する活動がおこなわれています。

中禅寺湖（栃木県）

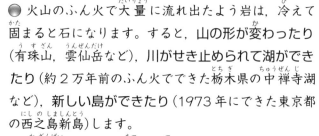

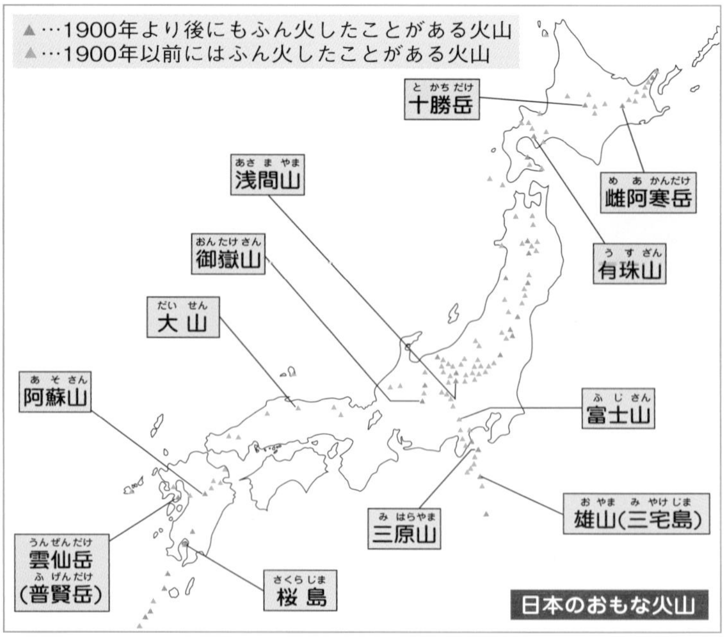

日本のおもな火山

教科書のドリル

答え → 別冊10ページ

1 次の文の（　）にあてはまることばを書きなさい。

(1) 地層の中には，火山から飛んできた細かいつぶである（　　　　）からできたものがある。このつぶは水のはたらきを受けていないので，（　　　　）形をしている。

(2) 地下の岩石がとけてどろどろになった物を（　　　　）といい，これが，火山のふん火によって地表にふき出したものを（　　　　）という。

(3) 火山のふん火によって山の形が変わったり，川がせき止められて（　　　　）ができたり，新しい島ができたりする。

2 下の図は火山の断面を表したものです。あとの問いに答えなさい。

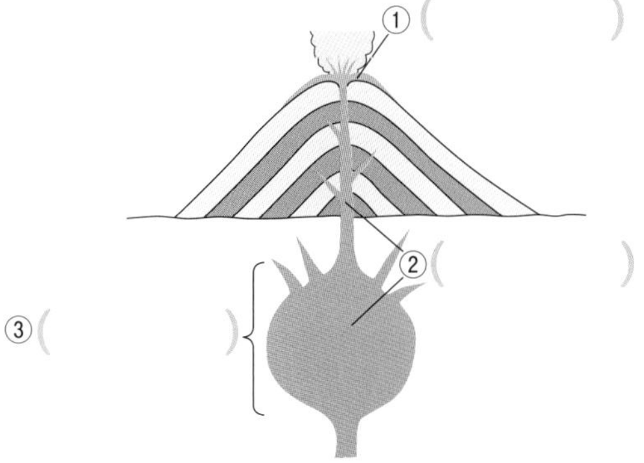

(1) 図の中の（　）にあてはまることばを書き入れなさい。

(2) 図のように火山がふん火するとき，水蒸気や二酸化炭素なども出ます。このような気体をまとめて何といいますか。

（　　　　）

3 火山の形は，大きく下の図の①〜③の３つに分けられます。それぞれにあてはまる火山を，あとのア〜オからすべて選び，記号で答えなさい。

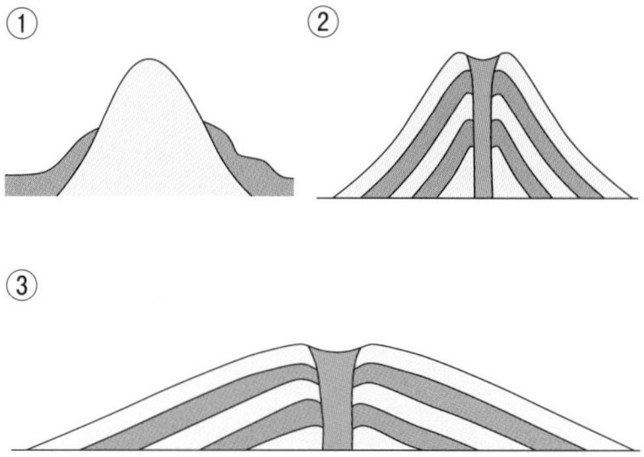

①（　　　　）　②（　　　　）

③（　　　　）

ア　富士山　　　イ　昭和新山

ウ　雲仙岳　　　エ　キラウエア山

オ　桜島

4 下の図は，日本のおもな火山を表した地図です。（　）の中にあてはまる火山の名前を答えなさい。

①（　　　　）　②（　　　　）

③（　　　　）　④（　　　　）

⑤（　　　　）

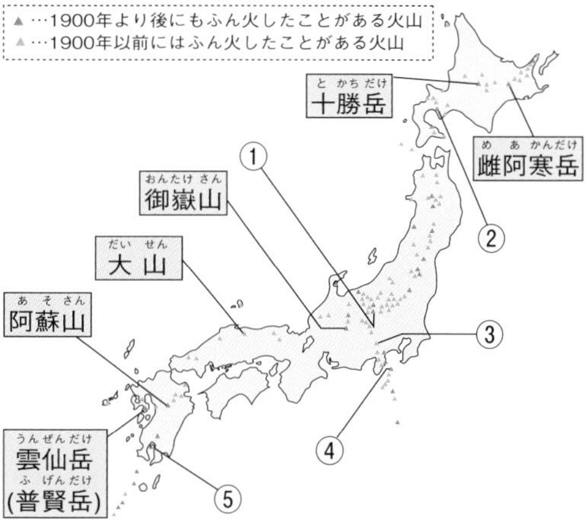

5 地しんと土地の変化

1

考えよう　地しんは，どこで発生するのだろうか。

正しいのは？
- Ⓐ 地下数km～数百kmで起こる。
- Ⓑ 地表面で起こる。
- Ⓒ 地球の中心部で起こる。

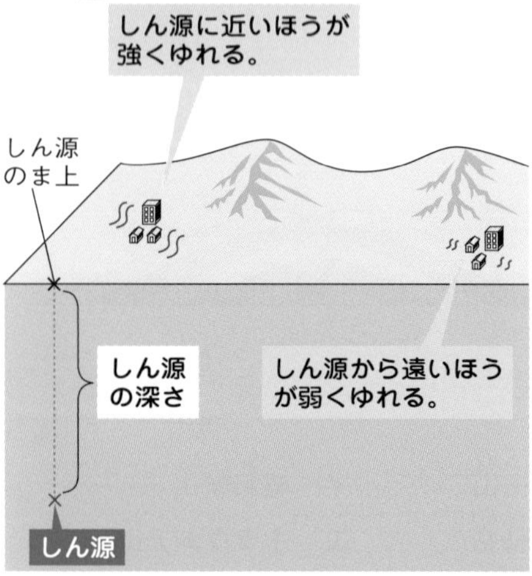

● **地しん**は，地下で大地が動いたときに起こります。地しんが発生した**地下の場所**を**しん源**といいます。

● しん源が地表からどれくらいの深さにあるのかは，その地しんによってちがいますが，ふつう，**地表面から数km～数百kmの深さです**。

● しん源で発生したゆれは，**大地を伝わって**いき，地面をゆらします。このとき，大地を伝わっていくうちに，ゆれは少しずつ弱まります。そのため，**しん源に近いほどゆれが強く，しん源から遠ざかるほどゆれが弱くなる**のがふつうです。　答 Ⓐ

2

考えよう　地しんのゆれ方には，どんな特ちょうがあるのだろうか。

正しいのは？
- Ⓐ 最初から最後まで同じ大きさでゆれる。
- Ⓑ はじめに大きくゆれ，続いて小さくゆれる。
- Ⓒ はじめに小さくゆれ，続いて大きくゆれる。

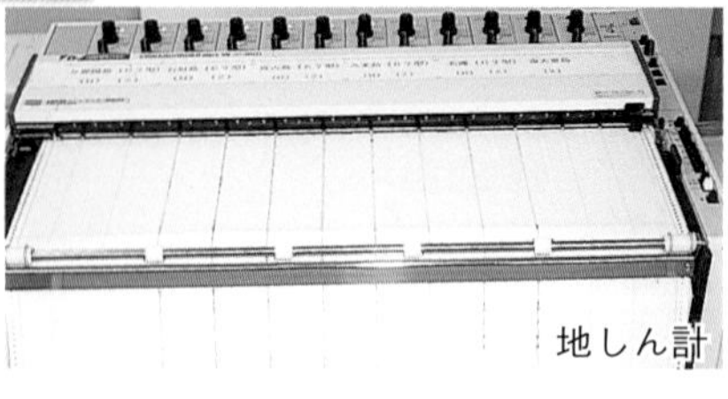
地しん計

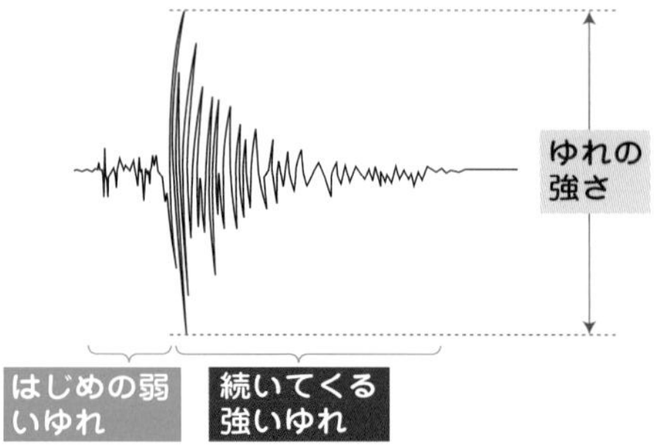

● 地しんのゆれを自動的に記録する装置を**地しん計**といいます。地しん計は，その地点での地面のゆれを，記録紙に**線のゆれはばで表せるようになっています**。

● 地しん計の記録を見ると，左の図のようになっています。このように，地しんでは，ふつう，**はじめにカタカタと弱いゆれ**があり，それに続いて，**急にユサユサという強いゆれ**がくるのです。　答 Ⓒ

ゆれの伝わる速さ…地しんの弱いゆれと強いゆれをくらべると，弱いゆれのほうが速く大地を伝わります。そのため，しん源から遠くなるほど，弱いゆれが続く時間が長くなります。これを利用して，大きいゆれが来る前に，ゆれの大きさを知らせるしくみがきん急地しん速報で，事故を防ぐために利用されています。

3 考えよう 地しんの「しん度」は，何を表しているのだろうか。

正しいのは？
- A 地しんのエネルギーの大きさ。
- B 地しんのゆれとエネルギーの大きさ。
- C 地しんのゆれの大きさ。

● 地しんが起きてしばらくすると，テレビに「各地のしん度」が表示されます。このしん度というのは，各地点でのゆれの度合い（ゆれの強さ）です。

● 日本では，しん度は，右のように0から7までの10段階に分けられていて，数字が大きくなるほど，ゆれが強いことを表します。

● 同じ地しんでも，ふつうしん源に近いほどゆれが強く，しん源から遠くなるとゆれが弱いので，しん度は，はかる場所によってちがいます。つまり，ふつう，しん源に近いほどしん度が大きく，しん源から遠くなるほどしん度は小さくなります。　答 C

しん度	ゆれの強さ
7	（強い）
6強	↑
6弱	
5強	
5弱	
4	
3	
2	
1	
0	（弱い）

しん度7がいちばん大きいんだよ。

4 考えよう 地しんの「マグニチュード」は，何を表しているのだろうか。

正しいのは？
- A 地しんのエネルギーの大きさ。
- B 地しんのゆれとエネルギーの大きさ。
- C 地しんのゆれの大きさ。

● しん度とまちがえやすいのがマグニチュードです。

● マグニチュードは，地しんのきぼ（もっているエネルギーの大きさ）を表しており，1つの地しんでは，マグニチュードは1つだけです。

● 地しんそのものの大きさをくらべるときには，しん度のちがいではなく，マグニチュードの大きさをくらべて，どちらが大きな地しんかを決めます。

● ふつうの地しんはマグニチュード4～6くらいで，大きな地しんはマグニチュード7～8前後です。

● 同じ場所で地しんが起きた場合，マグニチュードが大きいほどゆれは強くなります。　答 A

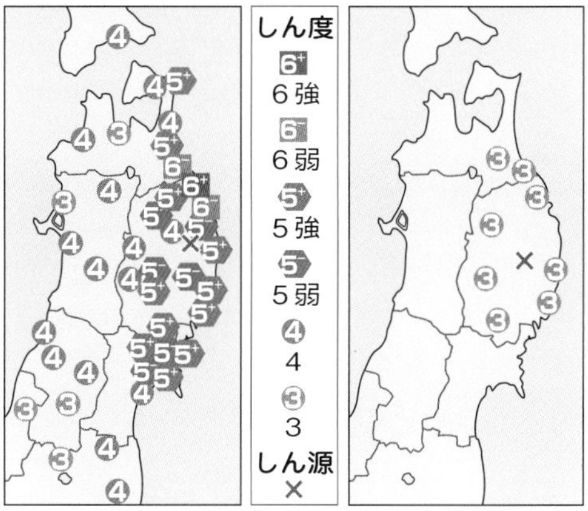

マグニチュード：6.8　しん源の深さ：108km ／ マグニチュード：5.0　しん源の深さ：120km

同じような場所で起こった地しん

たいせつポイント
- しん度…各地点でのゆれの度合い（ゆれの強さ）
- マグニチュード…地しんのきぼ（エネルギーの大きさ）

5 考えよう 地しんで，大地に横から引っぱる力がはたらくとどうなるのか？

正しいのは？

- Ⓐ 地層が引かれてなくなる。
- Ⓑ 地層が引かれてのびる。
- Ⓒ 地層が切れてずれる。

地しんでできた断層

● 地しんが起こるときには，大地に引っぱる力やおす力がはたらきます。すると，大地はその力にたえきれなくなって，切れてずれます。このずれが断層です。断層の多くは，地しんのときにできます。

● 断層ができるだけではなく，横からおされたことで大地がもり上がることもあります。

● また，山の一部がくずれ落ちる土砂くずれ(山くずれ)が起きて，がけができることもあります。

● このように，地しんによっても土地のようすは変化します。

答 Ⓒ

6 考えよう 地しんが起きてすぐ，海岸地域で最も気をつけることは？

正しいのは？

- Ⓐ 電気が通っているかどうか。
- Ⓑ 津波が発生するかどうか。
- Ⓒ 電話が使えるかどうか。

地しんで起きた津波によるひ害

● 海底で地しんが起こると，あとから海水が高波になっておしよせることがあります。これを津波といいます。

● 津波は，陸に近づくと急激に大きくなり，大きな津波は家をおしつぶしてしまうなどのひ害をもたらします。

● また，津波は非常に遠くまで届き，地球の裏側で起こった地しんでも，大きなひ害を出すことがあります。

● そのため，海岸地域では，津波の情報に気をつけて，津波が発生しているときには，海岸からはなれた高い所にひ難しなくてはいけません。

● 大きな地しんの後には，津波だけでなく，火事や土砂くずれなどもよく起こります。そのため，ゆれがおさまっても，じゅうぶん注意しましょう。

答 Ⓑ

たいせつポイント

地しん
- しん源に近いほどゆれが大きい。
- 断層ができたり，土砂くずれが起きたりする。

教科書のドリル

答え → 別冊10ページ

1 地しんについて，次の問いに答えなさい。

(1) 地しんが発生した地下の場所を何といいますか。（　　　）

(2) 地しんのゆれ方として正しいものを，次のア～ウから１つ選びなさい。（　　　）

ア　最初から最後まで，同じ大きさでゆれ続ける。

イ　はじめは大きくゆれて，後で小さくゆれる。

ウ　はじめは小さくゆれて，続いて大きくゆれる。

(3) 海底で地しんが起きたとき，あとから海水が高波になっておしよせることを何といいますか。（　　　）

2 下の図は，ある地しんを地しん計で記録したものです。あとの問いに答えなさい。

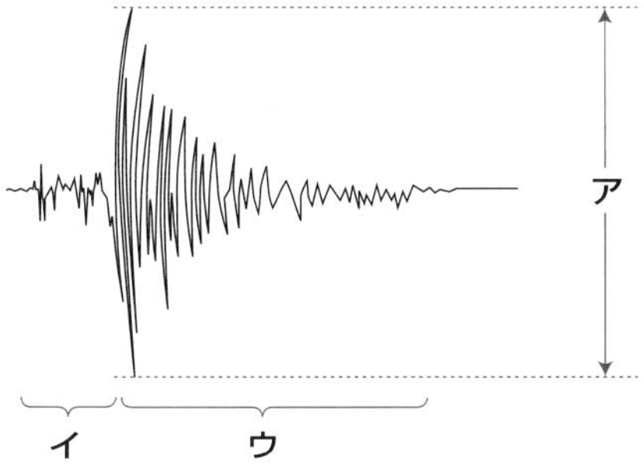

(1) 図の中のアの長さは，何を表していますか。（　　　）

(2) 次の文の（　）にあてはまることばを書き入れなさい。

図の中のイは，はじめの（　　　）ゆれが続いた時間を表し，ウは続いてくる（　　　）ゆれが続いた時間を表す。

3 地しんの表し方について，次の問いに答えなさい。

(1) しん度とは，どのような単位ですか。次のア～ウから選びなさい。（　　　）

ア　地しんのエネルギーの大きさ。

イ　地しんのゆれとエネルギーの大きさ。

ウ　地しんのゆれの大きさ。

(2) マグニチュードとは，どのような単位ですか。次のア～ウから選びなさい。

（　　　）

ア　地しんのエネルギーの大きさ。

イ　地しんのゆれとエネルギーの大きさ。

ウ　地しんのゆれの大きさ。

(3) 場所によってちがうのは，しん度とマグニチュードのどちらですか。（　　　）

4 地しんと大地の変化について，次の文の（　）にあてはまることばを書きなさい。

(1) 地しんが起こると，大地の引っぱる力やおす力によって，下の写真のように，大地が切れてずれることがあります。このずれを（　　　）といいます。

(2) 地しんによって，大地がもり上がったり，山の一部がくずれ落ちる（　　　）が起きて，がけができることもあります。

テストに出る問題

答え → 別冊10ページ
時間30分　合格点80点　得点 /100

1

次の図は，あるがけにみられた地層のようすをスケッチしたものです。次の問いに答えなさい。　［合計45点］

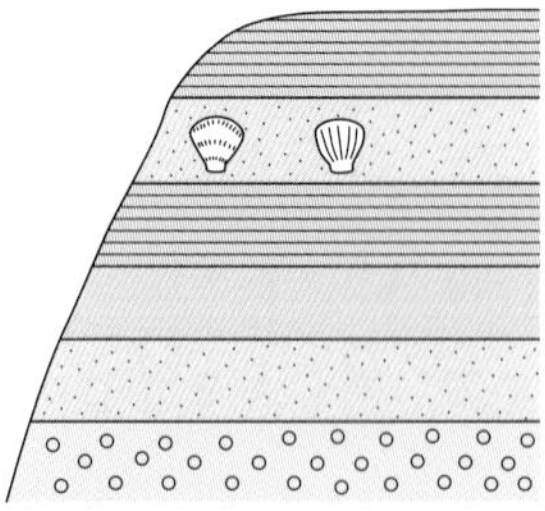

(1) ①～⑥のうち，河口に近い海の底で積もったと考えられる層はどれですか。すべて選び，番号で答えなさい。
［完答3点］〔　　　　〕

(2) ①～⑥のうち，河口から遠い海の底で積もったと考えられる層はどれですか。すべて選び，番号で答えなさい。
［完答3点］〔　　　　〕

(3) ①～⑥のうち，近くで火山活動がさかんだったころに積もったと考えられる層はどれですか。すべて選び，番号で答えなさい。
［完答3点］〔　　　　〕

(4) ①～⑥のうち，角ばっているつぶによってできている層はどれですか。すべて選び，番号で答えなさい。
［完答3点］〔　　　　〕

(5) (4)以外の層は，すべて丸みをおびたつぶによってできています。その理由を説明しなさい。
［10点］〔　　　　〕

(6) ②の層からアサリの化石が発見されたことから，②の層はどのような所で積もったと考えられますか。
［5点］〔　　　　〕

(7) 下の層が上の層の重みでおしかためられると，たい積岩という岩石ができます。③，⑤，⑥の層がおしかためられると，それぞれ何というたい積岩ができますか。岩石名を答えなさい。
［各6点］③〔　　　　〕　⑤〔　　　　〕　⑥〔　　　　〕

2

下の図は，魚の化石のでき方を説明したものです。それぞれの図の説明文の〔　〕にあてはまることばを書き入れなさい。　［3点ずつ…合計15点］

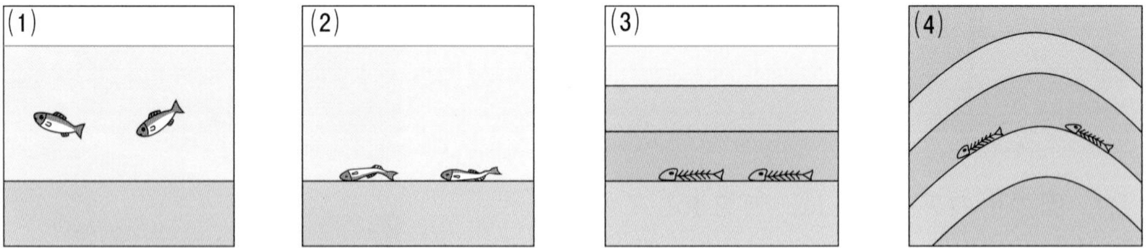

(1) 魚が海の中で泳いでいる。

(2) 魚が死んで，死がいが①〔　　　　〕にしずむ。

(3) 魚の死がいの上に②〔　　　　〕が積もる。③〔　　　　〕などの固いものが残り，しだいに④〔　　　　〕に変わる。

(4) 地層が⑤〔　　　　〕して，もち上がり，海面上に出る。

3 右の図のような火山について，次の問いに答えなさい。 ［5点ずつ…合計15点］

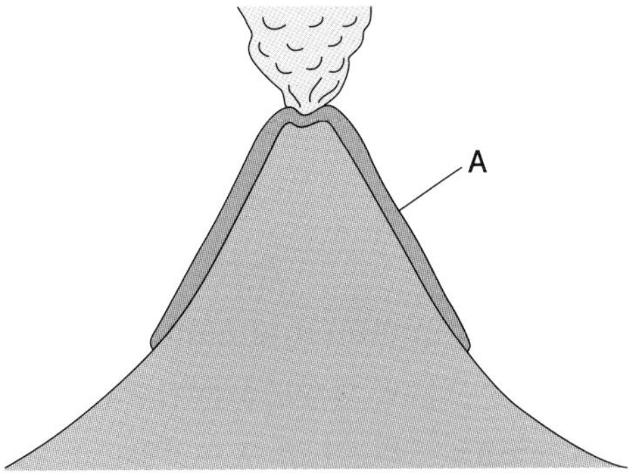

(1) 図の中のAは，地下のマグマが地表にふき出したものです。これを何といいますか。

〔　　　〕

(2) 右の図のような形の火山のでき方として最も適当なものを，次のア～ウの中から１つ選び，記号で答えなさい。 〔　　　〕

ア　地下のマグマによって大地がおし上げられてできた。

イ　流れ出したAやふき出た火山灰などが交ごに積み重なってできた。

ウ　Aが静かに流れ出すことによってできた。

(3) 次のア～ウの中から，火山のふん火と直接は関係のないものを１つ選び，記号で答えなさい。

〔　　　〕

ア　火山灰がふり積もって，農作物がひ害を受けた。

イ　昔は島だった所が，よう岩で陸続きになった。

ウ　津波によって，海岸の近くの家がひ害を受けた。

4 地しんが起きたあと，図のように，地層がずれている所ができました。これについて，次の問いに答えなさい。 ［合計25点］

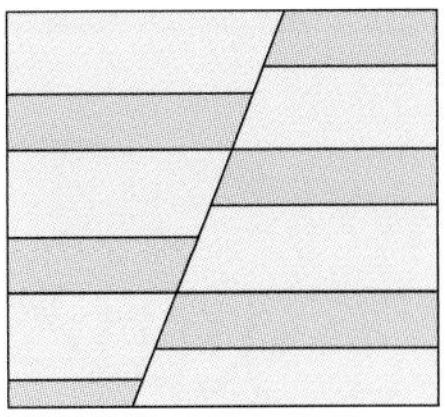

(1) このように，地層がずれている所を何といいますか。

［5点］〔　　　〕

(2) このような地層は，どのようにしてできたと考えられますか。次のア～ウから１つ選び，記号で答えなさい。 ［5点］〔　　　〕

ア　右側の層だけが下からおし上げられて，切れてできた。

イ　左側の層だけが上からおし下げられて，切れてできた。

ウ　両側から引っぱられて，切れてできた。

(3) 下の図は，このときの地しんをA，Bの２地点で観測した地しん計の記録です。しん源に近い地点はどちらだと考えられますか。記号で答えなさい。 ［5点］〔　　　〕

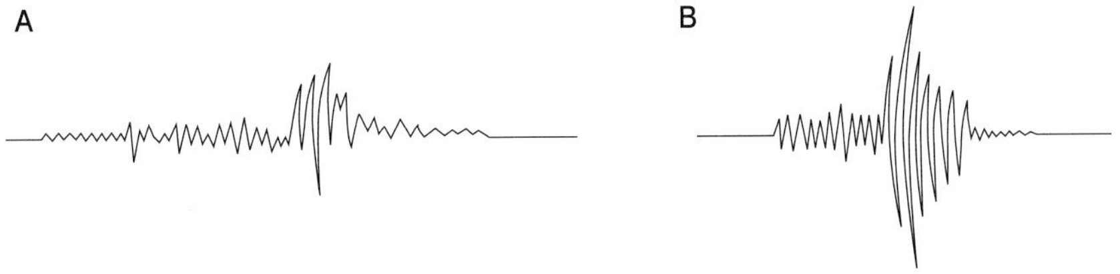

(4) (3)のように考えたのはなぜですか。その理由を説明しなさい。 ［10点］

〔　　　〕

なるほど科学館

動いている大地

▷地球をリンゴにたとえると，大地はリンゴの皮にあたります。ただし，リンゴの皮には切れ目がありませんが，大地には切れ目があり，いくつかに分かれて表面をおおっています。その切れ目が海こうや海れいといわれる所です。

▷そして，いくつかに分かれている大地は，１年間に数cmというゆっくりとした速さで動いており，大地と大地がしょうとつしておしあったりしています。

▷世界中にある大きな山脈は，大地が大地をおす力によって，地層がおし曲げられてできたものです。たとえば，ヒマラヤ山脈は，もともとはなれていたインド大陸がユーラシア大陸にぶつかっておしたためにできたもので，1000万年以上おし続けてできたといわれています。

▷大地は今も動いているので，何千万年もすると，新しい山脈ができているかもしれません。

ヒマラヤ山脈

火山と地しんの関係

▷世界じゅうの火山の分布と地しんが起きた場所の分布は，下の図のようになっていて，とても似ています。

▷どうしてこのようになるのでしょうか。実は，火山のマグマができるのも地しんが起こるのも，大地と大地のしょうとつが原因となっていることが多いからなのです。

▷下の図で，火山が多く，地しんが特に多い所は，大地と大地がしょうとつしている所でもあるのです。海こうは，このように大地がぶつかるところにできます。

世界の火山の分布

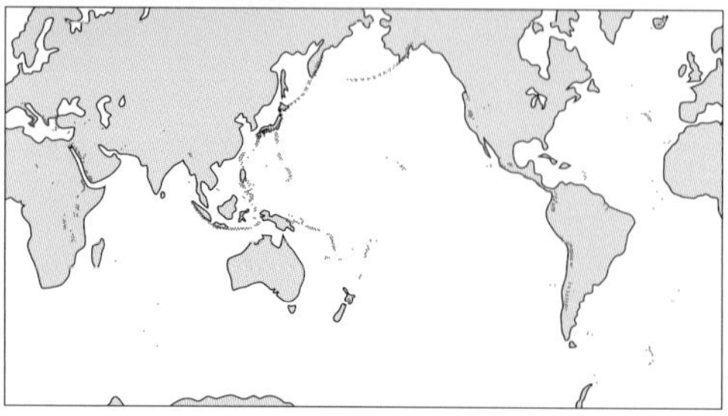

世界で起きた地しんの分布

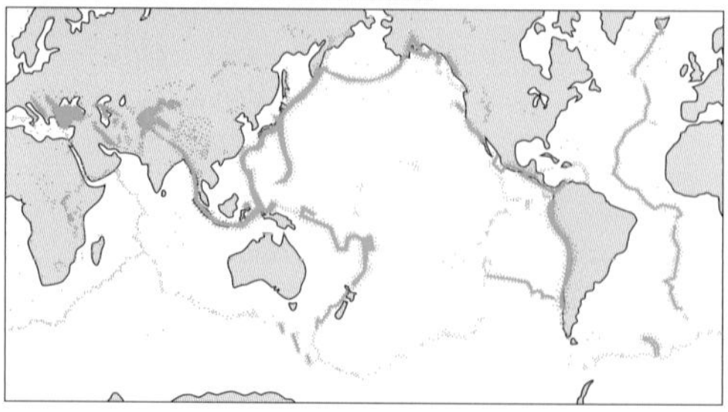

7 水よう液の性質

教科書のまとめ

★ リトマス紙の色の変化で，水よう液を酸性，アルカリ性，中性に分けられる。

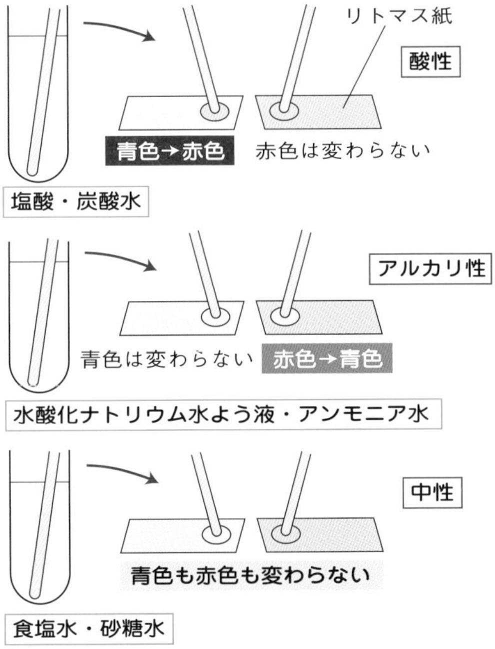

★ 固体がとけている水よう液は，蒸発させると，とけていた固体が残る。

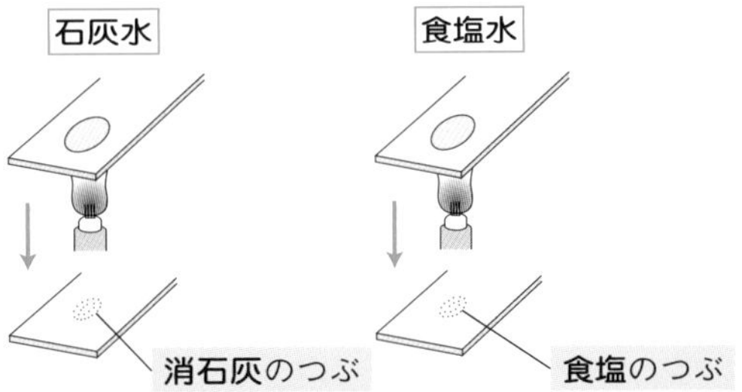

★ 塩酸は，鉄やアルミニウムをとかす。銅はとかさない。

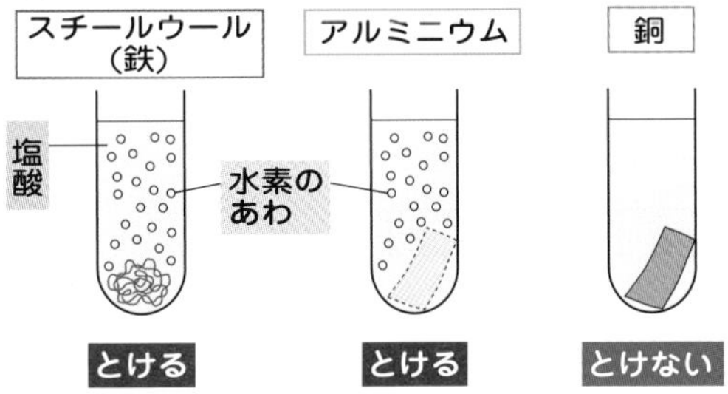

★ 気体がとけている水よう液は，蒸発させると，あとに何も残らない。

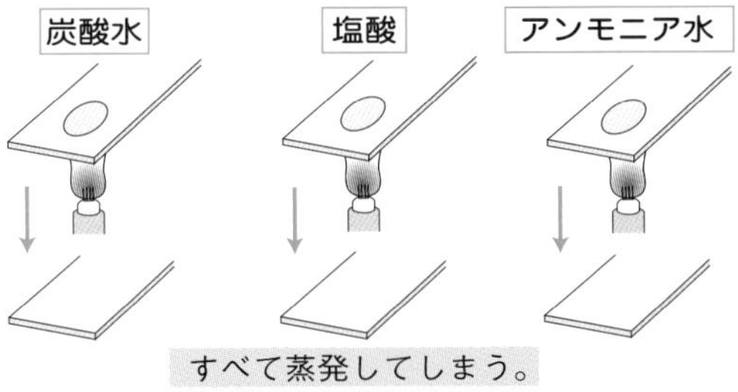

★ 水酸化ナトリウム水よう液やアンモニア水は，アルミニウムをとかす。

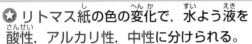

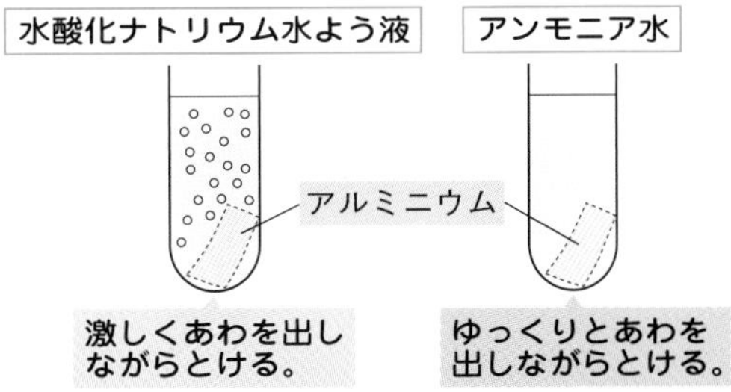

1 水よう液のなかまわけ

1 考えよう うすい塩酸を青色と赤色のリトマス紙につけると，どうなるか。

正しいのは？

A 青色のリトマス紙が赤くなる。
B 赤色のリトマス紙が青くなる。
C どちらも色は変わらない。

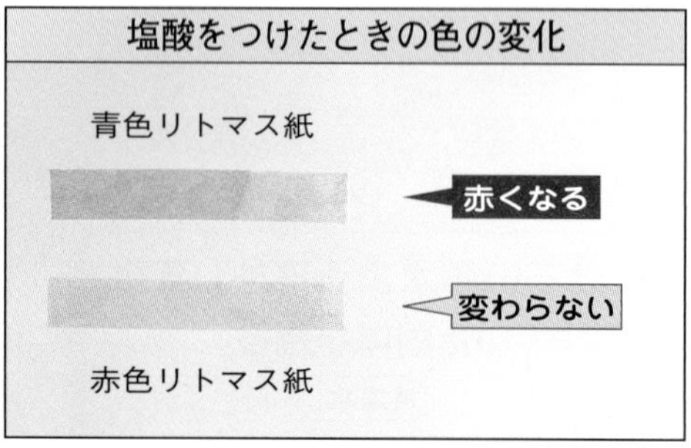

実験 ガラス棒を使って，うすい塩酸を青色と赤色それぞれのリトマス紙につけて，色の変化を調べます。

- うすい塩酸をつけると，青色リトマス紙は赤色になりますが，赤色リトマス紙は色が変わりません。
- このような水よう液を酸性の水よう液といいます。
- 酸性の水よう液には，塩酸のほか，炭酸水やホウ酸水（ホウ酸の水よう液）などがあります。
- また，すやレモンのしる，ミカンのしるなども酸性をしめします。すやレモンのしるのように，すっぱい物の多くは酸性です。

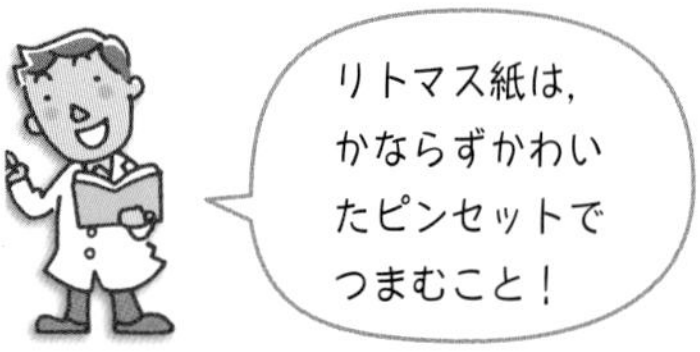

リトマス紙は，
かならずかわいたピンセットで
つまむこと！

答 A

2 考えよう 水酸化ナトリウム水よう液をリトマス紙につけるとどうなるか。

正しいのは？

A 青色のリトマス紙が赤くなる。
B 赤色のリトマス紙が青くなる。
C どちらも色は変わらない。

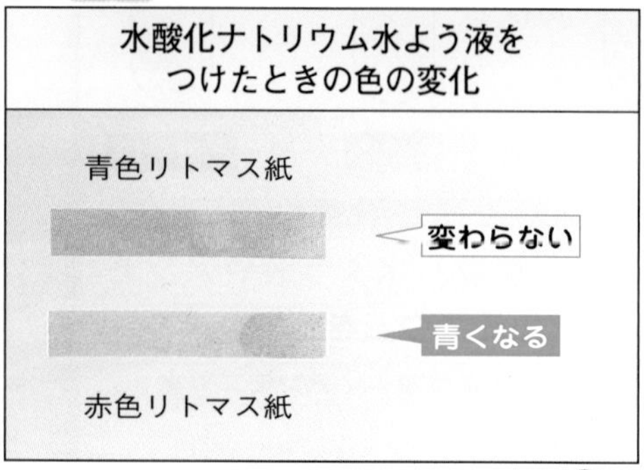

実験 うすい水酸化ナトリウム水よう液を，青色と赤色それぞれのリトマス紙につけて，色の変化を調べます。

- うすい水酸化ナトリウム水よう液をつけると，赤色リトマス紙は青色になりますが，青色リトマス紙は色が変わりません。
- このような水よう液をアルカリ性の水よう液といいます。
- アルカリ性の水よう液には，水酸化ナトリウム水よう液のほかに，アンモニア水や石灰水，せっけん水などがあります。

答 B

3 考えよう 食塩水や砂糖水をリトマス紙につけると，どうなるだろうか。

正しいのは？
- A 青色のリトマス紙が赤色に変わる。
- B 赤色のリトマス紙が青色に変わる。
- C どちらも色は変わらない。

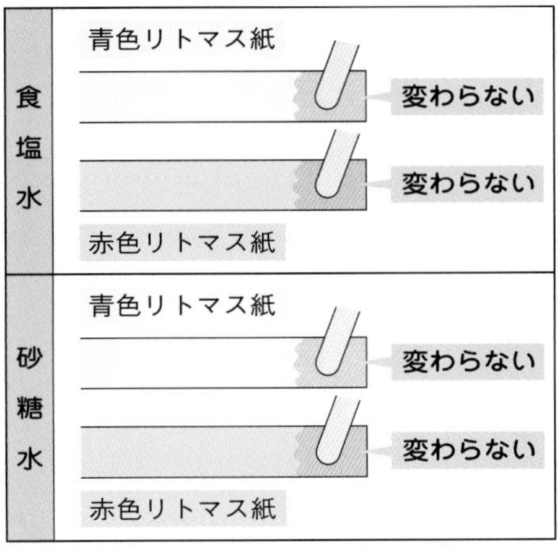

● **食塩水**を青色と赤色のリトマス紙につけても，**青色リトマス紙と赤色リトマス紙のどちらも色が変わりません。砂糖水**も同じです。

● このように，どちらも色が変わらないような水よう液を**中性の水よう液**といいます。中性は，**酸性**とアルカリ性のちょうど中間の性質です。

● **何もとけていない水**は，水よう液ではありませんが，どちらのリトマス紙の色も変えないので，**中性です。**

答 C

洗ざいの性質…食器洗いや洗たくに使う洗ざいの中に，「**中性洗ざい**」と書いてあるものがあります。酸性やアルカリ性の水よう液に手や衣類をつけると，いたんでしまうので，洗ざいをとかした液が中性になるようにしてあるのです。

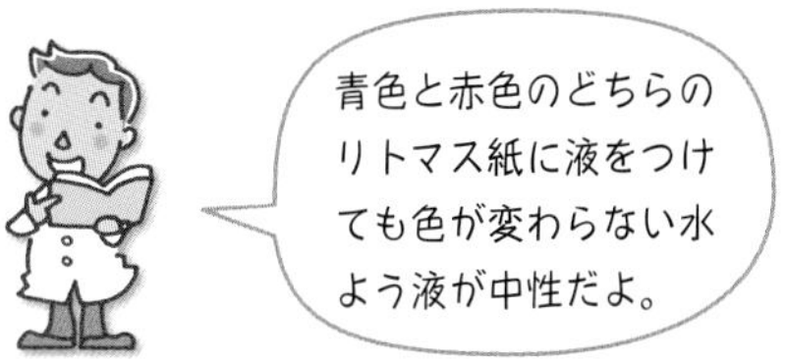

青色と赤色のどちらのリトマス紙に液をつけても色が変わらない水よう液が中性だよ。

さまざまな水よう液のなかまわけ

水よう液	塩酸 炭酸水 ホウ酸水 す レモンのしる		食塩水 砂糖水 牛乳 中性洗ざい （水）		水酸化ナトリウム水よう液 石灰水 アンモニア水 せっけん水 パイプクリーナー	
青色リトマス紙		○		×		×
赤色リトマス紙		×		×		○
性質	酸性		中性		アルカリ性	

○…色が変わる　×…色が変わらない

たいせつポイント
- **酸性の水よう液**…**青色リトマス紙を赤色に変える。**
- **アルカリ性の水よう液**…**赤色リトマス紙を青色に変える。**

4 考えよう 酸性・中性・アルカリ性には，強さのちがいがあるだろうか。

正しいのは？

Ⓐ すべて，強さのちがいがある。

Ⓑ 酸性にだけ，強さのちがいがある。

Ⓒ 酸性とアルカリ性には，強さのちがいがある。

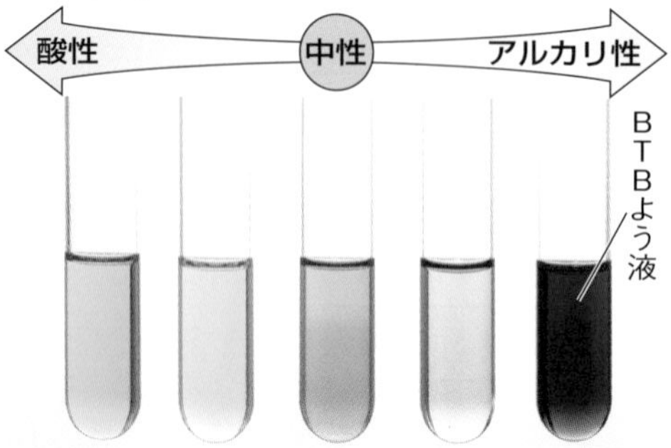

万能試験紙

● 酸性やアルカリ性には，それぞれ強いものから弱いものまであります。中性には強さがありません。

● リトマス紙では，水よう液が酸性なのか，中性なのか，アルカリ性なのかということを，おおまかに見分けることができますが，はっきりとした強さはわかりません。

● そこで，強さを知りたいときには，BTBよう液や万能試験紙などを使います。

● BTBよう液は，中性では緑色ですが，酸性が強くなるにしたがって，少しずつ黄色くなっていきます。逆に，アルカリ性が強くなると，だんだん青くなっていきます。

● 万能試験紙も，酸性やアルカリ性の強さによって，色が変わります。

答 Ⓒ

◎ムラサキキャベツで水よう液を見分けよう！

●酸性とアルカリ性を見分けられる身近なものに，ムラサキキャベツ(赤キャベツ)があります。そこで，ムラサキキャベツから色素をとりだして，いろいろな水よう液の性質をくらべてみましょう。

① ムラサキキャベツの葉を，細かくちぎってなべやビーカーに入れ，全体がひたるぐらいに水を入れます。

② なべを火にかけ，ふっとうしたら，5分ぐらい待って，火を止めます。

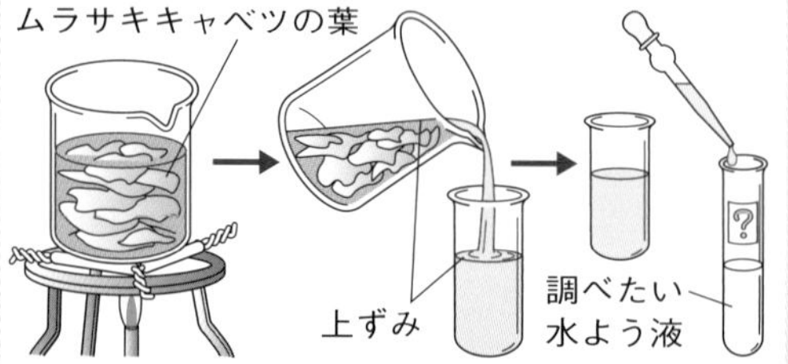

③ 水が赤むらさき色になっているので，上ずみを別の容器にうつします。

④ 調べたい液体をそれぞれ容器に入れ，赤むらさき色の液を少し入れて，色の変化をくらべます。

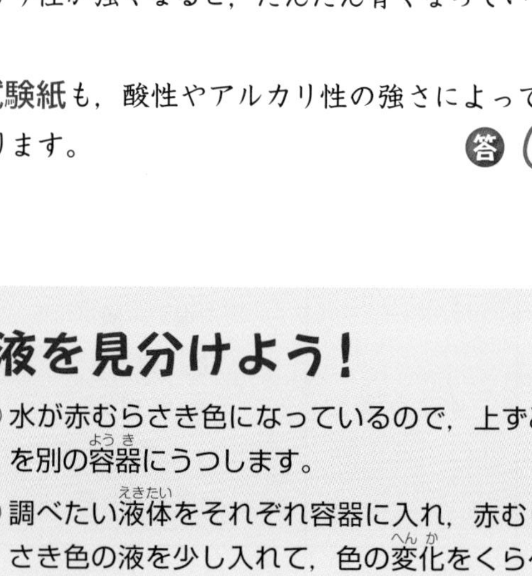

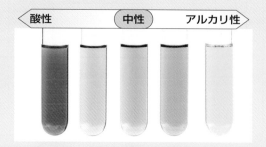

●ムラサキキャベツの葉をにるかわりに，ミキサーで細かくして，ろ紙やコーヒーフィルターでろ過しても，色素をふくんだ液をつくれます。

5 考えよう　アルカリ性の水よう液に，酸性の水よう液をまぜるとどうなるだろうか。

正しいのは？

A だんだんアルカリ性が弱くなり，中性になる。

B だんだんアルカリ性が強くなる。

C 酸性とアルカリ性の両方の性質をもつようになる。

● 酸性の水よう液にアルカリ性の水よう液を少しずつまぜていくと，酸性はしだいに弱くなっていき，やがて中性に変わります。

● 同じように，アルカリ性の水よう液に酸性の水よう液を少しずつまぜていっても，アルカリ性はしだいに弱くなっていき，やがて中性に変わります。

● このように，アルカリ性の水よう液と酸性の水よう液をまぜると，たがいの性質を打ち消しあいます。これを中和といいます。　答 A

もっとくわしく　中和…中性にならなくても，酸性とアルカリ性の水よう液が反応して酸性やアルカリ性が弱くなることを，中和といいます。

6 考えよう　中性に中和した水よう液に，酸性の水よう液をまぜるとどうなるか。

正しいのは？

A 中性のまま変わらない。

B だんだん酸性が強くなる。

C もういちどアルカリ性になる。

● 完全に中和して中性になった水よう液では，これ以上中和がおこりません。そのため，中性になった水よう液に，酸性の水よう液をまぜていくと弱い酸性になり，だんだん酸性が強くなっていきます。

● 同じように，中性になった水よう液にアルカリ性の水よう液をまぜるとアルカリ性になります。

● 水よう液どうしが中和すると，もとの水よう液とは別の物に変わってしまいます。このときにできる物は，たいへんな害をもっている場合もあるので，水よう液をまぜ合わせるときには，まぜても安全なのか，きちんと調べてからでなければいけません。　答 B

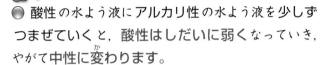

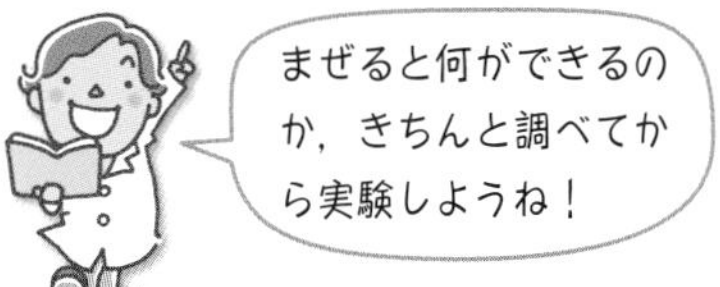

まぜると何ができるのか，きちんと調べてから実験しようね！

ひょう白ざいの注意書き

たいせつポイント　酸性とアルカリ性 { それぞれ，強さがある。 / まぜると性質を打ち消しあう（中和）。

2 水よう液にとけている物

1 考えよう　ペットボトルに水と二酸化炭素を入れてふると，どうなるだろう。

正しいのは？

A ペットボトルがへこむ。

B ベットボトルがふくらむ。

C 水が白くにごる。

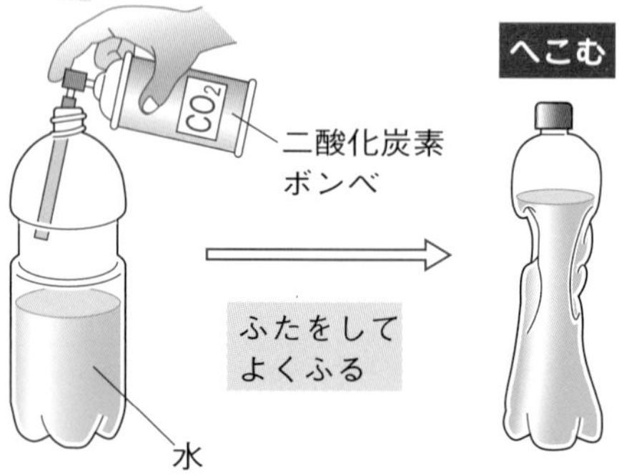

実験 ペットボトルに半分くらい水を入れ，ボンベで二酸化炭素をふきこみます。さらに，ふたをしてよくふります。

- 実験の結果，ペットボトルがへこみ，二酸化炭素がへったことがわかります。
- これは**二酸化炭素が水にとけたから**です。二酸化炭素が水にとけてできた水よう液を**炭酸水**といいます。

答 A

2 考えよう　炭酸水を熱して，水を蒸発させると，何かが残るだろうか。

正しいのは？

A 白い粉が残る。

B 白くにごった液体が残る。

C 何も残らない。

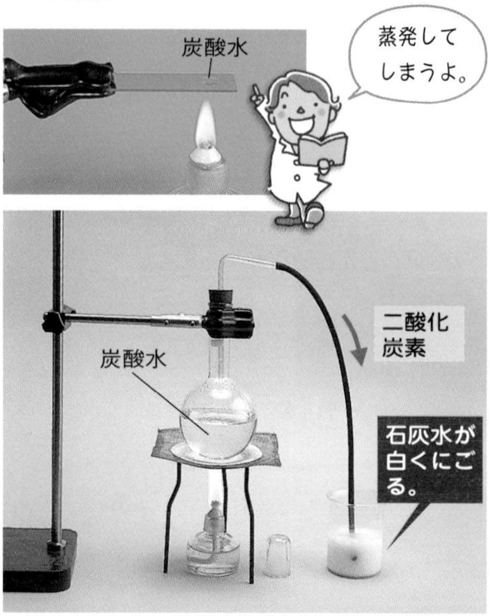

- **炭酸水を熱する**と，あわ(気体)を出しながら蒸発し，**あとに何も残りません**。
- 左下の写真のように炭酸水をフラスコに入れて熱し，出てくるあわを石灰水に入れると，石灰水が白くにごります。このことから，このあわが二酸化炭素であることがわかります。
- このように，気体がとけている水よう液を熱すると，水より先に，**とけている気体が蒸発します**。

答 C

もっとくわしく 気体のとけ方と温度…炭酸飲料とよばれるビールやコーラにも二酸化炭素がとけています。これらを冷やしておくのは，ふつう気体は温度が低いほうが水によくとけるからです。

3 考えよう

塩酸やアンモニア水を熱して水を蒸発させると，何が残るか。

正しいのは？
- **A** 塩酸だけ白い粉が残る。
- **B** どちらも何も残らない。
- **C** どちらも白い粉が残る。

実験 熱している蒸発皿に塩酸とアンモニア水を１てきずつ落としてみます。

● 塩酸からは，はじめ強いにおいのする気体が出ますが，やがて，それもなくなり，水が蒸発した後には何も残りません。

● アンモニア水からも，はじめ強いにおいのする気体が出ますが，やはり何も残りません。

● このことから，塩酸もアンモニア水も気体がとけている水よう液であることがわかります。

● 塩酸は塩化水素という気体が水にとけた水よう液で，アンモニア水はアンモニアという気体が水にとけた水よう液です。

答 **B**

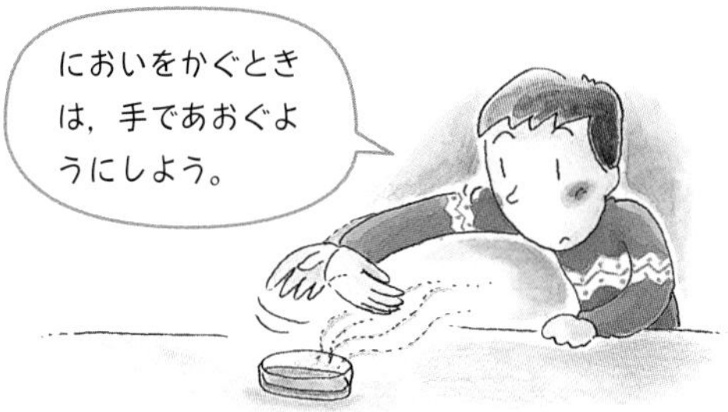

においをかぐときは，手であおぐようにしよう。

4 考えよう

石灰水を熱して水を蒸発させると，何が残るだろうか。

正しいのは？
- **A** 何も残らない。
- **B** とう明な液体が残る。
- **C** 白い粉が残る。

実験 蒸発皿に石灰水を１てき落として熱し，水を蒸発させてみます。

● 石灰水を熱すると，水が蒸発した後に，白いつぶが残ります。このつぶは，消石灰のつぶです。

● 食塩水を使って同じ実験をすると，やはり，水が蒸発した後には食塩の白いつぶが残ります。

● このように，固体がとけた水よう液を蒸発させると，とけていた固体が残ります。

答 **C**

たいせつポイント

- 気体がとけた水よう液…炭酸水，塩酸，アンモニア水など
- 固体がとけた水よう液…食塩水，石灰水など

教科書のドリル

答え → 別冊11ページ

1 次の文の(　)にあてはまることばを書きなさい。

(1) 赤色リトマス紙を青色に変える水よう液を(　　　　)性の水よう液という。

(2) 青色リトマス紙を赤色に変える水よう液を(　　　　)性の水よう液という。

(3) 青色と赤色のリトマス紙のどちらにつけても，リトマス紙の色が変わらない水よう液を(　　　　)性の水よう液という。

(4) BTBよう液に酸性の水よう液をくわえると，(　　　　)色になる。

(5) BTBよう液に中性の水よう液をくわえると，(　　　　)色になる。

(6) BTBよう液にアルカリ性の水よう液をくわえると(　　　　)色になる。

2 下の表にあげた水よう液をリトマス紙につけると，何色に変わりますか。表の中に書きこみなさい。色が変わらないときは，×と書きこみなさい。

	青色リトマス紙	赤色リトマス紙
塩　酸	①	②
水酸化ナトリウム水よう液	③	④
砂 糖 水	⑤	⑥
炭 酸 水	⑦	⑧
食 塩 水	⑨	⑩
ホウ酸水	⑪	⑫
石 灰 水	⑬	⑭
アンモニア水	⑮	⑯

3 次の文の(　)にあてはまることばを書きなさい。

(1) 石灰水を熱して，水を蒸発させると，(　　　　)色のつぶが残る。このつぶは，(　　　　)という固体である。

(2) 塩酸は，(　　　　)という気体がとけた水よう液で，熱して，水を蒸発させると，(　　　　)。

(3) 食塩水を熱して，水を蒸発させると，白色のつぶが残る。このつぶは(　　　　)という固体である。

(4) アンモニア水は，(　　　　)体のアンモニアがとけた水よう液で，熱すると，強いにおいのする気体が出る。水がすべて蒸発すると，(　　　　)。

4 下の図のように，炭酸水から出てくるあわを集め，石灰水にとかしました。あとの問いに答えなさい。

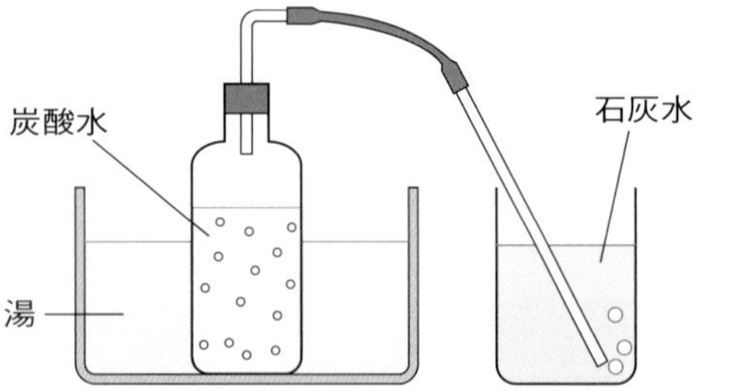

(1) 石灰水には，どのような変化がみられますか。次のア～ウから1つ選びなさい。(　　　　)

ア　黒くにごる。
イ　白くにごる。
ウ　変化は見られない。

(2) (1)の結果から，このとき出てきたあわは何だといえますか。(　　　　)

3 水よう液と金属

1 考えよう

うすい塩酸にスチールウールを入れると，どうなるだろうか。

正しいのは？
- A 砂糖が水にとけるようにとける。
- B 変化しない。
- C あわを出してとける。

実験 うすい塩酸を試験管にとり，スチールウールを入れてどうなるか調べます。

● スチールウール(鉄を細くして，綿のようにしたもの)は，さかんに**あわを出しながらとけます**。このあわは**水素**という気体です。しばらくすると，スチールウール(鉄)は，とけてなくなります。　答 C

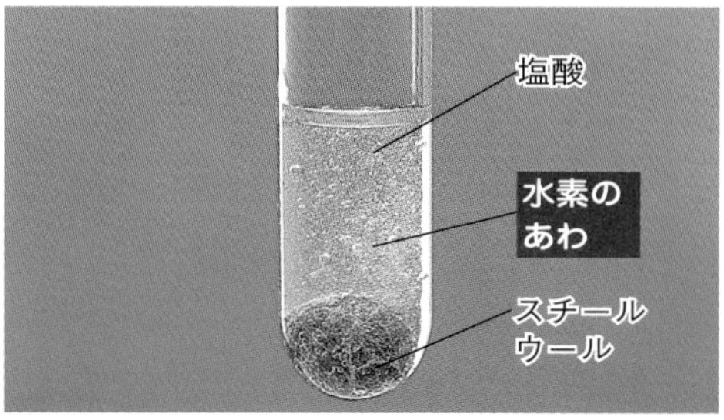

塩酸にスチールウールを入れたもの

2 考えよう

うすい塩酸にアルミニウムや銅を入れるとどうなるだろうか。

正しいのは？
- A アルミニウムはとけるが，銅はとけない。
- B 銅はとけるが，アルミニウムはとけない。
- C どちらもとける。

● 同じように，うすい塩酸にアルミニウムと銅をそれぞれ入れる実験をします。

● すると，**アルミニウム**は，スチールウール(鉄)と同じように，水素の**あわを出しながらとけます**。

● いっぽう，銅には，**何の変化も起こりません**。

● このことから，金属のなかにも，**塩酸にとける物ととけない物がある**ことがわかります。　答 A

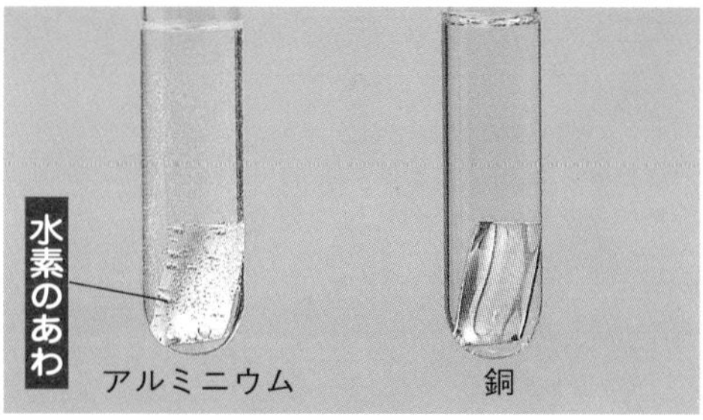

塩酸でのとけ方

なぜだろう？ 表面がさびて緑色になった銅線をうすい塩酸の中に入れると，緑色がとれて，きれいな銅の色になります。なぜでしょう。

答 銅は塩酸にとけませんが，銅のさびは塩酸にとけます。そのため，銅のさびだけがとけて，もとの銅の色になります。銅のさびと銅は，同じ物ではないのです。

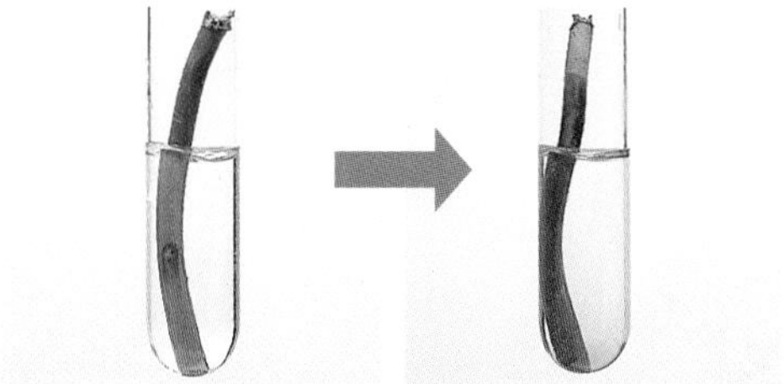

たいせつポイント

塩酸 {
鉄とアルミニウムをとかして，水素の気体を出す。
銅はとかさないが，銅のさびはとかす。

3 考えよう

アルミニウムをとかした塩酸を蒸発させると，どうなるだろうか。

正しいのは？

A アルミニウムが残る。

B アルミニウムでない別の物が残る。

C 何も残らない。

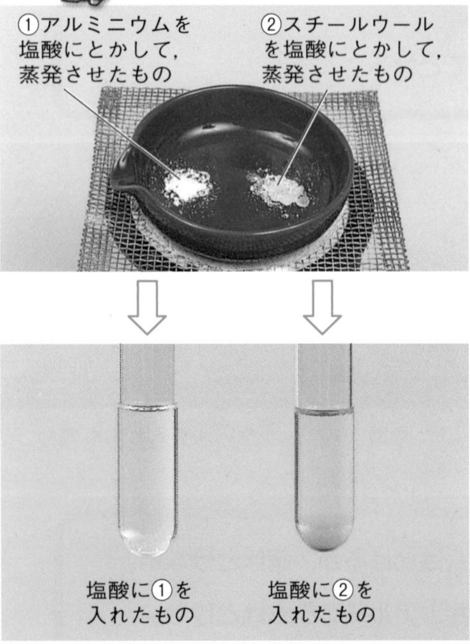

実験 アルミニウムをとかした塩酸と，スチールウール(鉄)をとかした塩酸を蒸発皿にとって熱し，水を蒸発させてみて，何が残るのか調べてみます。

- アルミニウムをとかした塩酸を蒸発させると，あとに白いつぶが残ります。
- スチールウール(鉄)をとかした塩酸を蒸発させると，あとに黄色いつぶが残ります。
- これらのつぶを，それぞれもう一度塩酸に入れて，とけるかどうか調べます。
- すると，どちらのつぶもとけますが，水素のあわは出ません。
- このことから，アルミニウムもスチールウール(鉄)も，塩酸にとけたことで，もともとはちがう物に変化したことがわかります。

答 B

4 考えよう

鉄，アルミニウム，銅は水酸化ナトリウム水よう液にとけるか。

正しいのは？

A 塩酸と同じで，鉄とアルミニウムはとける。

B 塩酸と反対に，銅だけがとける。

C アルミニウムだけがとける。

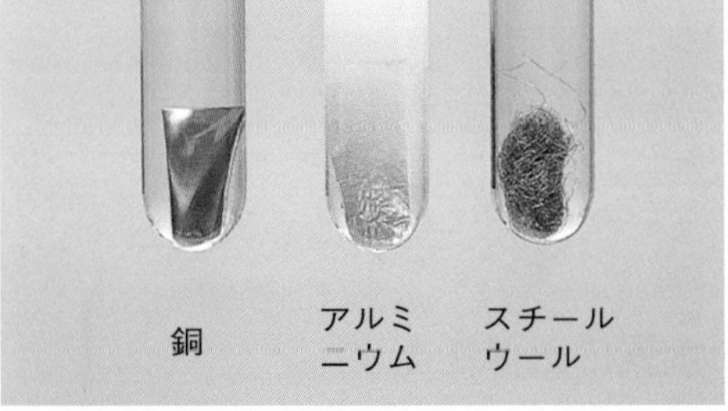

水酸化ナトリウム水よう液でのとけ方

実験 うすい水酸化ナトリウム水よう液をつくって，3本の試験管に入れ，スチールウール(鉄)，アルミニウム，銅をべつべつに入れて，どうなるか調べます。

- アルミニウムは，水素のあわを出しながらとけますが，スチールウール(鉄)と銅はとけません。
- このことから，水よう液によって，とける金属はちがうことがわかります。

答 C

5 考えよう 鉄，アルミニウム，銅は，アンモニア水にとけるだろうか。

正しいのは？
- **A** アルミニウムはとける。
- **B** 鉄とアルミニウムはとける。
- **C** どれもとけない。

実験 アンモニア水を３本の試験管に入れ，スチールウール（鉄），アルミニウム，銅をべつべつに入れて，１週間そのままにしておき，どうなるか調べます。

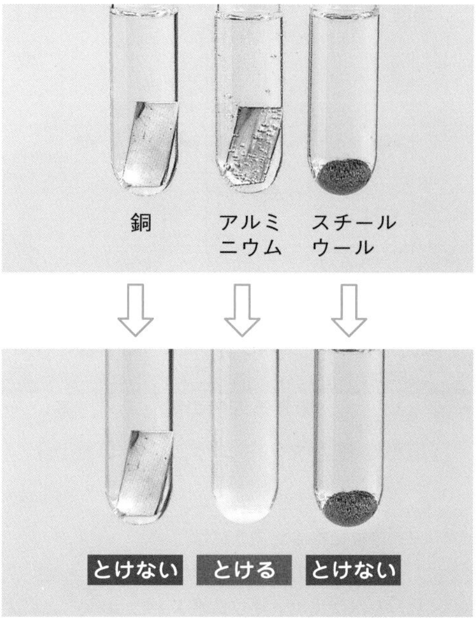

● アンモニア水は，水酸化ナトリウム水よう液と同じアルカリ性の水よう液です。

● アルミニウムはアンモニア水にとけますが，スチールウール（鉄）と銅はとけません。

● ただし，アルミニウムの場合も，塩酸や水酸化ナトリウムに入れたときのように激しくとけるわけではなく，少しずつゆっくりととけていきます。このときも，少しずつ水素のあわを出しています。

● このように，水よう液によって，金属のとけ方はちがいます。

答 **A**

いろいろな水よう液と，金属のとけ方

水よう液	鉄		アルミニウム		銅		水よう液の性質
塩酸	水素	○	水素	○		×	酸性
水酸化ナトリウム水よう液		×	水素	○		×	アルカリ性
アンモニア水		×	水素	○		×	アルカリ性

○…とける　×…とけない

たいせつポイント
- 水酸化ナトリウム水よう液…アルミニウムを激しくとかす。
- アンモニア水…アルミニウムを少しずつゆっくりとかす。

6 考えよう 塩酸と水酸化ナトリウム水よう液をまぜて，アルミニウムを入れると？

正しいのは？
- Ⓐ もとの水よう液よりも激しくとける。
- Ⓑ もとの水よう液と同じぐらいよくとける。
- Ⓒ もとの水よう液ほどは，よくとけない。

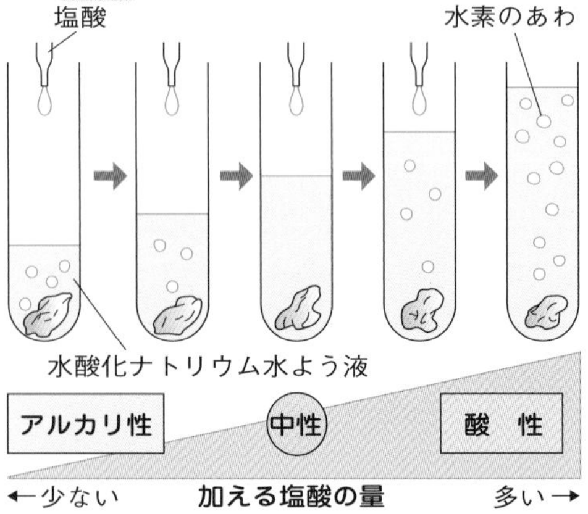

〔塩酸の量とアルミニウムのとけかた〕

● 塩酸も水酸化ナトリウム水よう液も，どちらもアルミニウムをよくとかします。
● 試験管を用意してうすい水酸化ナトリウム水よう液とアルミニウムを入れると，水素を出しながらとけます。
● しかし，これに少しずつ塩酸を加えていくと，だんだんあわを出さなくなり，やがてまったくとけなくなります。
● これは，塩酸と水酸化ナトリウム水よう液が中和して，別のものになってしまったからです。
● リトマス紙を使うと，このとき，試験管の中の水よう液は中性になっていることがわかります。　答 Ⓒ

中性になったときには，水よう液の中には，塩酸も水酸化ナトリウム水よう液も，ふくまれていないんだよ。

なぜだろう？ 中和して，アルミニウムがとけなくなった水よう液に，さらに塩酸を加えると，再びアルミニウムがとけはじめます。なぜでしょうか。

答 中性になった液の中には，水酸化ナトリウム水よう液が残っていません。そのため，加えた塩酸が中和されずにそのまま残り，アルミニウムがとけるのです。

理科室で使う化学薬品や水よう液は，あつかい方をまちがうと，けがをしたりしてとても危険です。実験のときは，かならず次のことに注意しましょう。

化学薬品や水よう液をあつかうときの注意

1. 薬品や水よう液が手や目など，からだについたときは，すぐに水で十分に洗う。
2. 水よう液は必要以上に多くとらない。（ビーカーや試験管の３分の１以下にする）
3. 水よう液のにおいを調べるときは，鼻を直接近づけるのではなく，手であおいでかぐ。

4. 水よう液を熱しているときは，顔を近づけてはいけない。（熱い液がはねることがある）
5. 薬品や水よう液どうしはむやみにまぜあわせてはいけない。（まぜあわせると有害な物ができる組み合わせがあり，危険）
6. 実験に使った薬品や水よう液は，流しにすてずに，きめられた入れ物に入れる。
7. 実験に使った器具は，実験後，水でよく洗ってから片づける。
8. 実験が終わったら，手をよく洗う。
9. 薬品や水よう液は，絶対になめたりさわったりしてはいけない。

教科書のドリル

答え → 別冊11ページ

1 次の文の(　)にあてはまることばを書きなさい。

(1) スチールウールは，(　　　　　)を細くして綿のようにしたものである。

(2) アンモニア水にアルミニウムを入れると，1週間ほどかけてゆっくりととける。このとき，少しずつ(　　　　　)のあわを出す。

2 下の図のように，うすい水酸化ナトリウム水よう液を試験管に入れ，試験管に小さなアルミニウムはくを入れると，あわを出しました。これについて，次の問いに答えなさい。

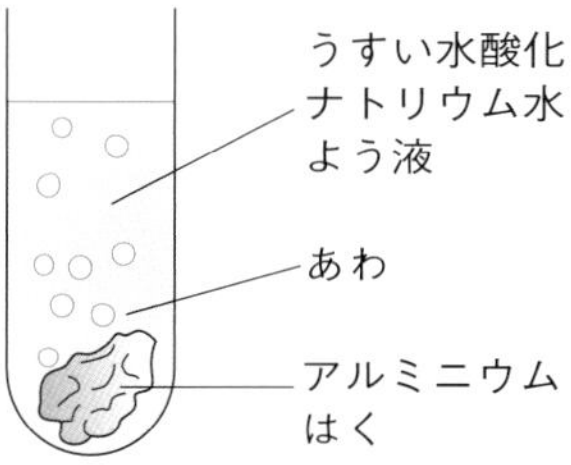

(1) このあわは何という気体ですか。

(　　　　　)

(2) このまましばらく置いておくと，アルミニウムはくはどうなりますか。説明しなさい。

(　　　　　)

(3) この試験管に，うすい塩酸をくわえていったところ，あわが出なくなりました。このとき，試験管の中の水よう液はどうなっていますか。次のア～ウの中から選んで記号で答えなさい。(　　　)

ア　強い酸性になっている。

イ　中性になっている。

ウ　強いアルカリ性になっている。

3 下の図のように，うすい塩酸が入った試験管に，銅，鉄，アルミニウムを入れ，変化のようすを観察しました。あとの問いに答えなさい。

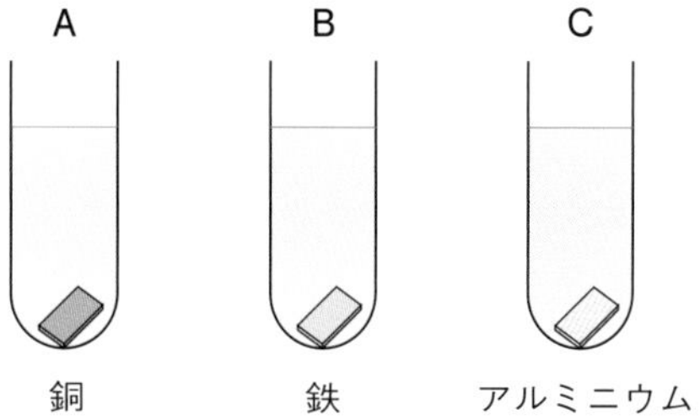

(1) 気体を発生させながらとけていくのはどの金属ですか。図のA～Cから2つ選び，記号で答えなさい。

(　　　)(　　　)

(2) (1)のとき発生する気体は，同じ気体でした。この気体の名前を答えなさい。

(　　　)

(3) 気体が発生したあとの2つの液をそれぞれ別の蒸発皿にとり，熱して，水分をすべて蒸発させたときのようすを，次のア～エから1つ選びなさい。(　　　)

ア　1つは白い固体が残り，もう1つは黄色い固体が残る。

イ　どちらとも白い固体が残る。

ウ　どちらとも黄色い固体が残る。

エ　どちらとも何も残らない。

(4) うすい塩酸のかわりにアンモニア水を使って同じ実験をしたとき，気体を発生させながらとけていくものはどれですか。図のA～Cから1つ選びなさい。

(　　　)

テストに出る問題

答え → 別冊11ページ

時間**30**分　合格点**80**点

得点 ／100

1 塩酸，アンモニア水，炭酸水，食塩水という４つの水よう液の性質について調べ，まとめたのが下の表です。あとの問いに答えなさい。　　　　　　　　　　　　　　　[合計 32 点]

	水よう液 ア	水よう液 イ	水よう液 ウ	水よう液 エ
におい	ある	ない	ある	ない
液のようす	とう明	とう明	とう明	とう明で，あわが出ている
スライドガラスで蒸発させる	何も残らない	白い粉が残る	何も残らない	何も残らない
リトマス紙につける	◯　　　　◯	◯　　　　◯	◯　　　　◯	◯　　　　◯
アルミニウム片を入れる	あわを出してとける	とけない	少しずつゆっくりとける	とけない

(1) ア〜ウの水よう液は，それぞれ何性ですか。

[各3点]　ア 〔　　　　　〕　イ 〔　　　　　〕　ウ 〔　　　　　〕

(2) ア〜エの水よう液の名前をそれぞれ答えなさい。

[各4点]　ア 〔　　　　　〕　イ 〔　　　　　〕　ウ 〔　　　　　〕　エ 〔　　　　　〕

(3) ア，ウ，エの水よう液をスライドガラスで蒸発させたときに何も残らないのは，どうしてですか。　[7点] 〔　　　　　　　　　　　　　　　　　　　　　　　　　〕

2 炭酸水から出てくるあわを集めて調べました。次の問いに答えなさい。　　[合計 30 点]

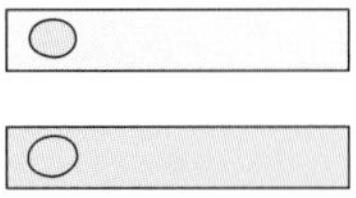

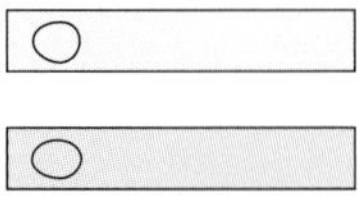

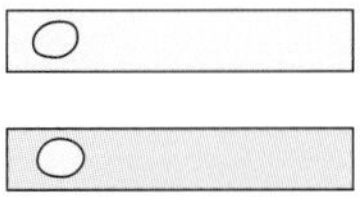

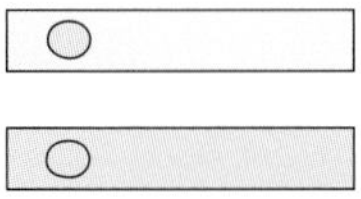

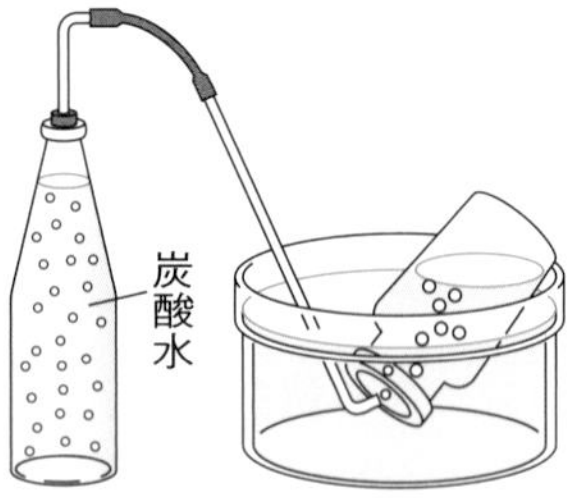

(1) あわを集めたびんにろうそくを入れました。ろうそくの火はどうなりますか。　[6点] 〔　　　　　　　〕

(2) あわを集めたびんに石灰水を入れてふると，どうなりますか。

[6点] 〔　　　　　　　〕

(3) (1)と(2)の結果から考えて，炭酸水から出てきたあわは何だといえますか。　[4点] 〔　　　　　　　〕

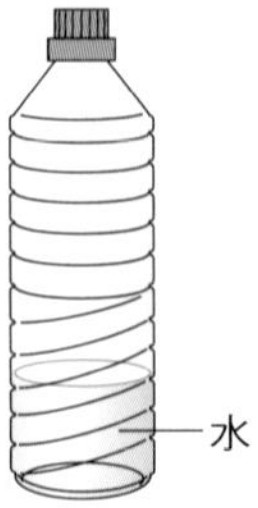

(4) 右の図のようなプラスチックの容器に，炭酸水から出るあわを集め，水を少し入れ，ふたをしてよくふりました。プラスチックの容器はどうなりますか。

[6点] 〔　　　　　　　〕

(5) (4)のようになるのは，なぜですか。その理由を説明しなさい。

[8点] 〔　　　　　　　〕

炭酸水

3 石灰水の性質について調べるために実験をおこないました。これについて，次の問いに答えなさい。

［4点ずつ…合計8点］

(1)　石灰水にBTBよう液をくわえると，右のような色になりました。石灰水は何性ですか。〔　　　　〕

(2)　石灰水を蒸発皿にとり，熱して，水を蒸発させると，どのようになりますか。次のア～エから１つ選び，記号で答えなさい。〔　　〕

ア　白色の固体が残る。　　イ　黄色の固体が残る。

ウ　黒くこげる。　　エ　何も残らない。

4 アルミニウム，銅，鉄（スチールウール）を，うすい塩酸やうすい水酸化ナトリウム水よう液の中に入れ，そのときの変化を調べました。あとの問いに答えなさい。

［5点ずつ…合計30点］

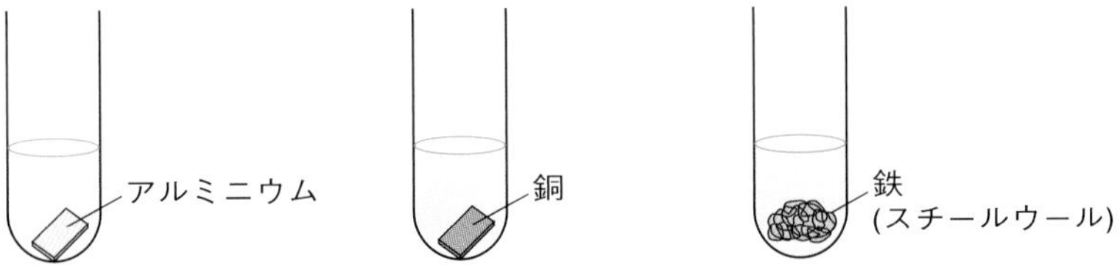

(1)　うすい塩酸とうすい水酸化ナトリウム水よう液のどちらに入れても，気体が発生しない金属はどれですか。名前を答えなさい。〔　　　　〕

(2)　うすい塩酸とうすい水酸化ナトリウム水よう液のどちらに入れても，気体が発生する金属はどれですか。名前を答えなさい。〔　　　　〕

(3)　(2)のとき発生する気体は何ですか。名前を答えなさい。〔　　　　〕

(4)　うすい塩酸に入れてからしばらくして，その水よう液をとり出し，水を蒸発させます。このとき，水が蒸発したあとにつぶが残るのは，どの金属を入れたときですか。〔　　　　〕

(5)　(4)の結果得られたつぶを，もう一度塩酸に入れるとどうなりますか。次のア～ウの中から１つ選び，記号で答えなさい。〔　　〕

ア　気体が発生してとける。

イ　気体は発生しないが，とける。

ウ　つぶが大きくなる。

(6)　(5)の結果から，どのようなことがいえますか。次のア～ウから１つ選び，記号で答えなさい。〔　　〕

ア　塩酸は金属をとかし，とける前とは別の物に変えてしまう。

イ　塩酸は金属をとかすが，とけた金属はもとと同じままである。

ウ　塩酸にとけた金属は，すべて気体になった。

しょう乳どうができるまで

山口県・秋芳洞

つららのようになった石灰岩（しょう乳石）

▶酸性の水よう液は，金属だけでなく，岩石もとかします。岩石の種類によってとけやすさはちがいますが，とくに石灰岩は酸性の水よう液にとけやすい性質をもっています。

▶雨水が，空気中や土の中の二酸化炭素をとかしこむと，炭酸水になって，弱い酸性になります。このような雨が，石灰岩でできた土地の割れめにしみこむと，少しずつ石灰岩をとかしていきます。

▶こうして，長い年月をかけて地中に大きな空どうができます。これをしょう乳どうとよびます。

▶空どうができたあとも，地中にしみこんだ雨水が石灰岩をとかし続けます。しかし，石灰岩をとかしこんだ雨水が空気中に出ると，石灰岩の一部をはきだしてしまいます。はきだされた石灰岩が，少しずつたまっていき，つららのような，とても不思議な形をつくります。

川の水を中和する

▶マッチや医薬品などをはじめとして，いろいろなものの原料に使われる，イオウという物があります。

▶イオウは火山の近くでよく採れるので，かつて日本にも鉱山があり，たくさんほり出されていました。しかし，今では石油からとりだすようになり，このような鉱山は使われていません。

▶鉱山のあとに残ったイオウが川に流れ出すと，リュウ酸ができます。リュウ酸はとても強い酸性の水よう液で，魚を生きていけなくしたり，農作物に悪いえいきょうをあたえたりします。また，コンクリートや鉄をとかしてしまうので，橋やていぼうがすぐにぼろぼろになってしまいます。

▶そこで，対策として，川に石灰水をまぜるとり組みがおこなわれています。石灰水はアルカリ性なので，川の水が中和され，魚のすめる川にもどるのです。

イオウ

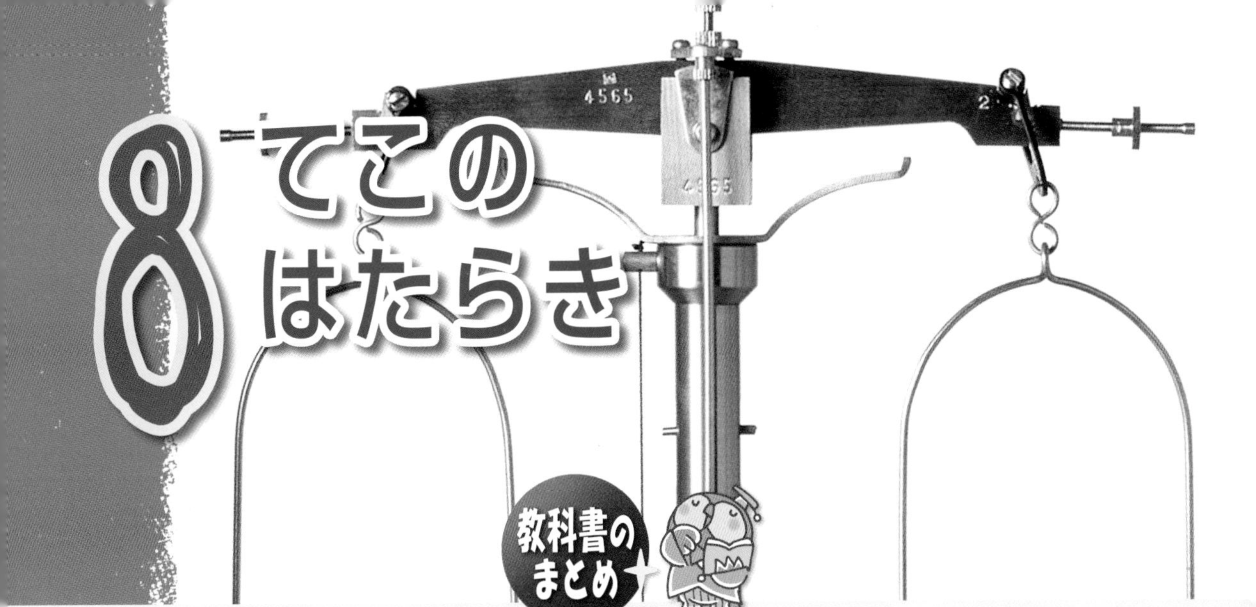

8 てこのはたらき

教科書のまとめ

☆ てこには，支点・力点・作用点の3つの点がある。

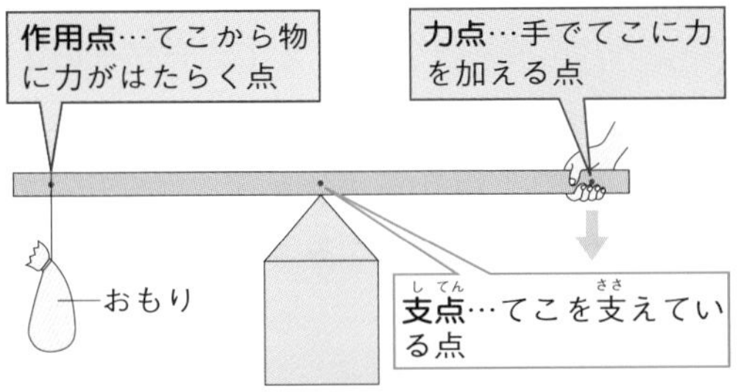

☆ てこは，左右のうでをかたむけるはたらきが等しいときにつり合う。

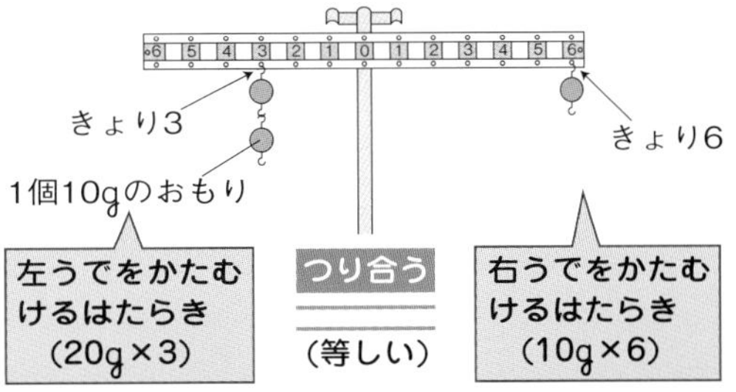

☆ てこは，3点の位置によって，物を動かすのに必要な力の大きさが変わる。

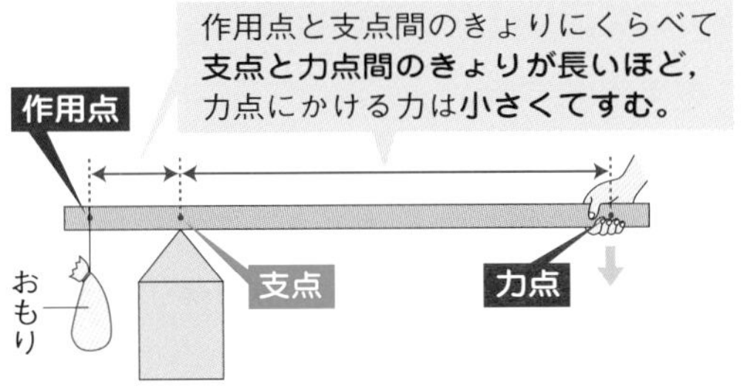

作用点と支点間のきょりにくらべて支点と力点間のきょりが長いほど，力点にかける力は小さくてすむ。
作用点
おもり
支点
力点

☆ てこを利用した道具に，くぎぬきやはさみ，せんぬき，パンばさみなどがある。

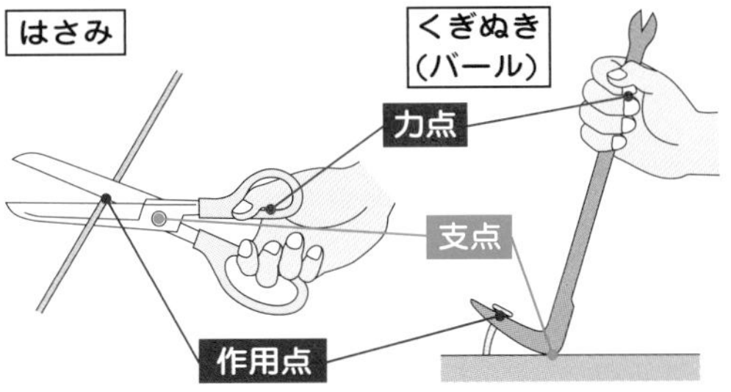

☆ てこをかたむけるはたらきは，「おもりの重さ×支点からのきょり」。

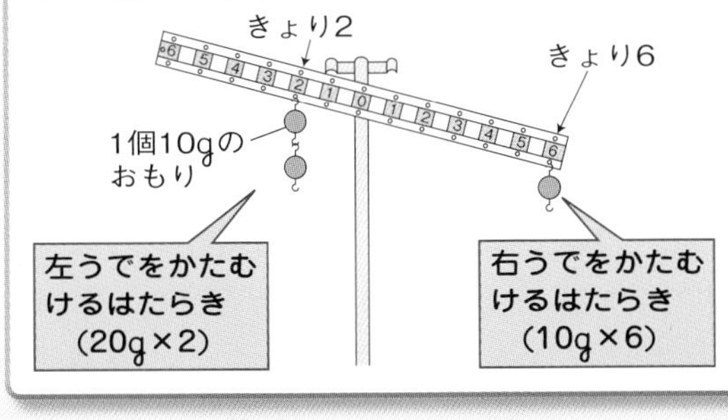

☆ 上皿てんびんの左右の皿は，支点から等しいきょりにある。

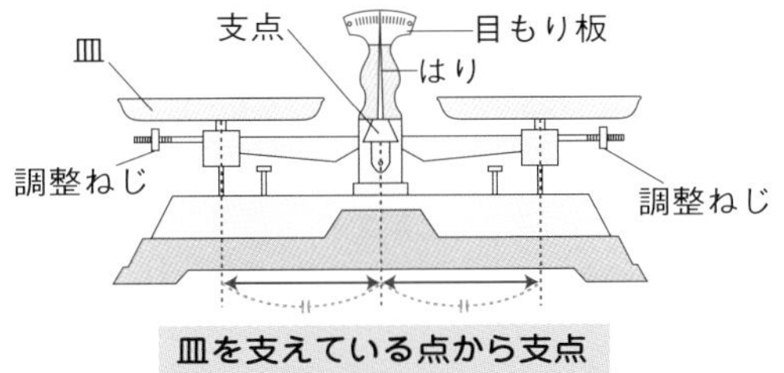

皿を支えている点から支点までのきょりは等しい。

1 てこの3点

1 考えよう　棒を右の図のように使うと，重い物が楽にもち上がるか。

正しいのは？
- A 手でもち上げたほうが楽。
- B 手でもち上げるのと同じ。
- C 手でもち上げるよりも楽。

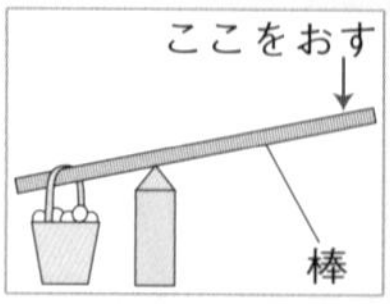

実験　バケツに石を入れて，手でもち上げてみます。次に，上の図のようにして，棒を使ってもち上げ，手ごたえをくらべます。

- 実験の結果，手でもち上げるより，棒を使ってもち上げるときのほうが楽に上がります。
- 上の図のように，棒の１点を支えてシーソーのようにすると，重い物を楽にもち上げることができます。
- このように，棒の１点を支えにして，片方に力をくわえ，物を動かすようなしくみを**てこ**といいます。

答 C

2 考えよう　てこの「力点」というのは，てこのどの部分のことだろうか。

正しいのは？
- A てこのまん中で支えている所。
- B 物がてこにぶらさがっている所。
- C てこを手でおす所。

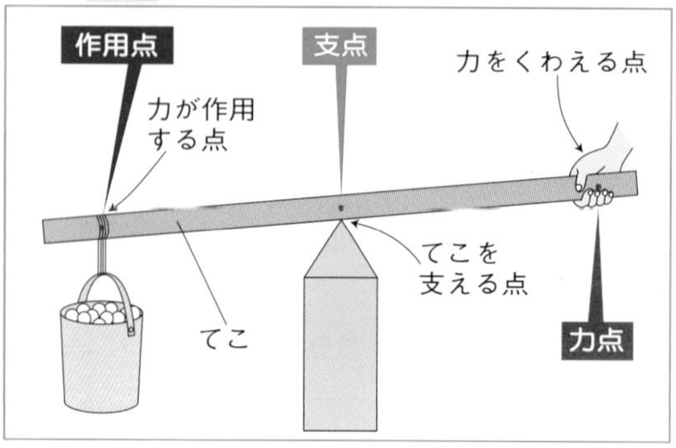

- てこを使って物を動かすとき，てこには，左の図のように，３点のそれぞれに力がかかります。この３点には，つぎのような名前がついています。
  1. 動かずにてこを支えている点を，**支点**という。
  2. 手でてこをおさえて，力をくわえる点を，**力点**という。
  3. 物が動くように，てこから物に力がはたらく(作用する)点を**作用点**という。
- 棒をてことして使うときには，どんなてこにでもかならず支点，力点，作用点の３つの点があります。てこによっては，これらの３つの点の順番がちがうものもあります。

答 C

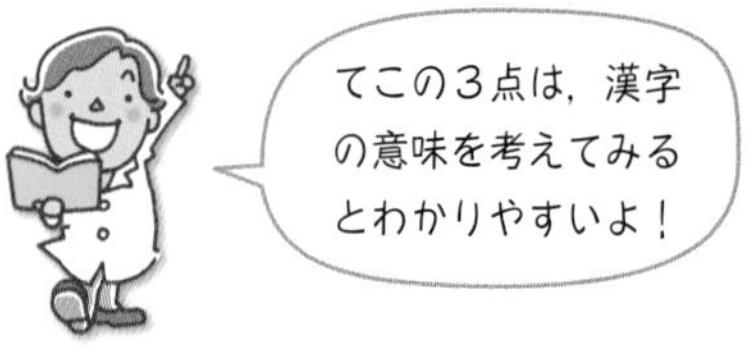

てこの3点は，漢字の意味を考えてみるとわかりやすいよ！

3 考えよう 右の図のように，棒をつり下げても，てこだといえるだろうか。

正しいのは？
- **A** 物の重さでちがう。
- **B** てこだといえる。
- **C** てこだとはいえない。

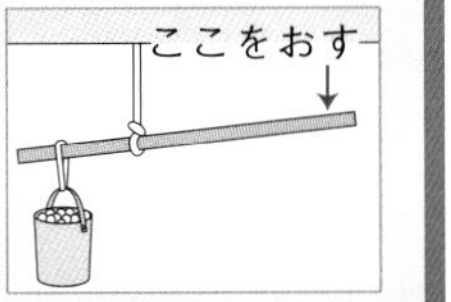

● 長いじょうぶな棒を，上の図のように１点でつり下げたものも，てこだといえます。このてこでも，重い物を楽にもち上げることができます。

● 棒をつり下げてつくったてこにも，もちろん**支点**，**力点**，**作用点**があります。この場合，力点と作用点は前のページのてこと同じですが，**支点は，棒がひもでつり下げられて，支えられている点**です。　答 **B**

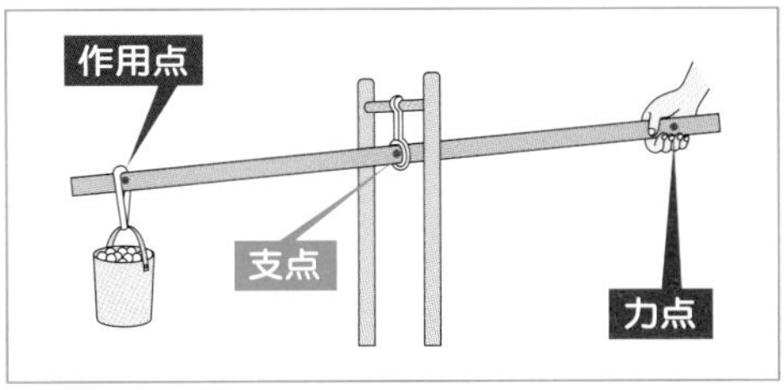

もっとくわしく 作用点の位置…棒の使い方によって，作用点が，もち上げようとする物の下にある場合があります。

重い石などを動かすときなどには，このような使い方をします。

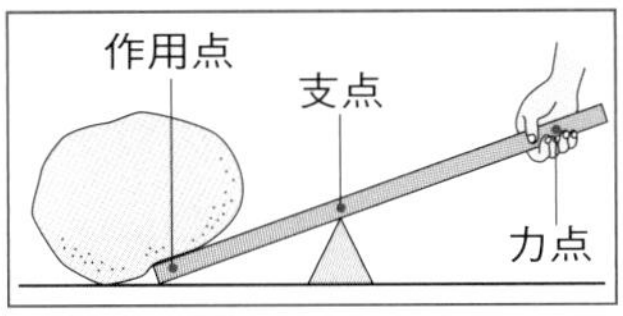

4 考えよう 支点がまん中にあるてこで，力点を下におすと，どんな力がかかる？

正しいのは？
- **A** 支点にも作用点にも下向きの力がかかる。
- **B** 支点には下向き，作用点には上向きの力。
- **C** 支点には上向き，作用点には下向きの力。

● 右の図のようなてこで，力点を手で下におす（力点に下向きの力をくわえる）と，支点や作用点にはつぎのような力がかかります。

① **支点**…棒の重さ，もち上げる物の重さ，てこをおす力のすべてが，支えに，**下向きにはたらいている。**

② **作用点**…物をもち上げようとする力が，バケツに，**上向きにはたらいている。**

答 **B**

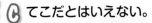

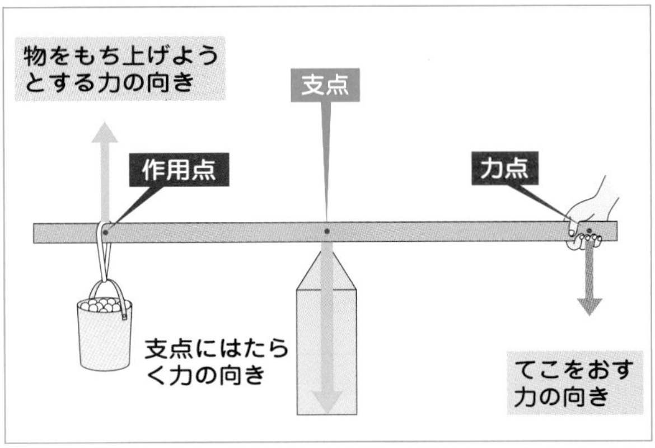

てこにかかる力の向き

たいせつポイント てこの３点
- **支点**…てこを支える点　**力点**…てこに力をくわえる点
- **作用点**…物に力がはたらく（作用する）点

2 3点の位置と力

1 考えよう 物を楽にもち上げるには，てこの力点の位置をどうすればよい？

正しいのは？
- A なるべく支点に近づける。
- B なるべく支点から遠ざける。
- C 支点と同じ位置にする。

実験 てこの支点と作用点の位置は変えずに，力点の位置だけを変えて支点から遠ざけていき，砂ぶくろをもち上げてみます。

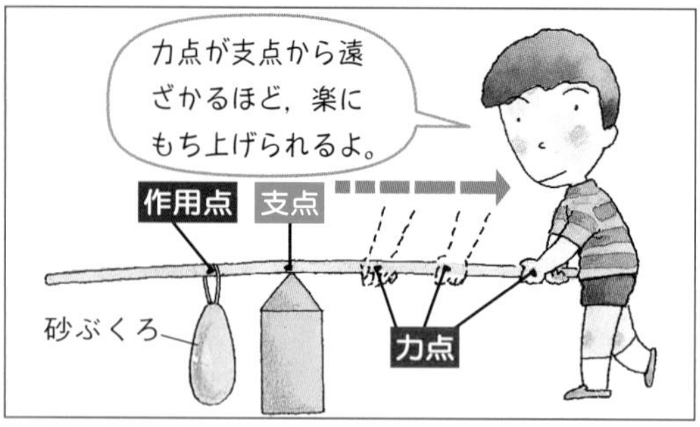

力点が支点から遠ざかるほど，楽にもち上げられるよ。
作用点
支点
砂ぶくろ
力点

● 実験の結果は，つぎのようになります。

① 力点が支点に近いほど，力点に大きな力をくわえないと，砂ぶくろはもち上がらない。

② 力点が支点から遠いほど，力点にくわえる力は小さくてすむ。

● このように，力点が支点から遠ざかるほど，小さな力で物を動かすことができます。 答 B

2 考えよう 作用点の位置だけを変えると，力点にくわえる力はどうなるか。

正しいのは？
- A 作用点が支点に近いほど，小さな力ですむ。
- B 作用点の位置を変えても，くわえる力は同じ。
- C 作用点が支点から遠いほど，小さな力ですむ。

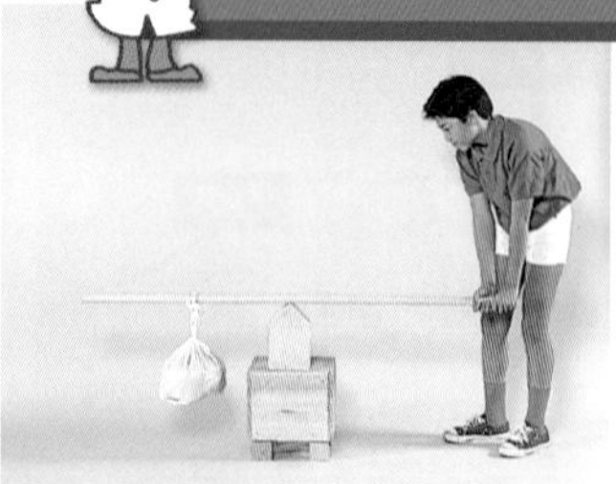

実験 てこの力点と支点の位置は変えずに，作用点の位置だけを変えて支点から遠ざけていき，砂ぶくろをもち上げてみます。

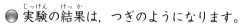

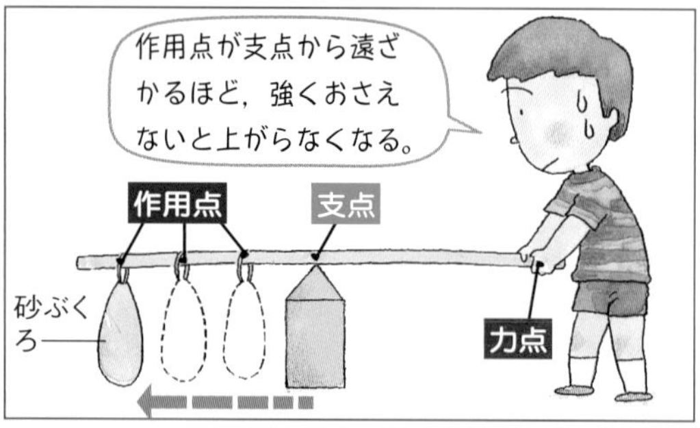

作用点が支点から遠ざかるほど，強くおさえないと上がらなくなる。
作用点
支点
砂ぶくろ
力点

● 実験の結果は，つぎのようになります。

① 作用点が支点に近いほど，力点にくわえる力は小さくてすむ。

② 作用点が支点から遠いほど，力点に大きな力をくわえないと，砂ぶくろはもち上がらない。

● このように，作用点が支点に近づくほど，小さな力で物を動かすことができます。 答 A

3 考えよう 支点の位置だけを変えると，力点にくわえる力はどうなるだろう。

正しいのは？

Ⓐ 支点が作用点から遠いほど，小さな力ですむ。
Ⓑ 支点が力点に近いほど，小さな力ですむ。
Ⓒ 支点が力点から遠いほど，小さな力ですむ。

実験 てこの力点と作用点の位置は変えずに，支点の位置だけを変えて力点から遠ざけていき，砂ぶくろをもち上げてみます。

● 実験の結果は，つぎのようになります。

① 支点が力点に近いほど，力点に大きな力をくわえないと，砂ぶくろはもち上がらない。

② 支点が力点から遠いほど，力点にくわえる力は小さくてすむ。

● このように，支点が力点から遠ざかる（作用点に近づく）ほど，小さな力で物を動かすことができます。　答 Ⓒ

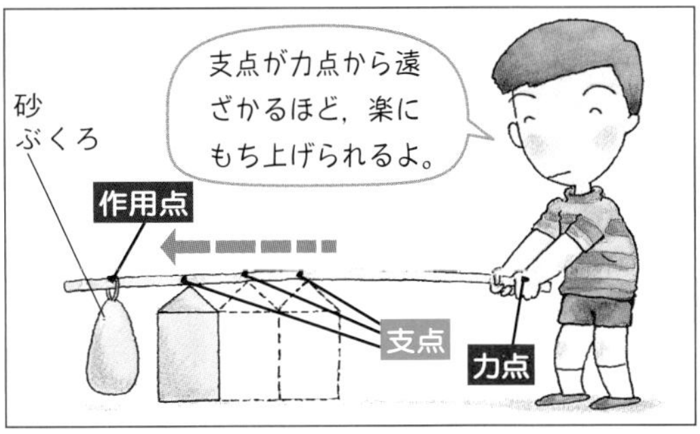

4 考えよう てこの3点間のきょりと，力点にくわえる力の大きさの関係は？

正しいのは？

Ⓐ 力点と支点の間が長いほど，大きな力がいる。
Ⓑ 力点と支点の間が長いほど，小さな力ですむ。
Ⓒ 支点がまん中にあるとき，大きな力がいる。

● これまでの3つの実験から，てこの3点（支点，力点，作用点）の間のきょりと，物を動かすために力点にくわえる力の大きさには，右の図のような関係があることがわかります。

● このように，てこを使うときは，作用点と支点の間のきょりにくらべて，力点と支点の間のきょりが長くなるほど，物を動かすために力点にくわえる力は少なくてすみます。

● このことは，つり下げたてこや，作用点が動かす物の下にあるてこ（→ p.125）でも同じです。　答 Ⓑ

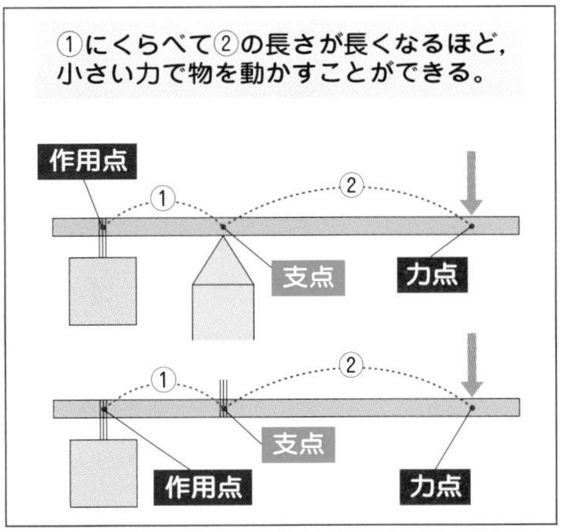

たいせつポイント てこの3点の位置と力｛力点と支点の間が長いほど，小さい力で物が動く。作用点と支点の間が長いほど，大きい力が必要。

教科書のドリル

答え → 別冊12ページ

1 下の図のように，バケツに石をいっぱい入れて，そのバケツをもち上げようと思います。あとの問いに答えなさい。

(1) 図のア～エで，バケツを楽にもち上げられるものを2つ選(えら)び，記号で答えなさい。

(　　　)(　　　)

(2) (1)で選んだもののようなしくみを何といいますか。(　　　　　)

2 下の図のように，ぶらさげた棒(ぼう)を使って，石の入ったバケツをもち上げます。次の問いに答えなさい。

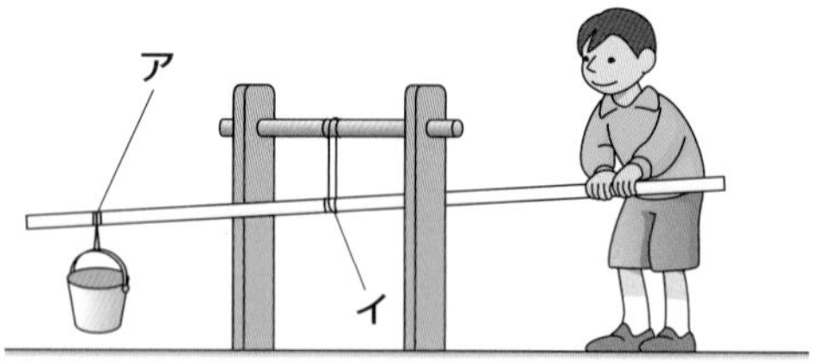

(1) 棒が，アのバケツと，イのひもにかける力は，上向きですか。それとも下向きですか。それぞれ答えなさい。

ア(　　　　　)　イ(　　　　　)

(2) バケツに入った石を，半分だけとりのぞき，バケツを軽くしました。このとき，棒がイのひもにかける力は大きくなりますか。それとも小さくなりますか。

(　　　　　)

3 下の図のように，棒と支(ささ)えを使って砂(すな)ぶくろをもち上げます。次の問いに答えなさい。

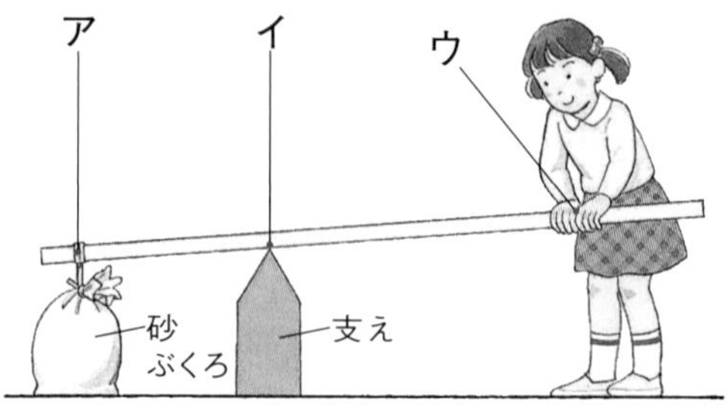

(1) 図の中のア～ウの3点の名前をそれぞれ答えなさい。

ア(　　　　　)　イ(　　　　　)
ウ(　　　　　)

(2) 砂ぶくろがもち上がったとき，イの支(ささ)えには，どのような力がかかっていますか。すべて答えなさい。

(　　　　　　　　　)

(3) 砂ぶくろをもっと楽にもち上げるためには，砂ぶくろをつるす点をアからどちらに動かせばよいですか。左・右のどちらかで答えなさい。(　　　)

(4) 砂ぶくろをもっと楽にもち上げるためには，棒を支える点をイからどちらに動かせばよいですか。左・右のどちらかで答えなさい。(　　　)

(5) 砂ぶくろをもっと楽にもち上げるためには，手でおす点をウからどちらに動かせばよいですか。左・右のどちらかで答えなさい。(　　　)

(6) てこに力をくわえたときに，ア～ウのうち動かない点はどこですか。すべて選び，記号で答えなさい。なければ「なし」と答えなさい。(　　　　)

3 てこのつり合い

1

考えよう　力の大きさは，どのようにして表すことができるだろうか。

正しいのは？
- A 物の重さにおきかえて表せる。
- B 物の長さにおきかえて表せる。
- C 物の面積におきかえて表せる。

● 写真のように，はかりに50gぶんの重さのおもりをのせると，はかりの目もりは50gをさします。つぎに，はかりの目もりが50gをさすように，手で台をおします。このとき，**はかりをおした力の大きさは，上においたおもりの重さと同じ**だといえます。

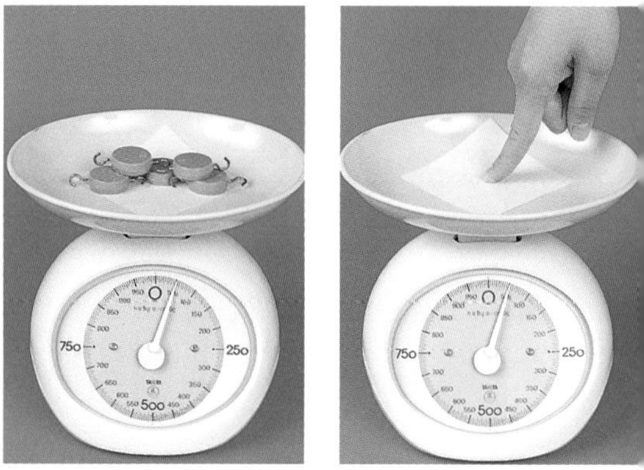

● これまでは，てこを使って物を動かすのに必要な力の大きさを，「大きい力」だとか「小さい力」だとかいうように表してきました。しかし，「大きい」か「小さい」かは，人によって感じ方がちがいます。

● そこで，**力の大きさを，物の重さにおきかえて表します**。右の写真では，手ではかりをおしている力の大きさは，50gぶんの重さと同じです。 答 A

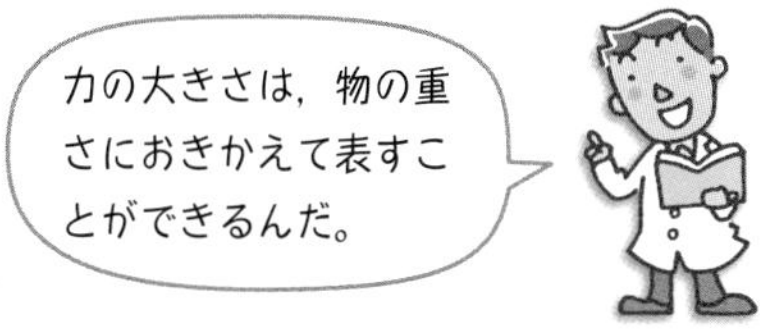
力の大きさは，物の重さにおきかえて表すことができるんだ。

2

考えよう　実験用てこに，おもりをつるさないとき，てこはどうなるか。

正しいのは？
- A 右うでが下がるようにしてある。
- B 左うでが下がるようにしてある。
- C 水平に止まるようにしてある。

● てこの性質を調べる装置に，**実験用てこ**（てこ実験器）とよばれるてこがあります。

● 実験用てこは，**支点が棒の中心に固定されています。そして，おもりをつるさないときには，棒が水平のまま止まるようになっています**。このように，棒**が水平のまま止まっている状態をつり合っている**といいます。

● 支点を中心にして，**棒の左右それぞれ**を**うで**といいます。左右のうでには番号が書いてあり，番号の下に，おもりがつり下げされるようになっています。**番号は，支点からのきょりを表しています**。 答 C

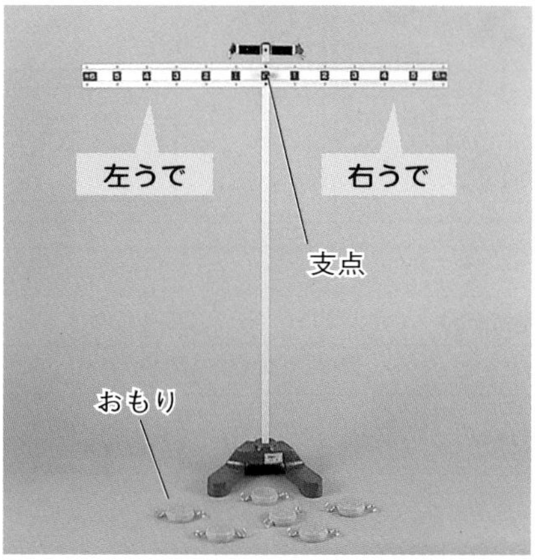
左うで
右うで
支点
おもり

実験用てこ

3 考えよう てこのつり合いは，つるすおもりの重さによって変わるだろうか。

正しいのは？
- A 支点から同じきょりなら，重いほうが下がる。
- B 支点から同じきょりなら，軽いほうが下がる。
- C 重さによっては，変わらない。

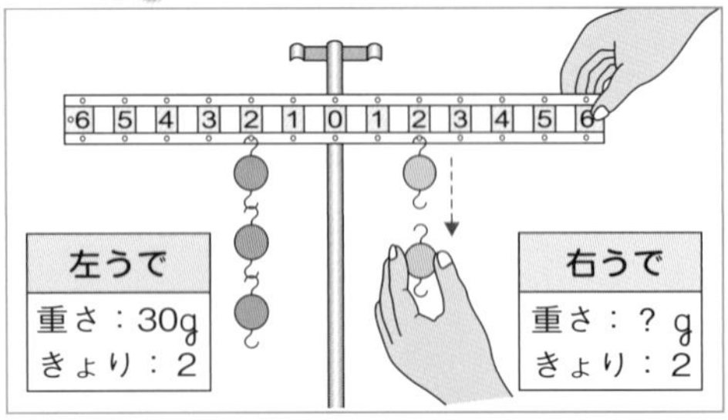

左	うで	右					
30	重さ(g)	10	20	30	40	50	60
2	きょり	2	2	2	2	2	2
	つり合い						

実験 実験用てこの，左うでの２番に10gのおもりを３個つるします。右うでの２番に，10gのおもりを１個ずつつるしていき，つるした個数と，てこのつり合いの関係を調べます。

● 実験の結果は，左の表のようになります。

● このように，支点からきょりが同じところ(同じ番号のところ)におもりをつるすと，重いほうのうでが下がります。

● また，このとき両うでのおもりの重さが同じなら，てこはつり合います。

答 A

4 考えよう てこのつり合いは，おもりをつるす位置によって変わるだろうか。

正しいのは？
- A 同じ重さなら，支点から近いほうが下がる。
- B 同じ重さなら，支点から遠いほうが下がる。
- C 支点からのきょりによっては，変わらない。

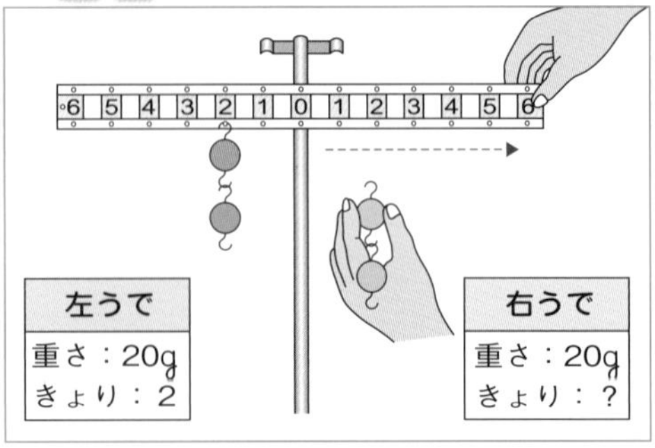

左	うで	右					
20	重さ(g)	20	20	20	20	20	20
2	きょり	1	2	3	4	5	6
	つり合い						

実験 実験用てこの，左うでの２番に10gのおもりを２個つるします。このとき，右うでの１番に10gのおもりを２個つるして，つり合いを調べます。さらに，右うでのおもりを１番から６番までずらしていって，つるした場所と，つり合いの関係を調べます。

● 実験の結果は，左の表のようになります。

● このように，同じ重さのおもりをてこにつるすと，支点からのきょりが遠い(番号が大きい)ほうのうでが下がります。

● また，このとき両うでのおもりをつるした場所が，支点から同じきょり(同じ番号)なら，てこはつり合います。

答 B

5 考えよう

左に2個(こ)，右に1個のおもりで，つり合わせることはできるだろうか。

正しいのは？
- A つり合わせることはできない。
- B 右のおもりを支点(してん)に近づければよい。
- C 右のおもりを支点から遠ざければよい。

実験 実験用(じっけんよう)てこの，左うでの２番に10gのおもりを２個(こ)つるします。右うでの１番に10gのおもりを１個つるし，右うでのおもりをずらしていって，つり合いを調べます。

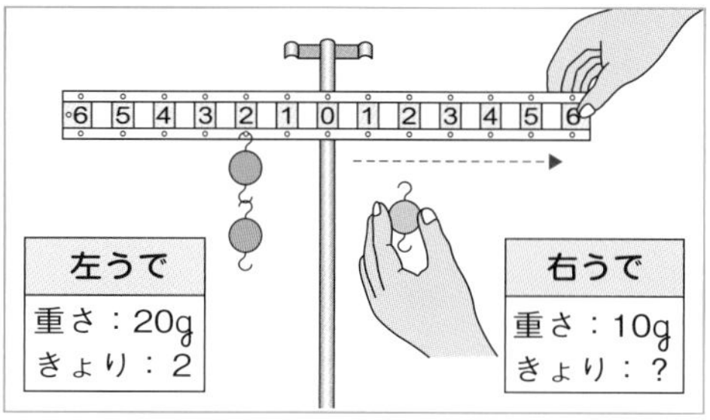

● この実験を行うと，表のように，10g のおもり１個を右うでの４番につるしたときに，ちょうどつり合います。

左	うで	右					
20	重さ(g)	10	10	10	10	10	10
2	きょり	1	2	3	4	5	6
	つり合い						

● このように，左右につるした重さがちがっても，おもりの位置(いち)を変(か)えればつり合うことがあります。

● つり合っているときには，重いおもりのほうが，支点に近く(小さい番号に)なっています。 **答 C**

6 考えよう

てこのうでをかたむけるはたらきは，どのように表せるのだろうか。

正しいのは？
- A おもりの重さ＋支点からのきょり。
- B おもりの重さ×支点からのきょり。
- C おもりの重さ÷支点からのきょり。

● てこの，うでをかたむけるはたらきの大きさは，

　おもりの重さ×支点からのきょり(位置の番号)

で表すことができます。

● てこがつり合うのは，これが左右で同じになる，

左うで		右うで	
(おもりの重さ) × (支点からのきょり)	＝	(おもりの重さ) × (支点からのきょり)	

のときです。もしちがっていれば，かたむけるはたらきが大きいほうが下にかたむきます。

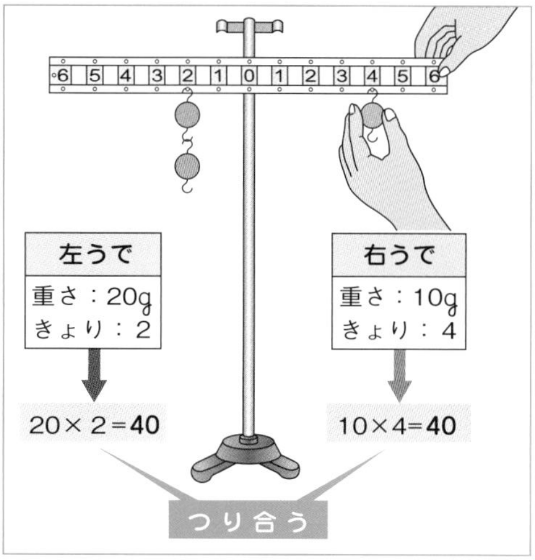

● このことから，おもりが重かったり，支点からおもりが遠かったりするほうが下がることがわかります。

答 B

たいせつポイント

てこのうでをかたむけるはたらき ｛ おもりの重さ×支点(してん)からのきょり / 大きいほうが下がる。左右同じでつり合う。

7 10gのおもりを左の2番に5個，右の3番に4個つるすとどうなるか。

正しいのは？

A 右うでが下にかたむく。
B 左うでが下にかたむく。
C てこがつり合う。

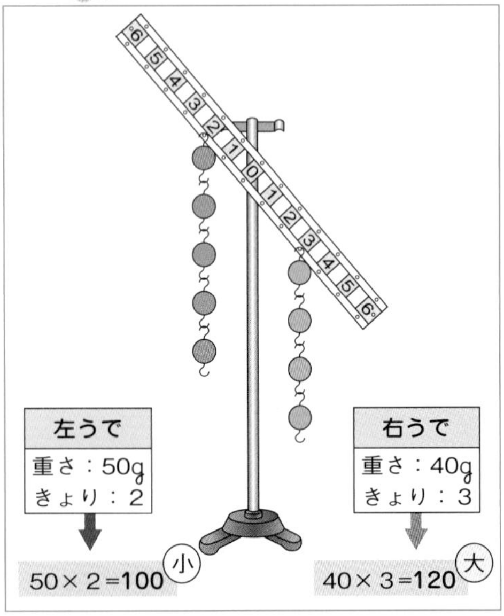

● てこをかたむけるはたらきは，

おもりの重さ×支点からのきょり

で表すことができます。

● 左うでのおもりがてこをかたむけるはたらきは，

重さ50g，きょりが2なので，50×2＝100

になっています。

● 一方，右うでのおもりがてこをかたむけるはたらきは，

重さ40g，きょりが3なので，40×3＝120

となります。

● 両うでのかたむけるはたらきをくらべると，左うでが100，右うでが120になり，右うでをかたむけるはたらきのほうが大きいので，右うでが下がります。

答 A

8 10gのおもりを左の6番に1個，右に2個つるしてつり合わせるには？

正しいのは？

A 右のおもりを5番につるす。
B 右のおもりを3番につるす。
C つり合わせることはできない。

左	うで	右					
10	重さ(g)	20	20	20	20	20	20
6	きょり	1	2	3	4	5	6
60	かたむけるはたらき	20	40	60	80	100	120

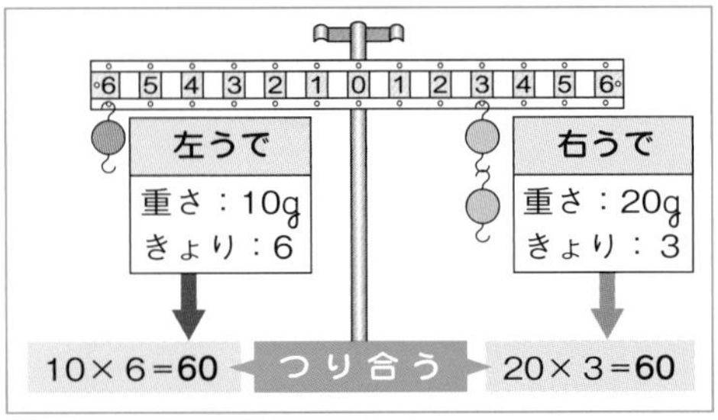

● このとき，おもりが左うでをかたむけるはたらきは，

重さ10g，きょりが6なので，10×6＝60

になっています。そのため，右うでをかたむけるはたらきが，60になる位置(いち)につるせばつり合うことがわかります。

● 右うでの，それぞれの番号におもりをつるしたときのかたむけるはたらきは，左の表のようなります。

● 右のおもりを3番につるすと，右うでをかたむけるはたらきは，

重さ20g，きょりが3なので，20×3＝60

となり，左うでをかたむけるはたらきと同じになるので，てこがつり合います。

答 B

9 考えよう 片方のうでの2か所におもりをつるすと，かたむけるはたらきは？

正しいのは？

- A 両方のおもりを遠いほうにつるしたのと同じ。
- B 両方のおもりを近いほうにつるしたのと同じ。
- C おもりごとに計算して，たし合わせたものと同じ。

● 片方のうでの2か所以上につるしたとき，かたむけるはたらきを求めるには，それぞれのおもりの位置で計算して，すべてをたし合わせます。

● 10gのおもりを，左うでの2番と4番にそれぞれ1個ずつつるし，同じおもりを右うでの1番に6個つるした場合について考えてみましょう。

● まず，このときに右うでをかたむけるはたらきは，

60×1＝60です。

● 左の2番につるしたおもりのかたむけるはたらきは，

重さ10g，きょりが2なので，10×2＝20

で，左の4番につるしたおもりのかたむけるはたらきは，

重さ10g，きょりが4なので，10×4＝40

となります。そのため，これをたし合わせた，

20+40=60

が，左うでをかたむけるはたらきになります。

● 左右で同じなので，てこはつり合います。　答 C

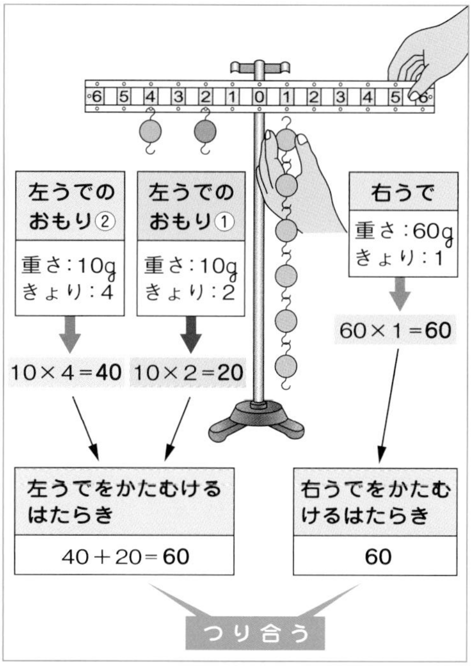

10 考えよう てこで物をもち上げるとき，支点から力点までのきょりを2倍にすると？

正しいのは？

- A 力点に必要な力が2倍になる。
- B 力点に必要な力が半分になる。
- C 力点に必要な力は変わらない。

● 右の図のようなてこで砂ぶくろをもち上げるとき，支点から作用点までのきょりと，支点から力点までのきょりが同じ(ア)なら，砂ぶくろの重さと同じ力が必要です。

● しかし，支点から力点までのきょりを2倍にする(イ)と，手でおす力は，砂ぶくろの重さの半分ですみます。

● このように，実験用てこ以外のてこでも，かたむけるはたらきを使って考えられます。　答 B

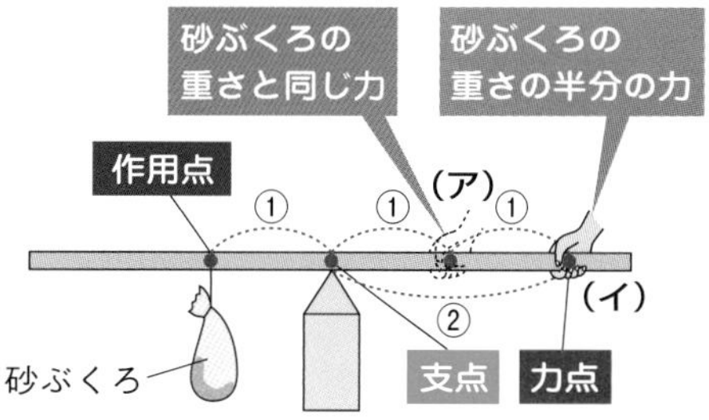

たいせつポイント

てこのうでをかたむけるはたらき
- おもりの位置ごとに計算して，たし合わせる。
- 実験用てこ以外のてこでも，あてはまる。

教科書のドリル

答え → 別冊12ページ

1 下の図は，てこのつり合いについて調べるための実験用てこです。次の問いに答えなさい。

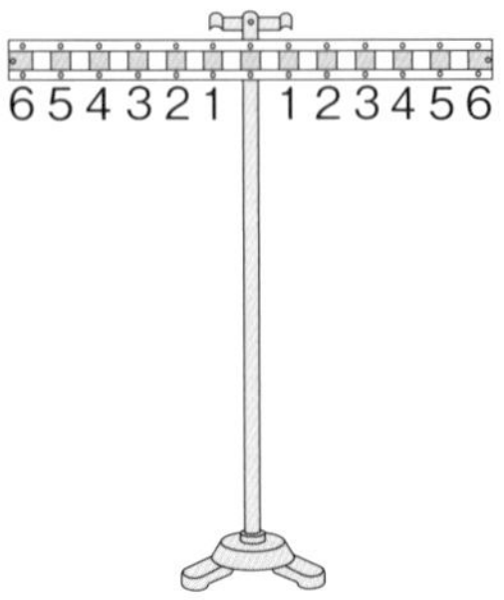

(1) 次の文章の（　）にあてはまることばをそれぞれ答えなさい。

実験用てこのうでが（　　　　）に（　　　　）いることを，つり合っているという。

(2) 実験用てこの，右うでと左うでの長さはどちらが長いですか。長いほうを答えなさい。同じなら「同じ」と答えなさい。

（　　　　）

(3) 実験用てこの左右のうでには，それぞれ番号が付けられています。支点から右うでの２番までのきょりが８cmのとき，支点から左うでの３番までのきょりはいくらですか。答えなさい。

（　　　　cm）

2 下の図のような実験用てこを使い，てこのつり合いを調べました。次の問いに答えなさい。

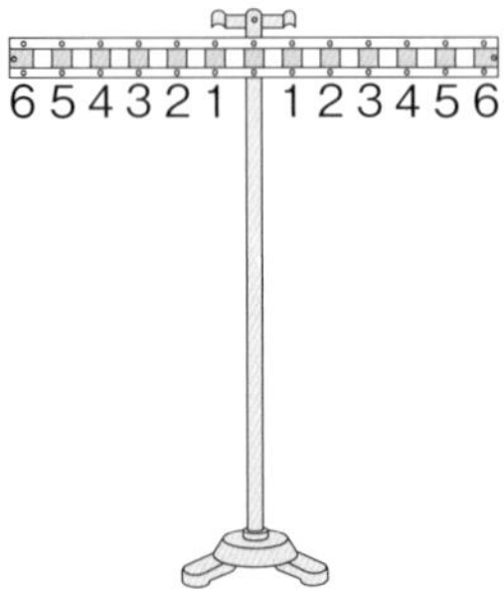

(1) 左うでの４番に10gのおもりをつるしたとき，右うでのどこに10gのおもりをつるせばつり合いますか。

（　　　　番）

(2) 左うでの６番に10gのおもりを２個つるしたとき，右うでの６番に10gのおもりを何個つるせばつり合いますか。

（　　　　個）

(3) 左うでの２番に10gのおもりを２個つるし，右うでの２番に10gのおもりを１個つるしたとき，どのようになりますか。

（　　　　　　　　）

(4) てこがつり合うのは，左右のうでをかたむけるはたらきが等しいときです。左右のうでをかたむけるはたらきは何によって決まりますか。次のア～エから１つ選び，記号で答えなさい。

（　　　　）

ア　おもりの重さ
イ　支点からおもりまでのきょり
ウ　おもりの重さ×支点からのきょり
エ　おもりの重さ÷支点からのきょり

教科書のドリル

答え → 別冊13ページ

1 下の図のような実験用てこを使い，てこのつり合いを調べるため，左うでの３番に10gのおもり２個をつるしました。次の問いに答えなさい。

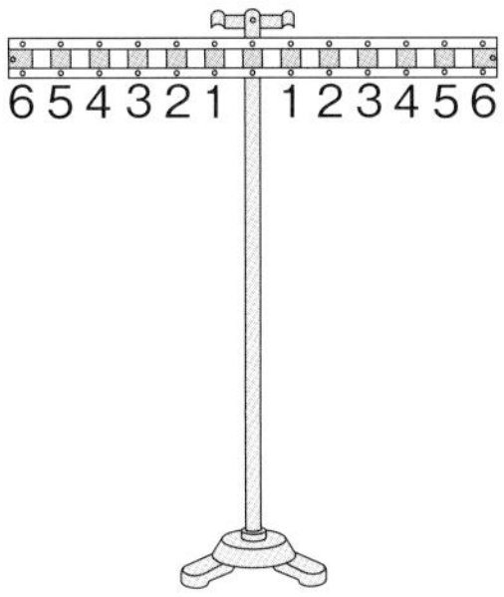

(1) このとき，左うでをかたむけるはたらきはいくらですか。

(　　　　　)

(2) 右うでのどこかに10gのおもりを３個つるして，つり合わせようと考えました。それぞれの番号の位置につるしたとき，右うでをかたむけるはたらきはいくらになりますか。下の表のあいているところをうめなさい。

おもりの重さ(g)	支点からのきょり	かたむけるはたらき
30	1	30
30	2	
30	3	
30	4	
30	5	
30	6	180

(3) この実験では，右うでのある番号の所に10gのおもりを３個つるしたところ，つり合いました。つるしたのは何番の位置ですか。

(　　　　　番)

2 実験用てこを使い，てこのつり合いを調べました。次の問いに答えなさい。

(1) 左うでの３番に10gのおもりを４個つるし，右うでの２番に10gのおもりを６個つるしたとき，どのようになりますか。

(　　　　　)

(2) 左うでの２番に10gのおもりを４個つるしました。また，右うでの５番に10gのおもりを２個つるしました。このとき，それぞれのうでをかたむけるはたらきを答えなさい。

左うで(　　　　　)

右うで(　　　　　)

(3) 左うでの４番に10gのおもりを３個つるしました。おもりを右うでの３番にもつるしてつり合わせるためには，何個つるせばよいですか。

(　　　　　個)

3 実験用てこに，下の図のようにおもりをつるし，てこのつり合いを調べました。次の問いに答えなさい。ただし，おもりはすべて１個10gとします。

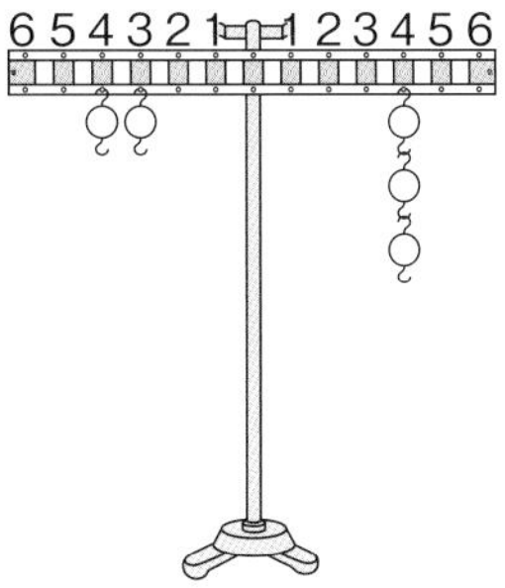

(1) それぞれのうでをかたむけるはたらきを答えなさい。

左うで(　　　　　)

右うで(　　　　　)

(2) 左右どちらか片方のうでに，10gのおもりをさらに１個つるしたところ，つり合いました。どちらのうでの何番につるしましたか。

(　　　　　)

4 いろいろなてこの利用

1 考えよう

くぎぬき(バール)で楽にくぎをぬくには，どうすればいいか。

正しいのは？

Ⓐ まん中あたりをもって使う。
Ⓑ なるべくはしのほうをもって使う。
Ⓒ なるべくくぎに近いほうをもって使う。

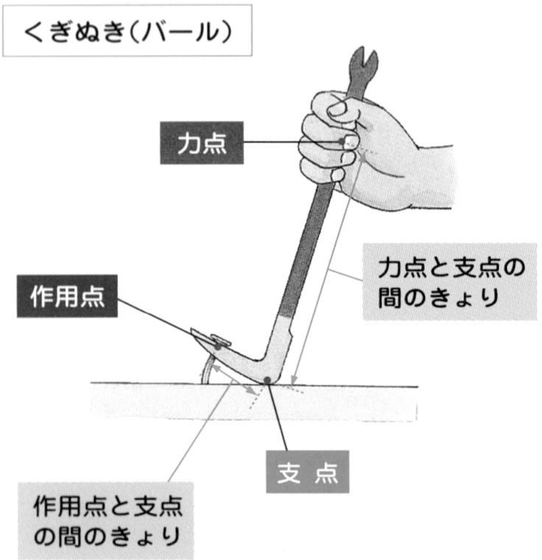

● くぎぬき(バール)は，てこを利用した道具で，左の図のようにして使います。

● 手でもって力をくわえる点が力点で，板と接している点が支点，くぎを引く点が作用点です。

● くぎぬきもてこなので，作用点と支点の間のきょりにくらべて，力点と支点の間のきょりが長いほど，小さい力でくぎをぬくことができます。

● くぎぬきの場合，作用点と支点の間のきょりはほぼ一定なので，なるべくはしのほうをもって，力点を支点から遠ざけると，楽にくぎがぬけます。

● このほかにも，はさみやペンチなども同じようなしくみのてこです。

答 Ⓑ

2 考えよう

せんぬきで王かんを開けるとき，支点・力点・作用点はどういう並びか。

正しいのは？

Ⓐ 支点ー力点ー作用点の並び。
Ⓑ 力点ー支点ー作用点の並び。
Ⓒ 支点ー作用点ー力点の並び。

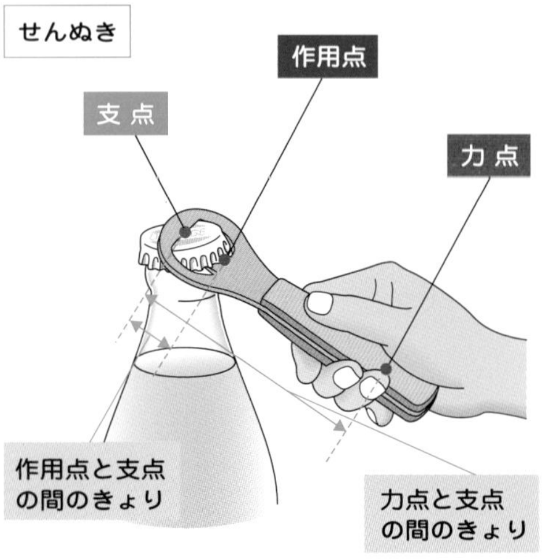

● 飲み物の入ったびんに，王かんでせんがしてあるときは，手ではとてもかたくて開けることができません。そこで，せんぬきという，てこを利用した道具を使います。

● せんぬきは，くぎぬきとはちがい，支点ー作用点ー力点の順番に並んでいます。この順番でも，支点と力点のきょりよりも，支点と作用点のきょりが短いので，力点にくわえた力よりも大きい力を王かんにかけることができるのです。

● このようなてこでは，力点にくわえた力の向きと，作用点にかかる力の向きが同じになります。

● ほかに，空きかんつぶし器なども，同じしくみのてこです。

答 Ⓒ

3 考えよう　パンばさみを使うと，パンにかかる力は大きくなるのだろうか。

正しいのは？
- Ⓐ 手のくわえた力より大きくなる。
- Ⓑ 手のくわえた力より小さくなる。
- Ⓒ 手のくわえた力とほぼ同じ。

● 給食の時間やパン屋さんで使う**パンばさみ(トング)**や，**ピンセット**なども，てこのひとつです。

● パンばさみは，つけねから**支点－力点－作用点の順番に並んでいます**。このとき，支点と力点のきょりよりも，**支点と作用点のきょりが長い**ので，作用点には，**力点に加えた力よりも小さな力**しかかかりません。そのため，手で直接もつよりも，ていねいにとりあつかうことができます。

● また，このてこは，**力点の動きよりも，作用点の動きのほうが大きい**ので，手を少し動かしただけで，はさむ部分を**大きく開け閉めすることができます**。

● このようなてこでも，**力点にくわえる力と，作用点にかかる力の向きは同じ**になります。　答 Ⓑ

パンばさみ（トング）

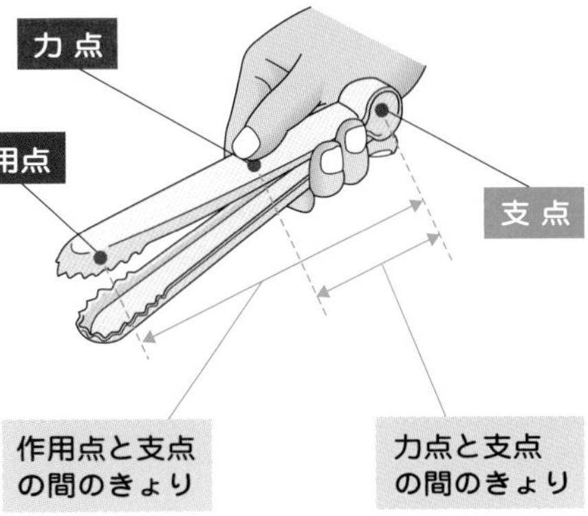

4 考えよう　自動車のハンドルを小さくすると，回すときの手ごたえはどうなる？

正しいのは？
- Ⓐ 変わらない。
- Ⓑ 軽くなって，回しやすくなる。
- Ⓒ 重くなって，回しにくくなる。

● てこによく似たしくみに**輪じく**があります。輪じくは，**小さなじくに，大きな円板(輪)をくっつけた**ものです。

● 大きい輪を小さい力で回しても，じくは大きな力で回ります。つまり**輪じくでも，小さな力を使って大きな力をはたらかせることができる**のです。

● そのため，**自動車のハンドル**や**ギア**，**ドライバー**，**水道のじゃ口**など，身のまわりのいろいろなものに利用されています。　答 Ⓒ

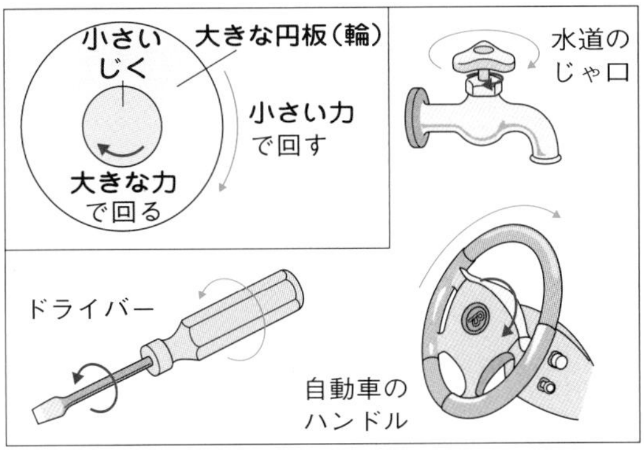

たいせつポイント　てこの利用
- くぎぬきやせんぬき…はしをもつと小さな力ですむ。
- パンばさみ…手を少し動かしても，はさむ部分が大きく動く。

5 考えよう 上皿てんびんの，支点と皿のきょりは，左右どちらのほうが長いのだろうか。

正しいのは？

- **A** 左うでのほうが長い。
- **B** 右うでのほうが長い。
- **C** どちらのうでの長さも同じ。

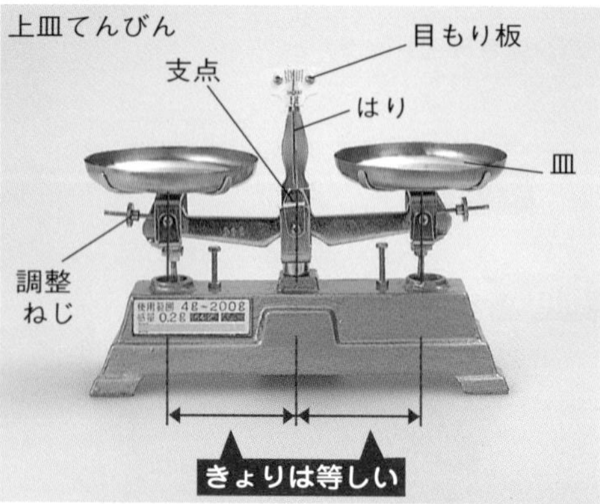

● つり合っているてこの左右のうでに，支点から同じきょりで，同じ重さの物をつるせばつり合ったままで，ちがう重さのものをつるすと重いほうが下がります。

● 両方のうでの，支点から同じきょりに皿などをつけて，**物の重さをくらべやすくしたてこ**を，**てんびん**といいます。**上皿てんびん**もてんびんの一種です。

● てんびんの片方のうでに，重さのわかっている**分銅**をのせれば，**物の重さをはかることもできます**。

答 C

6 考えよう さおばかりは，どのようにして重さをはかる道具だろうか。

正しいのは？

- **A** おもりの重さを変えてはかる。
- **B** おもりと支点のきょりを変えてはかる。
- **C** さおの長さを変えてはかる。

さおばかり

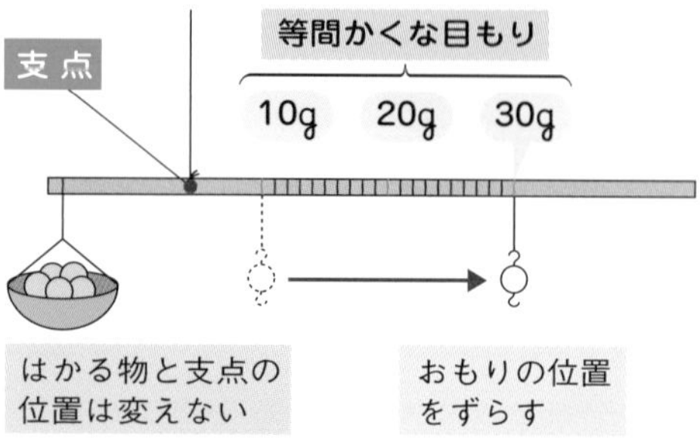

さおばかりの使い方

● **さおばかり**は，てこの一種で，**支点とおもりのきょりを変えて重さをはかるはかり**です。

● さおばかりの片うでには物をぶら下げる皿やふくろが固定されていて，もう片方のうでに目もりがふってあります。**目もりがあるほうのうでには，おもりがつるされていて，そのおもりが左右にずらせるようになっています**。

● はかりたい物を皿の上にのせて，反対側のうでにつるされたおもりをずらしていきます。ちょうど**つり合ったとき，おもりがある位置の目もり**が，**皿の上にある物の重さ**を表しています。

● てんびんもさおばかりも，どちらも2000年以上前から使われている，歴史の長いはかりです。

答 B

もっとくわしく さおばかりの目もり…ふつう，さおばかりの目もりは，**支点で0になるわけではありません**。さおばかりは，さお（棒）の中心ではないところをつるしているので，**さお自身の重さ**が，さおをかたむけるからです。

教科書のドリル

答え → 別冊13ページ

1 てこを利用した道具について，正しければ○，まちがっていれば×を，それぞれ答えなさい。

(1) はさみは，てこを利用した道具である。 (　　)

(2) てこの支点は，かならずまん中にくる。 (　　)

(3) せんぬきでは，支点から遠くに力をかけたほうが，くわえる力が小さくてすむ。 (　　)

(4) 自動車のハンドルにかける力を小さくすませるには，ハンドルを小さくすればよい。 (　　)

(5) 上皿てんびんの，支点から皿までのきょりは，左右で等しい。 (　　)

2 くぎぬき(バール)は，てこを利用した道具です。下の図のように，くぎぬきでくぎをぬくとき，図の中のア～ウの点は，それぞれ，てこの３点のどれにあたりますか。名前を答えなさい。

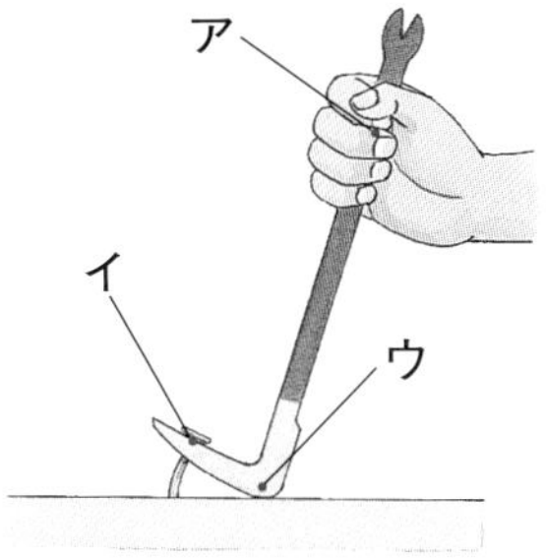

ア (　　)

イ (　　)

ウ (　　)

3 下の図は，せんぬきとパンばさみ(トング)です。これらは，どちらもてこを利用した道具です。これについて，次の問いに答えなさい。

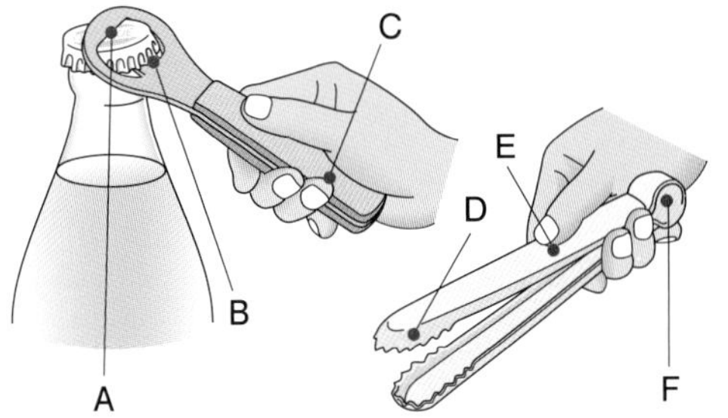

(1) A～Fはそれぞれ，てこの３点のどれにあたりますか。答えなさい。

A (　　)　B (　　)

C (　　)　D (　　)

E (　　)　F (　　)

(2) それぞれの道具にあてはまることを，次のア～エから２つずつ選んで答えなさい。

せんぬき (　　)(　　)

パンばさみ (　　)(　　)

ア　力点の力よりも作用点の力が大きい。

イ　力点の力よりも作用点の力が小さい。

ウ　力点よりも作用点が大きく動く。

エ　力点よりも作用点が小さく動く。

4 次の文の(　)にあてはまることばを書きなさい。

(1) ドライバーや自動車のハンドルのように，じくに大きい円板や輪をくっつけたものを(　　)という。

(2) てこの片方のうでに物をぶら下げる皿などをつるし，もう片方のうでにおもりをつるして左右に動かせるようにしたはかりを，(　　)という。

テストに出る問題

答え → 別冊13ページ
時間30分　合格点80点　得点 ／100

1 右の図のようなてこを使って，小さな力で物を動かすための実験をおこないました。次の問いに答えなさい。　［合計25点］

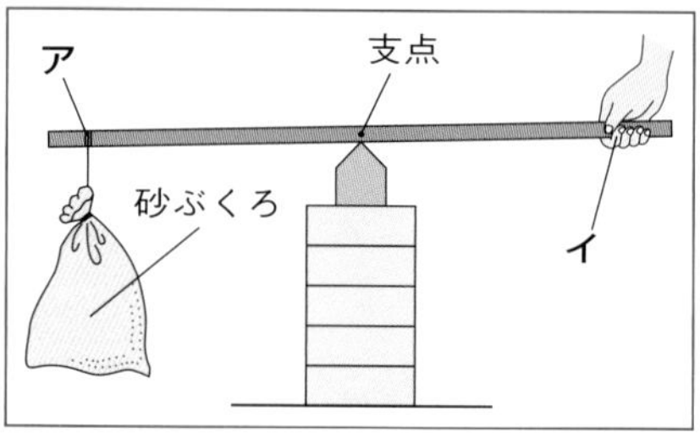

(1) 図の中のア，イの点をそれぞれ何といいますか。
［各3点］ ア〔　　　〕
イ〔　　　〕

(2) 次の①～③で，最も小さな力で砂ぶくろをもち上げられるものを，㋐～㋒からそれぞれ選び，記号で答えなさい。　［各3点］ ①〔　　　〕 ②〔　　　〕 ③〔　　　〕

①アの位置だけ変える。　②支点の位置だけ変える。　③イの位置だけ変える。

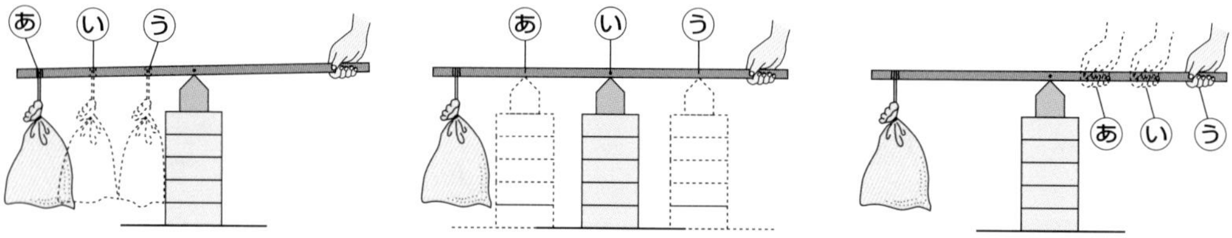

(3) この実験から，次のようなことがわかります。下の文の〔　〕の中に適当なことばを入れなさい。　［各5点］ ①〔　　　〕 ②〔　　　〕

てこでは，支点から〔 ① 〕までのきょりにくらべ，支点から〔 ② 〕までのきょりが長くなるほど，小さい力で物を動かすことができる。

2 実験用てこを使って，てこのつりあいについて調べました。①～⑥で，左うでが下にかたむくものにはア，右のうでが下にかたむくものにはイ，水平につり合うものにはウと答えなさい。　［4点ずつ…合計24点］
①〔　　　〕 ②〔　　　〕 ③〔　　　〕
④〔　　　〕 ⑤〔　　　〕 ⑥〔　　　〕

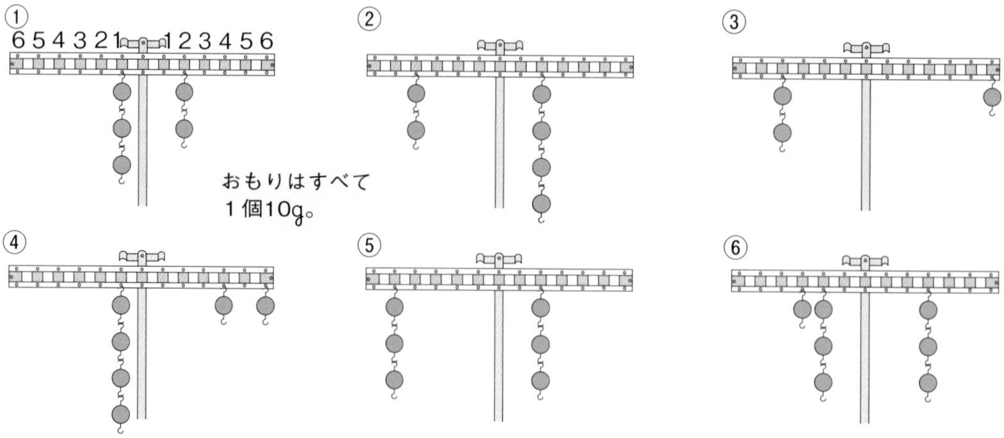

3 実験用てこの左のうでの4番の位置に，10gのおもりを2個つるし，下の①，②の図のように，それぞれ右のうでの1番と5番を指でおさえて，水平につり合わせました。あとの問いに答えなさい。 ［合計16点］

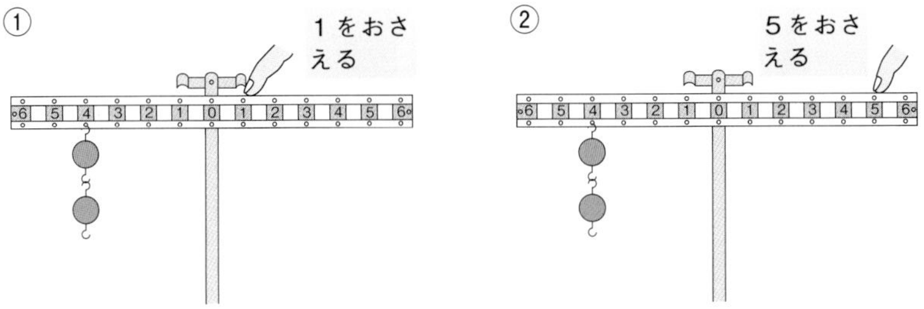

(1) 上の図の①，②で，てこを水平につりあわせるために，指が右のうでに加えている力の大きさは，それぞれ何gぶんですか。 ［各5点］ ①〔　　　g〕 ②〔　　　g〕

(2) 上の図の①で，左のうでの4の所に10gのおもりを2個つるしたまま，右のうでのある所に4個のおもりをつるし，指をはなしたところ，うでは水平につり合いました。4個のおもりは，右のうでのどこにつるしたのですか。番号で答えなさい。 ［6点］〔　　　番〕

4 右の図のようなはさみも，てこを利用した道具です。次の問いに答えなさい。 ［5点ずつ…合計20点］

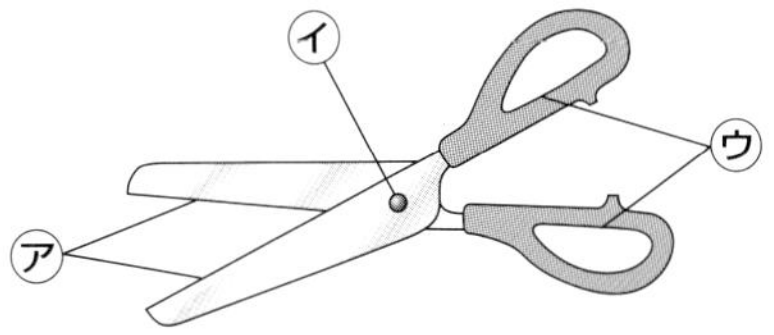

(1) 支点，力点，作用点にあたる所を，それぞれ図の中の㋐～㋒から選び，記号で答えなさい。

支点〔　　〕 力点〔　　〕 作用点〔　　〕

(2) 厚くてかたい紙を楽に切るためには，はさみのどのあたりで紙を切ればよいですか。次のア～エから1つ選び，記号で答えなさい。 〔　　〕

ア　支点に近い所で切る。　　イ　まん中あたりで切る。

ウ　先のほうで切る。　　エ　どこで切っても同じ。

5 右の図は，船のかじを動かすための，操だ輪とよばれる道具です。まん中がじくになっていて，まわりにある輪を回せば，じくも回るようになっています。次の問いに答えなさい。 ［合計15点］

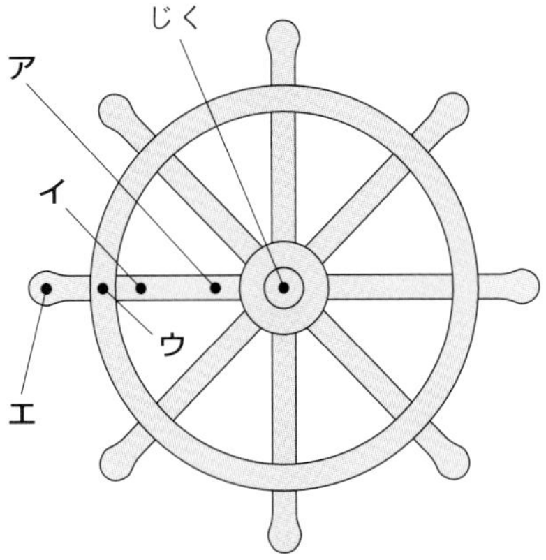

(1) 操だ輪のように，小さなじくに，大きな輪や板をつけたしくみを何といいますか。名前を答えなさい。

［9点］〔　　　〕

(2) 最も小さな力でじくを回すためには，操だ輪のどこに力をかければよいですか。ア～エから1つ選び，記号で答えなさい。 ［6点］〔　　〕

アルキメデスとてこ

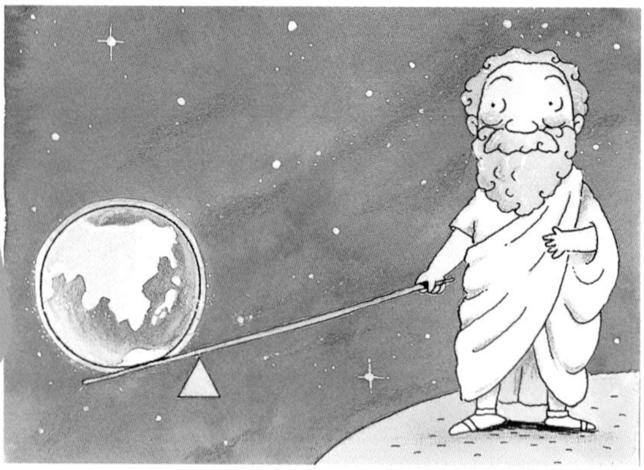

▶アルキメデスは，およそ2300年前，てこのきまりを発見したギリシャの科学者です。

▶あるとき，アルキメデスは言いました。「もしわたしが地球の外に立つことができ，長い棒と適当な支点をあたえてくれるなら，地球を動かしてみせよう。」

▶これを聞いた当時の王様は，びっくりしました。あまりにも話が大きすぎて，信じられなかったのです。そこで，アルキメデスにある命令をしました。

▶「地球ほどではなくても，何かびっくりするほど大きい物を動かしてみせよ。」命令を受けたアルキメデスは，てこのはたらきを使って，港にあった大きな船を片手で陸に上げてみせたそうです。

▶ほかにも，アルキメデスは物が水にうく力を発見したり，円周率がほぼ3.14だと計算したりもしています。

からだの中にもてこがある

▶人間のうでは，曲げたりのばしたり，とても大きく動かすことができます。実は，うでを大きく動かせるのは，てこのはたらきのおかげです。

▶ひじと手のひらの間（前わん）にある骨の，ひじの関節に近い部分にくっついている，かたからのびた筋肉が，骨を引っぱり，うでを動かします。

▶このとき，ひじの関節が支点，筋肉がついている部分が力点，うでの先が作用点になり，骨が棒の役割をしています。支点から力点までにくらべて，支点から作用点までのほうが長いので，大きく動かせるのです。

▶足も，指のつけねが支点，足首が作用点，アキレスけんが骨を引っぱる部分が力点となるてこです。支点から力点までのきょりが長いので，からだ全体を支え，歩いたりすることができるのです。

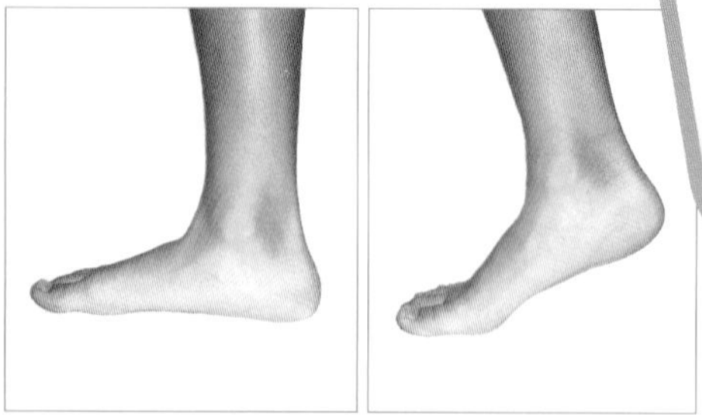

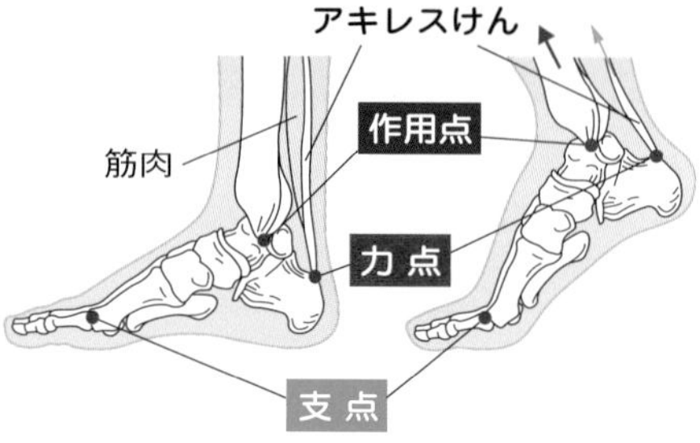

9 電気とその利用

教科書のまとめ

✪ 手回し発電機を回転させると，発電することができる。

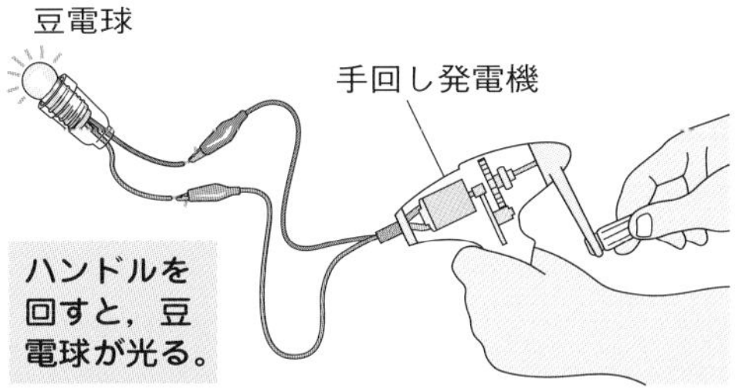

✪ 光電池は，光が当たっているときだけ回路に電流を流す。

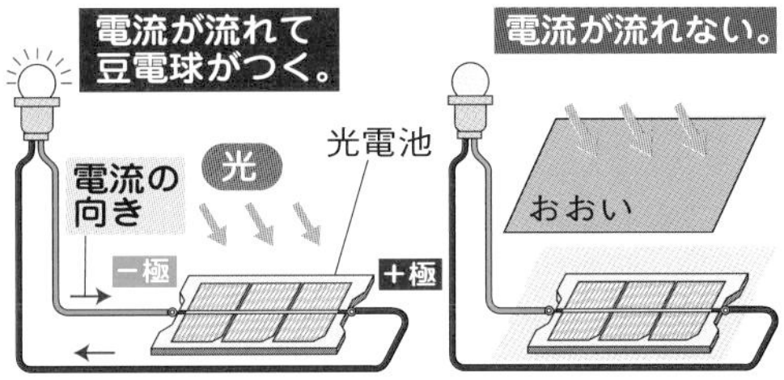

✪ ほとんどの発電所では，大きな発電機を回して発電している。

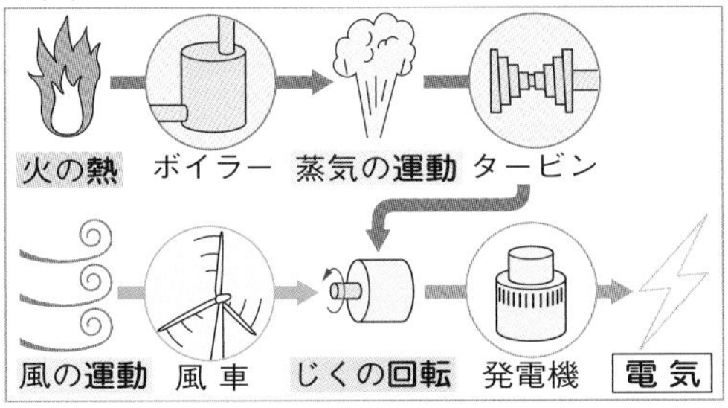

✪ 光電池のはたらきは，光が強いほど大きい。

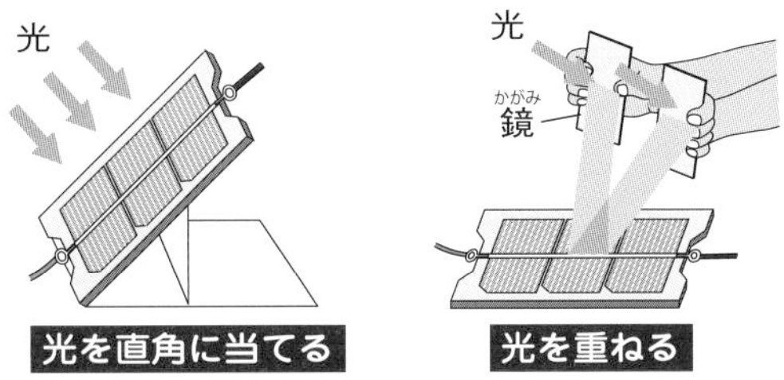

✪ コンデンサーやじゅう電池を使って，電気をたくわえることができる。

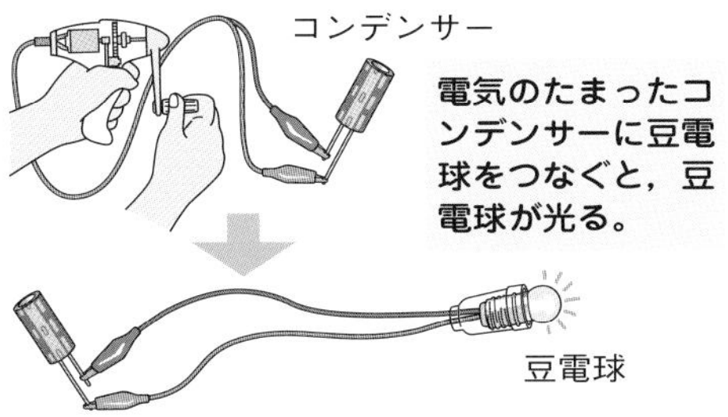

コンデンサー
電気のたまったコンデンサーに豆電球をつなぐと，豆電球が光る。
豆電球

✪ 電気を光や運動，音，熱に変えることができる。

1 発電と電流

1 考えよう

手回し発電機に豆電球をつなぐとどうなるだろうか。

正しいのは？

Ⓐ ハンドルを回さなくても豆電球が光る。

Ⓑ ハンドルを回すとしばらく豆電球が光る。

Ⓒ ハンドルを回している間だけ豆電球が光る。

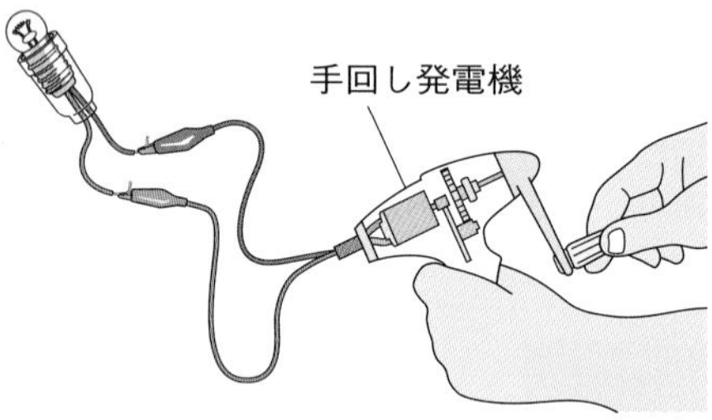

実験 左の図のように，手回し発電機に豆電球をつなぎ，手回し発電機のハンドルを回して豆電球がつくか調べます。また，ハンドルを止めるとどうなるか調べます。

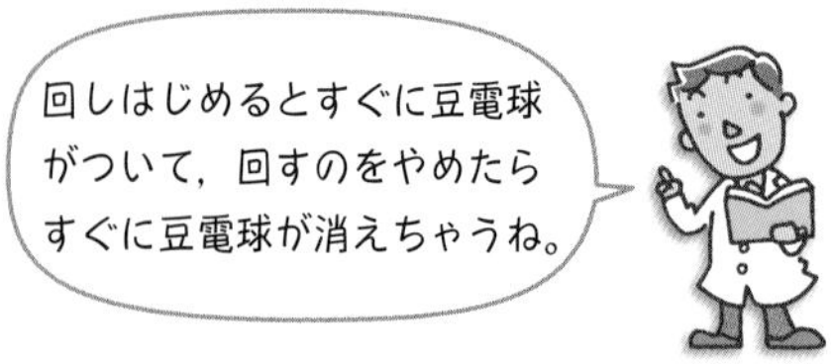

回しはじめるとすぐに豆電球がついて，回すのをやめたらすぐに豆電球が消えちゃうね。

● 豆電球に**手回し発電機**をつないだだけでは，豆電球は光りません。しかし，手回し発電機の**ハンドルを回すと**，豆電球は**すぐに光りはじめます**。

● また，手回し発電機のハンドルを**回すのをやめると，すぐに豆電球が光らなくなります**。

● この実験から，手回し発電機の**ハンドルを回している間だけ，電気が起こっている**ことがわかります。

● このように，電気を起こすことを**発電**といいます。

答 Ⓒ

2 考えよう

手回し発電機に豆電球をつないで，ハンドルを速く回すとどうなるか。

正しいのは？

Ⓐ ゆっくり回したときと，特に変わらない。

Ⓑ ゆっくり回したときより，豆電球が明るく光る。

Ⓒ 豆電球がゆっくりとついたり消えたりする。

ゆっくり回したとき

速く回したとき

● 手回し発電機に**豆電球**をつなぎ，手回し発電機のハンドルを回す速さを変えて，どう光るか実験します。

● すると，ハンドルを回す速さが**速ければ豆電球は明るく**光ります。逆に，ハンドルを回す速さが**おそくなると，豆電球は暗く**しか光りません。

● 豆電球は**流れる電流が強い**ほど，**明るく光ります**。

● このように，ハンドルを**速く回すほど**，手回し発電機で**発電される電流が強くなる**ことがわかります。

答 Ⓑ

3 考えよう 発光ダイオードに逆向きの電流を流すとどうなるだろうか。

正しいのは？
- A どちらの向きでも，同じように光る。
- B 逆向きだと，少しだけ光が弱くなる。
- C 逆向きにつなぐと，光らない。

● かん電池には＋極と－極があって，出てくる電流の向きがきまっていました。

● 豆電球は，どちら向きに電流が流れても同じように光を出します。しかし，**発光ダイオード（LED）**は，**光を出す電流の向き**がきまっていて，**逆向きの電流を流すと光りません。**

● **電子オルゴール**も，発光ダイオードと同じように，**逆向きに電流を流すと音を出しません。**

● **モーター**は，逆向きに電流を流しても動きますが，**回転が反対向き**になります。

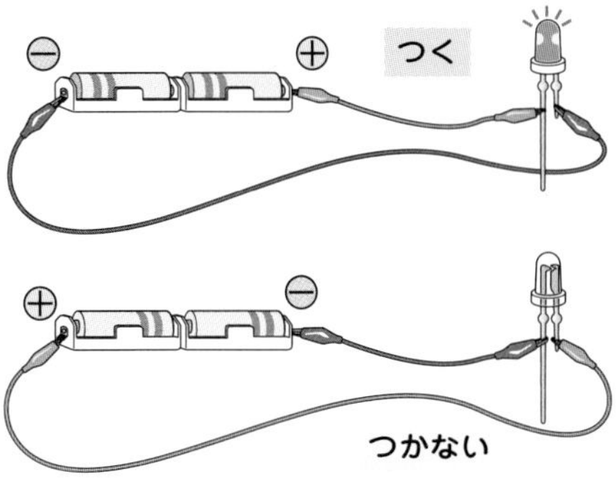

答 C

4 考えよう 手回し発電機で発電された電流にも，向きはあるのだろうか。

正しいのは？
- A かん電池の電流と同じように向きがある。
- B 手回し発電機の電流に向きはない。
- C ＋極と－極がどんどん入れかわる。

実験 右の図のように，電子オルゴールに手回し発電機をつないで，ハンドルを時計回りに回したとき，音が出るかどうか調べます。また，電子オルゴールのたん子をつなぎかえてハンドルを時計回りに回してみます。

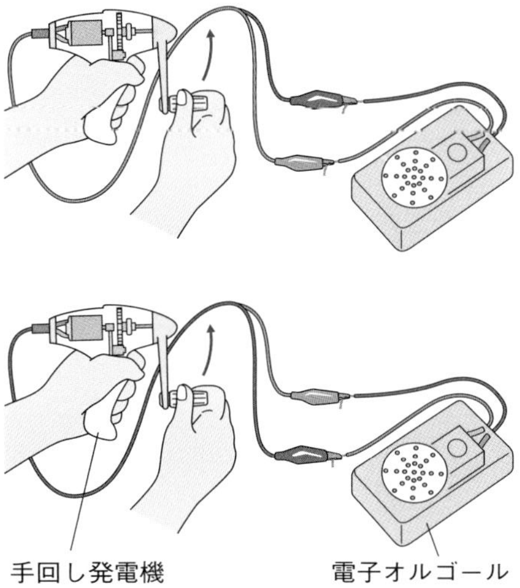

● **手回し発電機**に**電子オルゴール**をつないでハンドルを回すと，電子オルゴールから**音が出るつなぎ方**と，**音が出ないつなぎ方**があります。

● このことから，**手回し発電機で起こされた電流**にも，かん電池から出てくる電流と同じように，**向きがある**ことがわかります。

答 A

たいせつポイント 手回し発電機 ｛ハンドルを速く回すと流れる電流が強くなる。
発電される電流に，向きがある。

5 考えよう 手回し発電機で発電された電流の向きは，どうやってきまるのだろうか。

正しいのは？
- A ハンドルを回す速さによって変わる。
- B ハンドルを回す向きによって変わる。
- C ハンドルの回し方では変わらない。

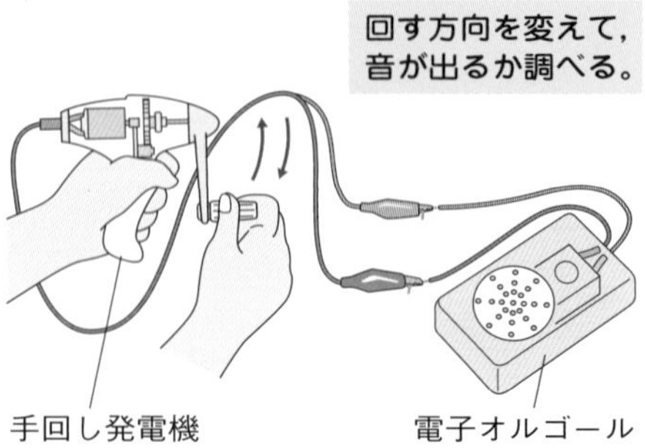

実験 左の図のように，電子オルゴールに手回し発電機をつなぎ，ハンドルを回す向きを変えて音が出るか調べます。

● 手回し発電機に電子オルゴールをつないでハンドルを回すと，ハンドルの回転方向によって，音を出す方向と出さない方向があります。

● このことから，手回し発電機のハンドルを逆に回すと，出てくる電流も反対向きになることがわかります。 答 B

6 考えよう 火力発電所では，どのように発電しているのだろうか。

正しいのは？
- A 物を燃やした熱を，そのまま電気に変えている。
- B 物を燃やした熱でタービンを回している。
- C 物を燃やしたときの光を光電池に当てている。

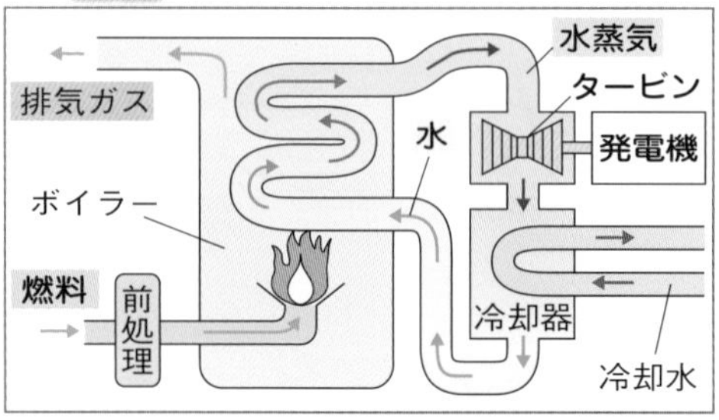

火力発電所のしくみ

火力発電所のタービン

風力発電所の風車

● たくさんの電気を発電する場所を発電所といいます。

● 火力発電所では，石油や石炭などを燃やして水を熱し，水蒸気に変えています。この水蒸気の勢いでタービン（羽根車）を回して，発電機を動かしています。

● 原子力発電所では，ウランやプルトニウムがつくる熱を使って水を水蒸気に変え，タービンを回します。

● 水力発電所や風力発電所でも，水や風の力でタービンや風車を回して，発電機を動かしています。また，火山の近くにある地熱発電所では，地面から勢いよくふき出る水蒸気を使って，タービンを回しています。

● このように，ほとんどの発電所では，大きな発電機を回して発電しているのです。 答 B

もっとくわしく いろいろな発電…発電機を使わない発電として，光電池を使った太陽光発電が広まってきています。ほかにも，水素と酸素から発電する燃料電池や，温度差で発電する熱電素子などの研究もすすめられています。

2 電気をたくわえる方法

1 考えよう　コンデンサーは，どのようなはたらきをするのだろうか。

正しいのは？

A 電気を起こすはたらき。
B 電気をたくわえるはたらき。
C 電流を大きくするはたらき。

◉ コンデンサー（ちく電器）を使うと発電機やかん電池でつくられた電気をたくわえることができます。

◉ 向きがあるコンデンサーでは，電池や発電機の＋極を＋たん子に，－極を－たん子につないで使います。

◉ コンデンサーに手回し発電機をつなぎ，正しい方向に電流が流れるようにハンドルを回すと，手回し発電機で発電された電気がコンデンサーにたくわえられます。

◉ 電気がたくわえられたコンデンサーに豆電球をつなぐと，豆電球が光りはじめます。

◉ しばらくすると，豆電球の光は弱くなって消えてしまいます。豆電球がコンデンサーにたくわえられた電気を，すべて使い切ってしまうからです。　答

いろいろなコンデンサー

コンデンサーには，使いみちに合わせて，いろいろな大きさのものがあるんだよ。

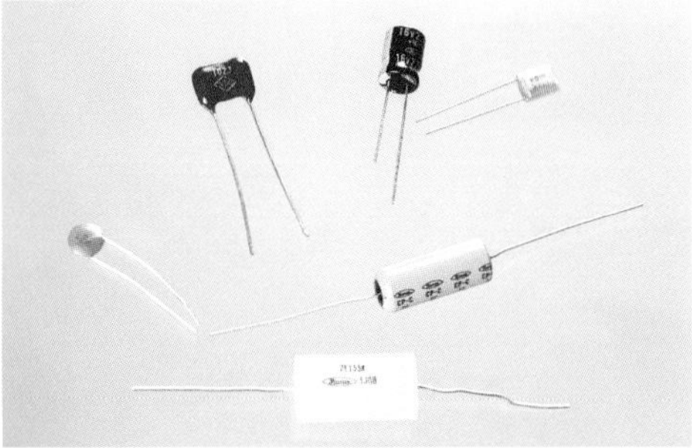

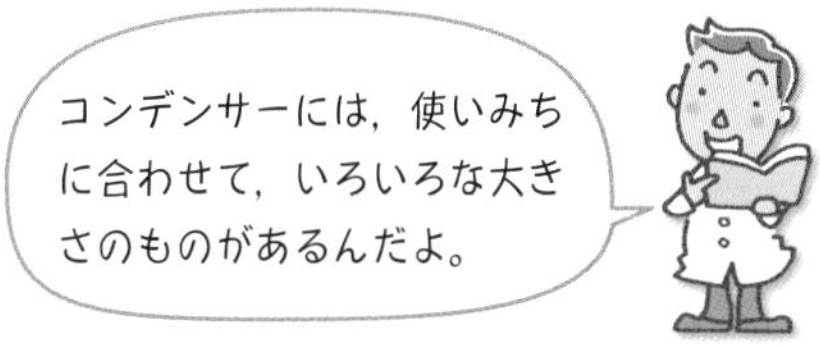

2 考えよう　コンデンサーにたまる電気の量は，発電機を回す回数で変わるだろうか。

正しいのは？

A たくさん回すほど電気がたまる。
B 回すたびに，電気がふえたりへったりする。
C 回しても電気の量はほとんど変わらない。

実験　コンデンサーに手回し発電機をつなぎ，ハンドルを1秒間に1回の速さで20回回して電気をたくわえたあと，コンデンサーに豆電球をつないで，光る時間の長さをはかります。さらに，40回，60回と回して結果をくらべます。

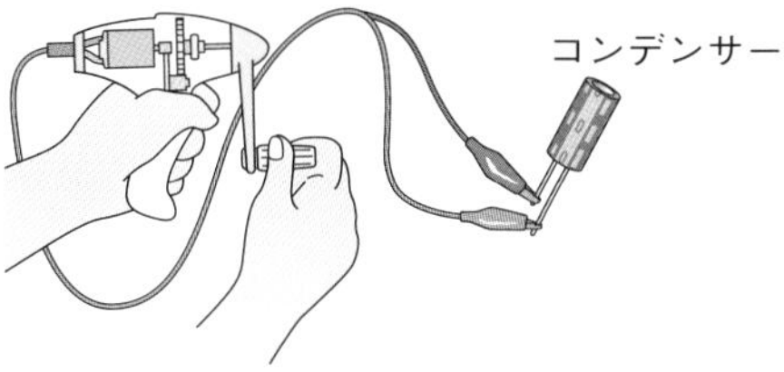

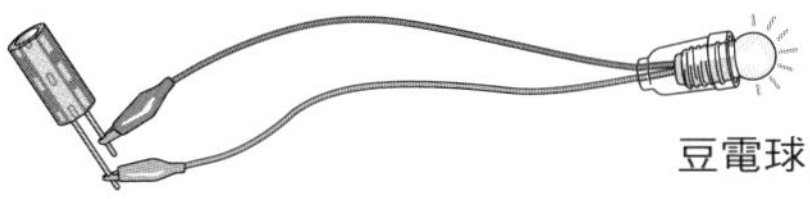

◉ 実験の結果，手回し発電機を回す回数が多くなれば，豆電球が光る時間も長くなることがわかります。

◉ このように，手回し発電機をたくさん回すほど，コンデンサーにたまる電気の量もふえていきます。
　答

①手回し発電機とコンデンサーをつなぐ。

コンデンサー

②コンデンサーと豆電球をつなぐ。

豆電球

3 考えよう 電気をたくわえることができるのは，どんな電池だろうか。

正しいのは？
- **A** かん電池ならたくわえられる。
- **B** 光電池ならたくわえられる。
- **C** じゅう電池ならたくわえられる。

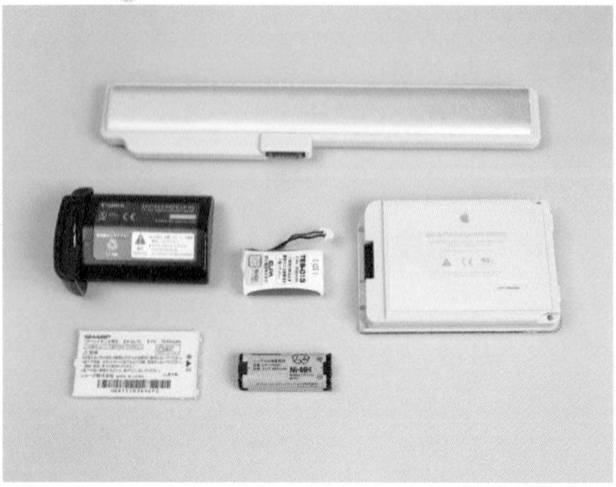

さまざまなじゅう電池

● コンデンサーと同じように，**じゅう電池（ちく電池）**を使っても，**電気をたくわえることができます。**

● じゅう電池には，さまざまな形や大きさのものがあり，目的に合わせて使いわけられています。

● また，**ふつうのかん電池と同じような形のじゅう電池**もあります。ただし，**ふつうのかん電池には電気をたくわえることができません。**

答 **C**

4 考えよう けい帯電話を動かす電気は，何にたくわえているのだろうか。

正しいのは？
- **A** コンデンサーに電気をたくわえている。
- **B** じゅう電池に電気をたくわえている。
- **C** コンデンサーもじゅう電池も使っていない。

じゅう電中の電気自動車

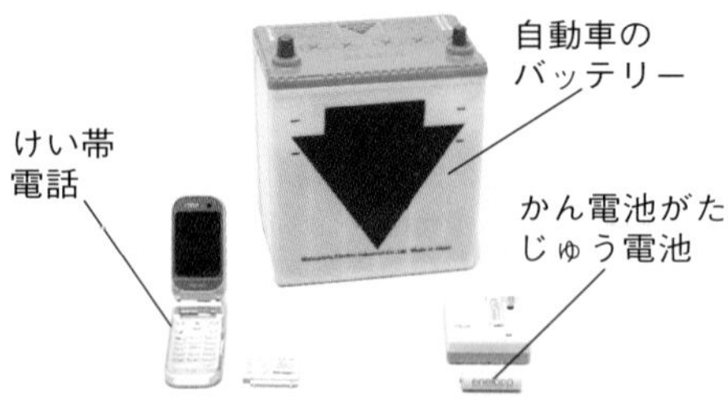

じゅう電池を使う道具

● **けい帯電話**は，あらかじめじゅう電しておけば，コンセントがない場所でも使うことができます。これは，けい帯電話の中に入っているじゅう電池が電気をたくわえているからです。

● **じゅう電池**は，**デジタルカメラ**や**けい帯ゲーム機**のようにもちはこびができる物から，**電気自動車**のように大きくてたくさんの電気を使うものまで，いろいろな物を動かすために使われています。

答 **B**

もっとくわしく コンデンサーとじゅう電池…じゅう電池にはたくさんの電気をたくわえることができる利点があります。一方，コンデンサーは，とりあつかいが簡単でこわれにくく，回路のなかでさまざまなはたらきをもたせることができます。そのため，コンデンサーとじゅう電池は目的に合わせて使いわけられています。

たいせつポイント
- コンデンサー…ちく電器。**手回し発電機でも電気をたくわえられる。**
- じゅう電池…ちく電池。**たくさんの電気をたくわえられる。**

教科書のドリル

答え → 別冊14ページ

1 次の文の（　）にあてはまることばを書きなさい。

(1) 手回し発電機のハンドルを速く回すと，出てくる電流が（　　　　　）なる。

(2) 手回し発電機のハンドルを逆方向に回すと，出てくる電流が（　　　　　）なる。

(3) 電気を起こすことを（　　　　　）といい，家庭や学校などに送るため，たくさんの電気を起こす場所のことを（　　　　　）という。

2 次のような回路をつくり，図のAの部分にそれぞれ豆電球・モーター・電子オルゴール・発光ダイオード(LED)をつないだところ，すべてはたらきました。これについて，あとの問いに答えなさい。

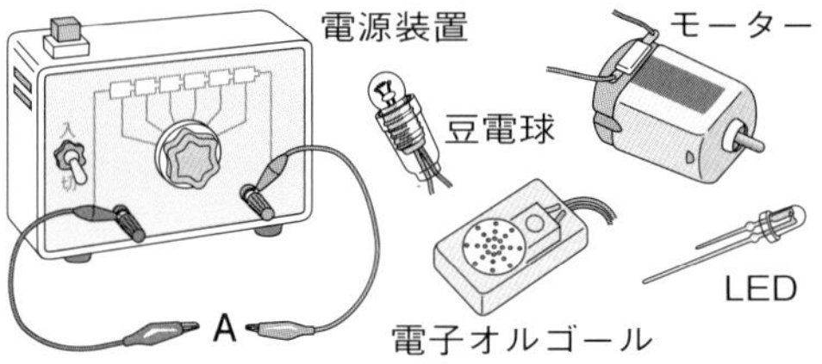

(1) 電池の向きを逆にして実験すると，どうなりますか。逆にする前と同じようにはたらく物には○，はたらき方が変わる物には△，はたらかなくなってしまう物には×を，それぞれ答えなさい。

豆電球（　　　）
モーター（　　　）
電子オルゴール（　　　）
発光ダイオード（　　　）

(2) (1)で△と答えた物は，このときどのようにはたらきますか。説明しなさい。

（　　　　　　　　　　　　）

3 下の図のように，手回し発電機をコンデンサーにつないで，ハンドルを回す実験をおこないました。これについて，あとの問いに答えなさい。

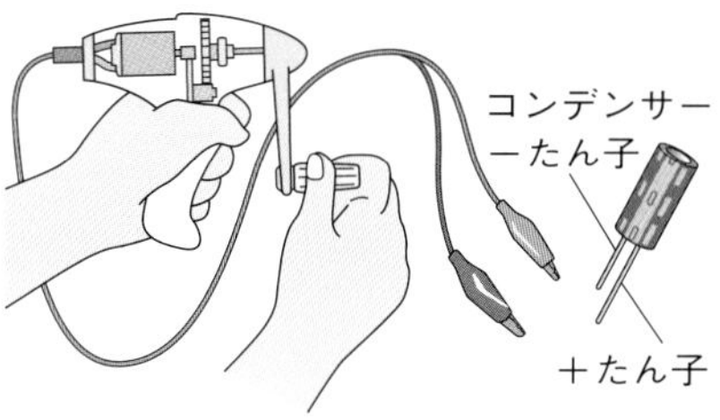

(1) 手回し発電機の＋極は，コンデンサーのどちらのたん子につなげばよいですか。次のア～ウから1つ選び，記号で答えなさい。（　　　）

ア　コンデンサーの＋たん子をつなぐ。
イ　コンデンサーの－たん子をつなぐ。
ウ　どちらのたん子につないでもよい。

(2) 手回し発電機を40回回転させたあと，すぐにコンデンサーから手回し発電機をとりはずし，豆電球をつなぎました。豆電球はどうなりますか。次のア～ウから1つ選び，記号で答えなさい。（　　　）

ア　最初は明るく光っているが，しばらくするとパッと消えてしまう。
イ　最初は明るく光っているが，しばらくすると弱くなって消えてしまう。
ウ　最初は明るく光っているが，しばらくすると点めつして，最後には消える。

(3) 手回し発電機を80回回転させました。40回回転させたときにくらべて，豆電球のついている時間はどうなりますか。次のア～ウから1つ選び，記号で答えなさい。

（　　　）

ア　短くなる。　　イ　長くなる。
ウ　ほとんど変わらない。

3 光電池のはたらき

1 考えよう 光電池というのは，どんなものでしょうか。

正しいのは？

A 光を受けて，電気をつくり出す電池。

B 暗い所でも見えるように光っている電池。

C 電球を光らせるための特別な電池。

光電池

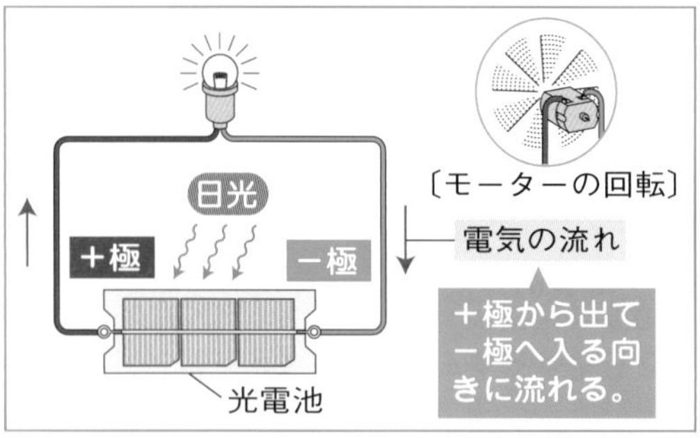

● 光を当てると電気がとり出せる電池を，**光電池**(または**太陽電池**)といいます。

● 光電池を日なたに置くと豆電球がついたり，モーターが回転したりします。

● このとき，回路に検流計をつなぐと，回路に電流が流れていることがわかります。

● 光電池を日かげに置くと，豆電球はつきません。また，モーターも回転しません。

答 A

もっとくわしく 電灯の光を当てたとき…電灯の光を当てたときも，日光を当てたときと同じように光電池がはたらき，電気をとり出せます。

2 考えよう 光電池に当てる日光の角度を変えると，はたらきはどうなる？

正しいのは？

A 日光をななめに当てると強くなる。

B 角度を変えても変わらない。

C 日光を正面から当てると強くなる。

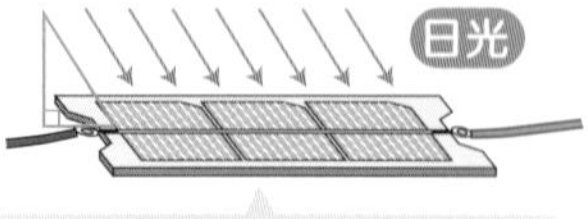

日光がななめに当たると，光電池のはたらきは弱い。

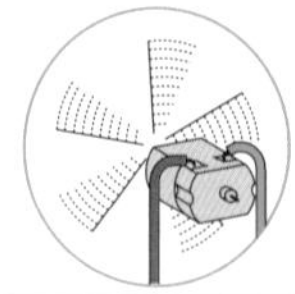

ゆっくり回る

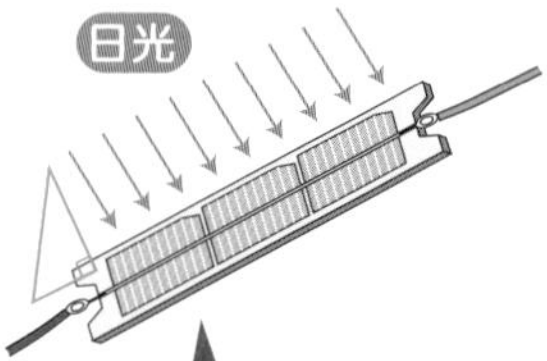

日光が正面から当たると，光電池のはたらきは強い。

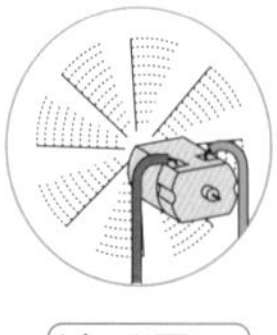

速く回る

実験 光電池にモーターをつないで，いろいろな角度から光電池に日光を当てます。モーターの回転は変わるでしょうか。

● 実験の結果，光電池に日光が正面から当たるとき，モーターは最も速く回転します。

● 光電池のはたらきは，光電池に当たる日光の角度によってちがい，正面から当たるときに最も大きくなります。

答 C

3 考えよう 鏡を使って，光電池に当たる日光を重ねるとどうなるだろう。

正しいのは？

Ⓐ 光電池のはたらきは変わらない。

Ⓑ 光電池のはたらきが小さくなる。

Ⓒ 光電池のはたらきが大きくなる。

● 光電池で走る**ソーラーカー**は，日なたでは走りますが，日かげでは動きません。

● 日かげにはいって動かなくなったソーラーカーの光電池に，鏡を使って光を当てると，ソーラーカーは走りはじめます。

● このとき，鏡を何枚も使って，光電池に当てる**光を重ねる**と，ソーラーカーは**もっと速く走る**ようになります。

● これは，光が強くなると**光電池のはたらきが大きくなり，流れる電流も強くなる**からです。

答 Ⓒ

4 考えよう 光電池の＋極と−極を入れかえると，ソーラーカーはどうなる？

正しいのは？

Ⓐ 走らなくなる。

Ⓑ 反対向きに走るようになる。

Ⓒ 入れかえる前と同じように走る。

● ソーラーカーの光電池を入れかえて，＋極と−極が反対になるようにモーターをつなぐと，ソーラーカーは反対向きに走ります。

● 光電池でも，電流の向きは，**＋極から出て−極へ入る向き**と決まっています。

● そのため，左の図のように，**回路に流れる電流の向きが反対になり，モーターの回転の向きも反対に**なります。

答 Ⓑ

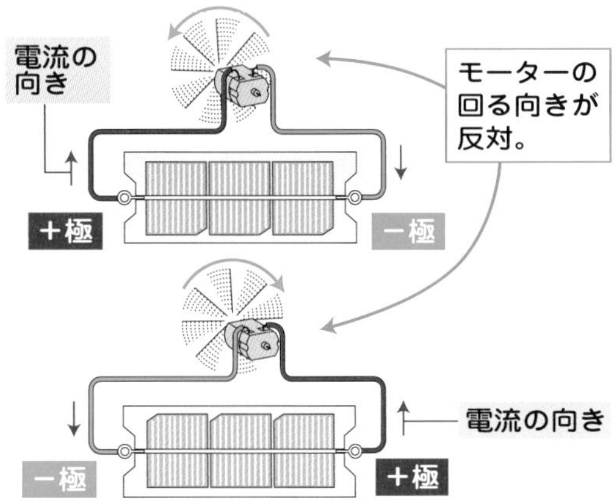

たいせつポイント

光電池 ｛ 日光を受けているときだけ**電気をとり出せる。**
光が強い**ほど**はたらきも強い。

4 電気の変化と利用

1 考えよう 電気を光に変えて利用するには，何を使うのがよいのだろう。

正しいのは？

- A 電熱線を使う。
- B 電子オルゴールを使う。
- C 発光ダイオードを使う。

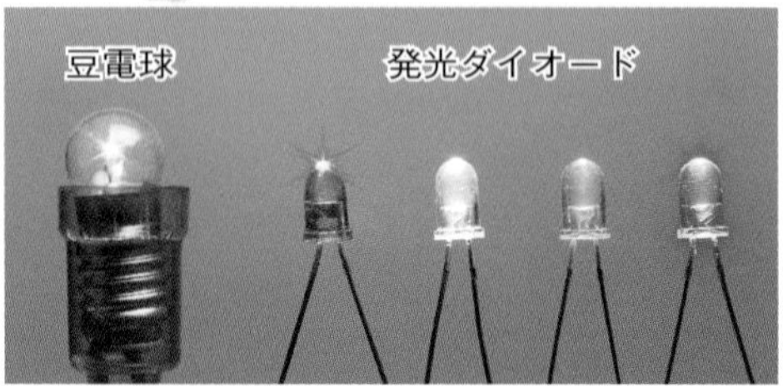

● 豆電球や発光ダイオード(LED)に電流を流すと光るように，電気は光に変えることができます。

● 豆電球はどちら向きに電流を流しても光を出しますが，発光ダイオードは電流の向きがきまっていて，逆向きに電流を流しても光を出しません。　答 C

2 考えよう 豆電球と発光ダイオードでは，どちらのほうが電気を使うか。

正しいのは？

- A 豆電球のほうが電気をたくさん使う。
- B 発光ダイオードのほうが電気をたくさん使う。
- C だいたい同じ量の電気を使う。

①コンデンサーに電気をためる。

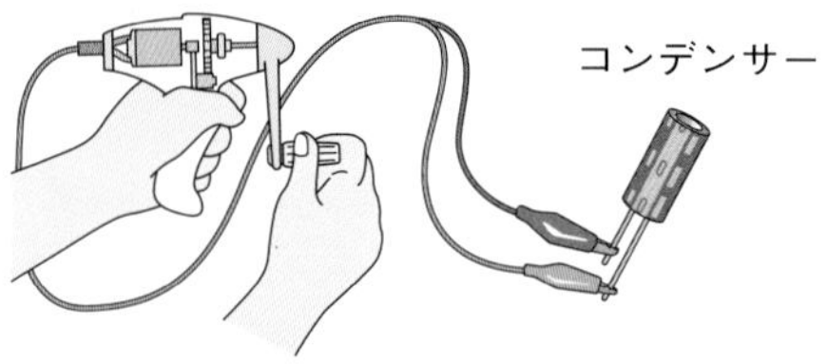

②コンデンサーに豆電球やLEDをつなぐ。

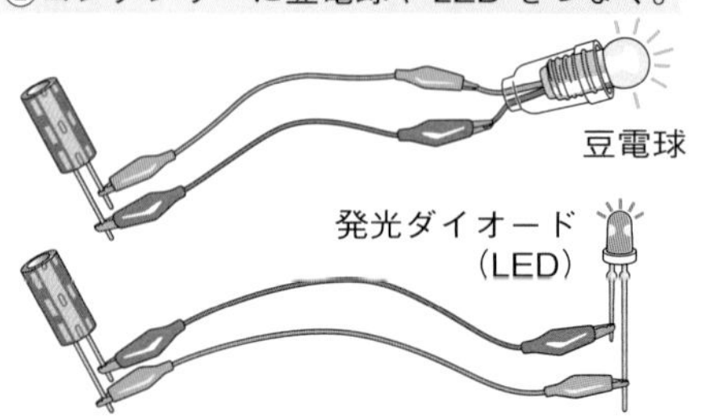

実験 手回し発電機にコンデンサーをつないで，1秒間に1回の速さで50回ハンドルを回します。そのあと，コンデンサーに豆電球をつないで，光が出る時間の長さをはかります。同じように発光ダイオードが光る時間もはかります。

● 豆電球のほうは，数十秒間でコンデンサーの電気がなくなって，光らなくなります。

● 発光ダイオードでもコンデンサーにためられた電気の量は同じですが，コンデンサーにつないでから1分間以上光り続けます。

● このことから，発光ダイオードよりも，豆電球のほうが，たくさんの電気を使うことがわかります。

答 A

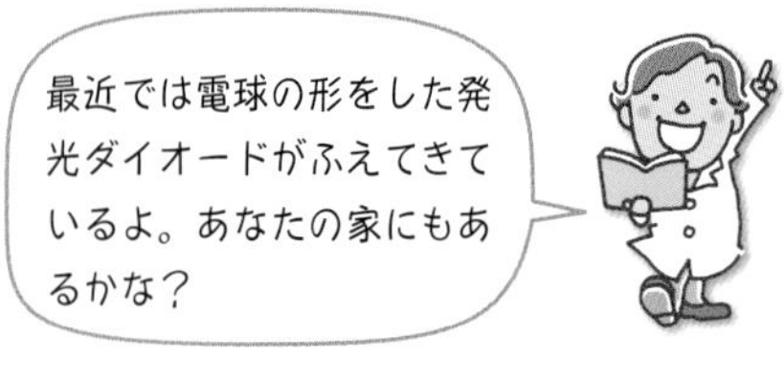

最近では電球の形をした発光ダイオードがふえてきているよ。あなたの家にもあるかな？

もっとくわしく 発電機の手ごたえ…手回し発電機は，たくさん電気を使う物につなぐと，手ごたえが重たくなります。そのため，手回し発電機を豆電球につないだときと，発光ダイオードにつないだときとをくらべると，豆電球のほうが重たい手ごたえになります。

3 考えよう モーターを使うと，電気を何に変え(か)ることができるのだろうか。

正しいのは？
- A 光に変えることができる。
- B 音に変えることができる。
- C 運動に変えることができる。

● モーターに電流を流すと，モーターのじくが回ります。このように，モーターを使うと，**電気を回転運動に変えることができます**。

● 流す**電流の向きを逆**にすると，モーターの**じくが回る向きも反対向き**になります。

● モーターのじくに糸を巻(ま)きつけて電流を流すと，糸の先につけられた物を引っぱることができます。

● このように，モーターを使うと，電気を，**物を引っぱったり動かしたりする力**に変えることもできます。

答 C

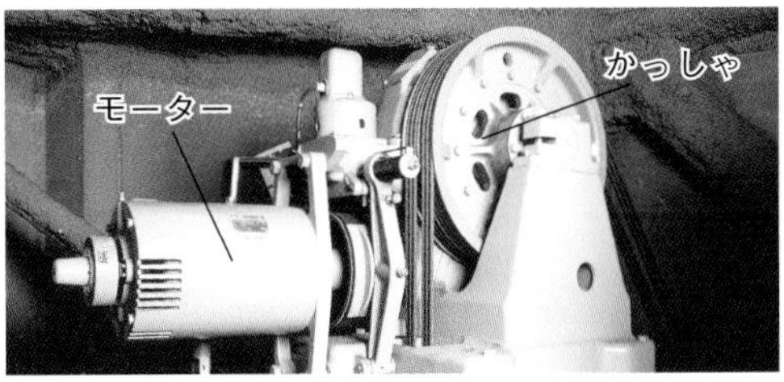

エレベーターで使われているモーター

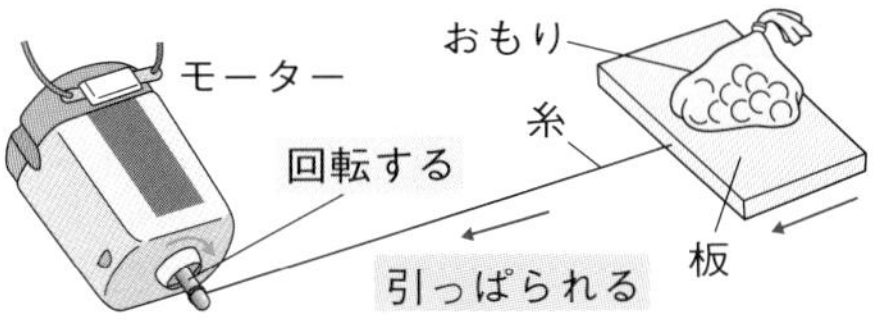

4 考えよう 2つの手回し発電機(はつでんき)をつなぎ，片方(かたほう)のハンドルを回すとどうなるだろう。

正しいのは？
- A ハンドルがとても重くなる。
- B もう片方の発電機に電気がたまる。
- C もう片方のハンドルがひとりでに回る。

● 2つの手回し発電機を右の図のようにつないで，片方の発電機のハンドルを回すと，**もう片方の発電機のハンドルがひとりでに回ります。**

● このことから，**手回し発電機とモーターは**，**同じはたらきをもっている**ことがわかります。

答 C

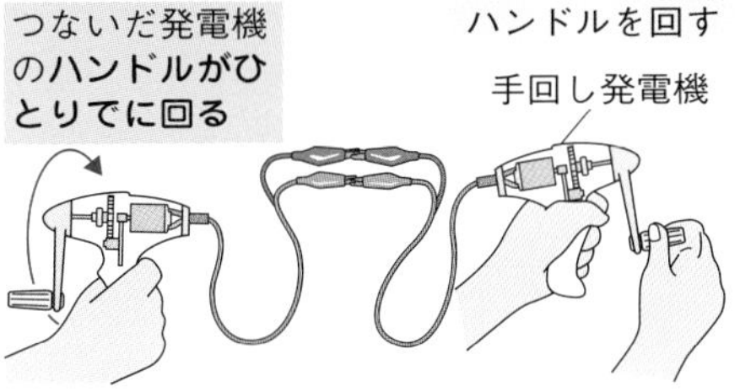

もっとくわしく 発電機とモーター…右の図のように，小さなモーターに豆電球をつなぎ，糸を引いてモーターを回すと豆電球が光ります。このように，モーターも発電機と同じように，電気を起こすはたらきをもっています。

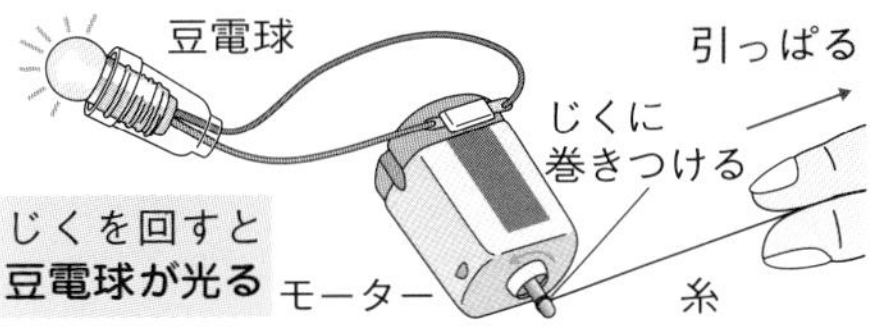

たいせつポイント
- 発光(はっこう)ダイオード…電気を光に変(か)える。電流の向きがきまっている。
- モーター…電気を運動に変える。電流の向きで回転方向がきまる。

5 考えよう　電気を音に変えるには，次のうちどれを使えばよいだろうか。

正しいのは？

- Ａ 電子オルゴールを使う。
- Ｂ 発光ダイオードを使う。
- Ｃ ニクロム線などの電熱線を使う。

スピーカーと電子オルゴール

● **電子オルゴール**や**電子ブザー**に電流を流すと音を出すように，**電気は音に変えることもできます。**

● 発光ダイオードと同じように，電子オルゴールや電子ブザーは音を出す電流の向きがきまっていて，**逆向きに電流を流しても音は出ません。**

● ほかに，**スピーカー**や**電動ベル**などを使っても，電気を音に変えることができます。　**答 Ａ**

電気の変化と利用…わたしたちは，電気をさまざまな形に変化させて，利用しています。

光

行先表示板

かい中電灯

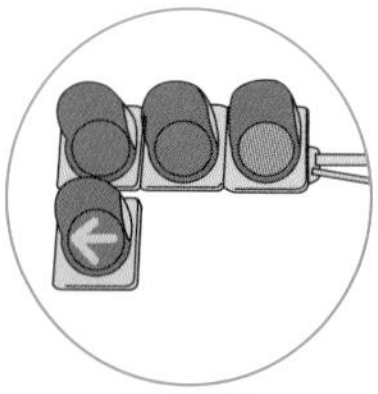

信号機

音

スピーカー

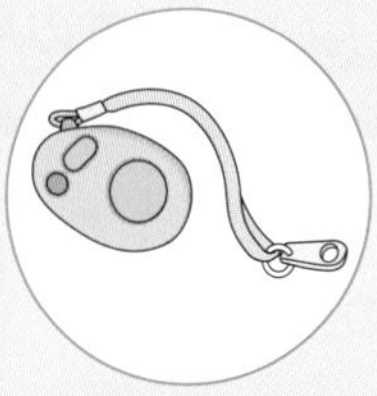

防犯ブザー

ラジオ

光＋音

テレビ

インターホン

熱

こたつ

電気ストーブ

電磁調理器（IH）

熱＋運動

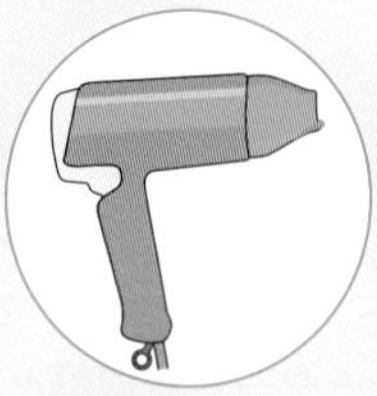

ドライヤー

運動

エスカレーター

電気自動車

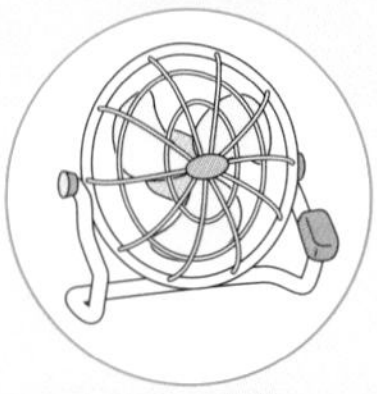

せん風機

洗たくかんそう機

教科書のドリル

答え → 別冊14ページ

1 次の文の（　）にあてはまることばを書きなさい。

(1) 電子オルゴールに正しく電流を流すと，電気を（　　　）に変えることができる。

(2) 発光ダイオードに正しく電流を流すと，電気を（　　　）に変えることができる。

(3) 電流を流したときに（　　　　）が出るようにつくられた導線を（　　　　）という。特に，ニッケルとクロムの合金でつくられたものをニクロム線という。

2 次の文のうち，正しいものには○，まちがっているものには×を答えなさい。

(1) 右のようなモーターは，発電機と同じはたらきをもっている。（　　）

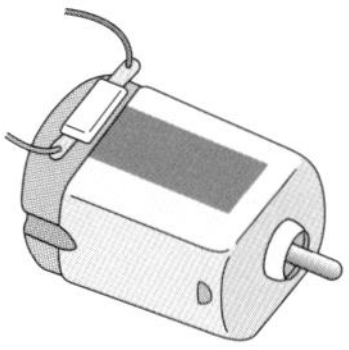

(2) 豆電球と発光ダイオード(LED)をくらべると，豆電球のほうがたくさんの電気を必要とする。（　　）

(3) 豆電球と発光ダイオードをそれぞれ手回し発電機につないでハンドルを回したとき，豆電球のほうが小さな手ごたえである。（　　）

(4) モーターに電流を流すとき，電流の向きを逆にしてもモーターのじくが回る向きは変わらない。（　　）

(5) 電子オルゴールは，ふつう，電流の向きにかかわらずはたらく。（　　）

3 さまざまな電化製品は，電気を何に変えていますか。それぞれあてはまるものを，下のア～エから１つずつ選び，記号で答えなさい。

ラジオ（　　　）
電気ストーブ（　　　）
信号機（　　　）
せん風機（　　　）

ア　熱　　イ　光
ウ　運動　エ　音

4 光電池について，次の問いに答えなさい。

(1) 光電池が最もよくはたらくのは，次のア～ウのどのときですか。１つ選び，記号を書きなさい。（　　）

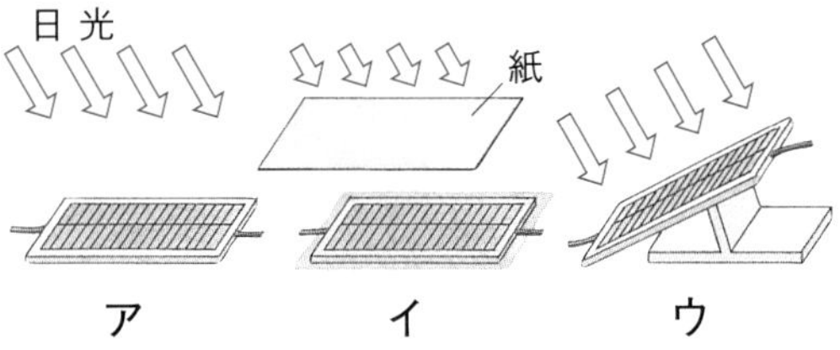

(2) 光電池は，電灯の光を当ててもはたらきますか。（　　　）

テストに出る問題

答え → 別冊14ページ
時間30分　合格点80点　得点 ／100

1 手回し発電機に豆電球をつないで，ハンドルを回したところ，豆電球が明るく光りました。これについて，次の問いに答えなさい。　［各6点…合計18点］

(1) このとき，発電機を回すのを止めると，豆電球の光はどうなりますか。次のア～ウの中から1つ選び，記号で答えなさい。　〔　　　〕

ア　最初は明るく光っているが，しばらくするとパッと消えてしまう。

イ　最初は明るく光っているが，しばらくすると弱くなって消えてしまう。

ウ　回すのをやめると，すぐに消えてしまう。

(2) 手回し発電機のハンドルを逆に回すと，豆電球はどのように光りますか。次のア～ウの中から1つ選び，記号で答えなさい。　〔　　　〕

ア　同じように光る　　イ　暗く光る　　ウ　光を出さなくなる。

(3) (2)のとき，流れる電流は，最初と同じ向きですか。それとも逆向きですか。答えなさい。

〔　　　　　〕

2 豆電球と発光ダイオード(LED)のはたらきをくらべるために，下の図の①→②のような実験をおこない，それぞれ光を出し続ける時間の長さをはかりました。あとの問いに答えなさい。　［合計26点］

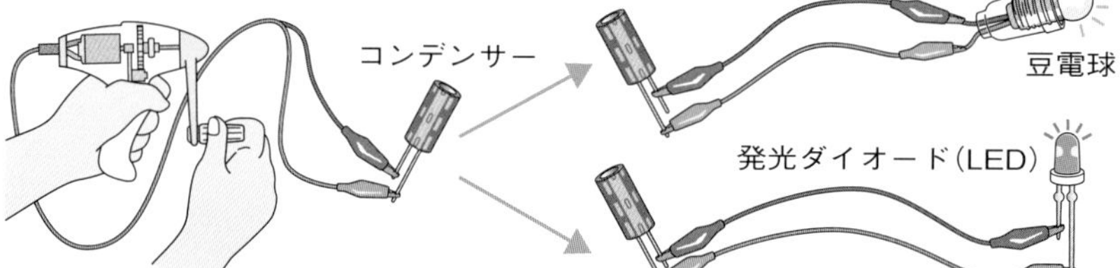
①手回し発電機とコンデンサーをつなぎ，ハンドルを50回回す。
②コンデンサーと豆電球，LEDをつなぐ。
コンデンサー
豆電球
発光ダイオード(LED)

(1) コンデンサーは，どのようなはたらきをもっていますか。最も適当なものを，次のア～オから1つ選び記号で答えなさい。　［7点］〔　　　〕

ア　電気を起こす。　　イ　電気をたくわえる。　　ウ　電気を光に変える。

エ　電気を音に変える。　　オ　電気を熱に変える。

(2) 豆電球と発光ダイオードでは，どちらのほうが長いあいだ，光を出し続けますか。

［7点］〔　　　　　〕

(3) この実験からわかることを，次のようにまとめました。〔　〕の中にあてはまることばを，下のア～オの中から選び，それぞれ記号で答えなさい。［各6点］①〔　　　〕　②〔　　　〕

豆電球と発光ダイオードをくらべると，〔①〕のほうが，〔②〕ことがわかった。

ア　豆電球　　イ　発光ダイオード　　ウ　たくさんの電気を使う

エ　たくさんの光を出す　　オ　たくさんの熱を出す

3 モーターと光電池を下の図のようにつなぎました。これについて，次の問いに答えなさい。

［合計 28 点］

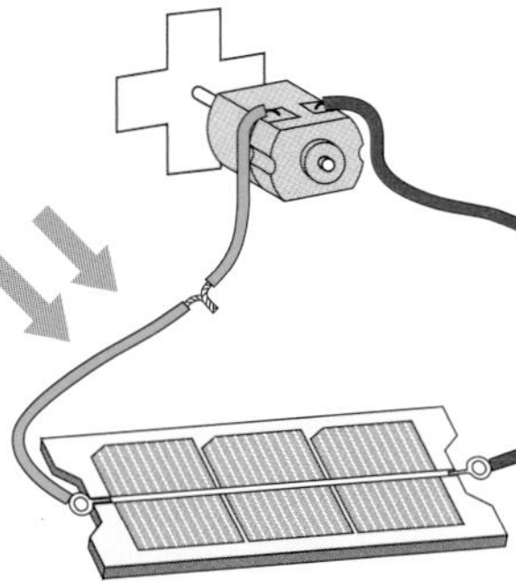

(1) モーターが回転する速さを速くするには，どうすればよいですか。次のア～エから２つ選びなさい。 ［各7点］〔　　〕〔　　〕

ア　日光が直角に当たるように，光電池を太陽のほうに向ける。

イ　光電池に黒いぬのをかぶせる。

ウ　鏡を使って，光電池に光を重ねて当てる。

エ　光電池をうら向きにする。

(2) 鏡を何枚も使って，光電池に当てる光を重ねていくと，回路を流れる電流の強さはどうなりますか。次のア～ウから１つ選びなさい。 ［7点］〔　　〕

ア　光を重ねるほど強くなる。

イ　光を重ねても変わらない。

ウ　光を重ねるほど弱くなる。

(3) かん電池は，使っているうちに電気がなくなってはたらかなくなります。光電池も，使っているうちにはたらかなくなりますか。 ［7点］〔　　〕

4 身のまわりの電化製品は，電気をさまざまな形に変えて使っています。電気を，熱・光・運動・音に変えて使っているものには，それぞれ何がありますか。ア～クからすべて選び，記号で答えなさい。ただし，同じ記号を２回以上答えてもかまいません。

［各 7 点…合計 28 点］

熱〔　　〕　光〔　　〕
運動〔　　〕　音〔　　〕

ア　すい飯器	イ　電気スタンド	ウ　ドライヤー	エ　電気ストーブ
オ　スピーカー	カ　エスカレーター	キ　アイロン	ク　テレビ

池に電気をためておく

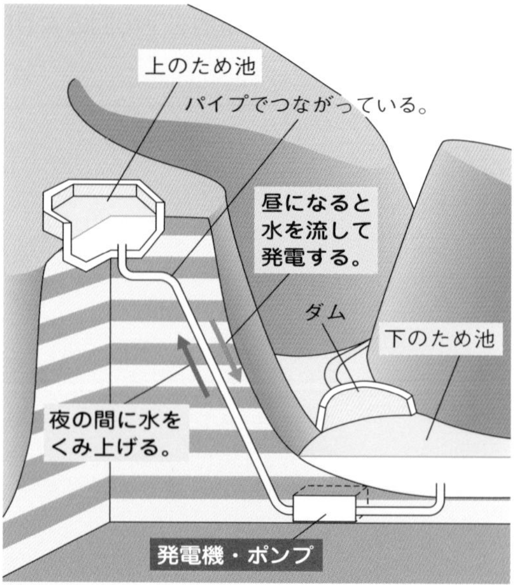
上のため池
パイプでつながっている。
昼になると
水を流して
発電する。
ダム
下のため池
夜の間に水を
くみ上げる。
発電機・ポンプ

▶ため池と水を使って電気をたくわえる方法があります。どのようなしくみなのでしょうか。

▶家や学校で使われる電気の量は，昼間がいちばん多くて，夜になると少なくなります。そのため，夜に発電した電気をどこかにためておけば，むだになる電気が少なくてすみます。

▶しかし，そんなに多くの電気をたくわえられるようなコンデンサーやじゅう電池はありません。そこで，よう水発電という方法が使われています。よう水発電所では，夜に余った電気でポンプを動かし，下のため池の水を，上のため池にくみ上げておきます。

▶もし昼間に電気が足りなくなったら，上から下に水を流して，その力でタービンを回して発電します。この電気で足りないぶんを補うことができるのです。

アルミニウムと炭で電池をつくろう

▶電池にはさまざまな種類がありますが，簡単につくることのできる物もあります。

▶木炭（備長炭）を，こい食塩水でぬらしたペーパータオルでくるみ，さらに外側にアルミニウムはくを巻きつけます。木炭とアルミニウムはくは直接ふれあわないようにします。

▶木炭とアルミニウムはくそれぞれから導線をのばし，モーターのたん子につないで強くにぎると，モーターが回りはじめます。

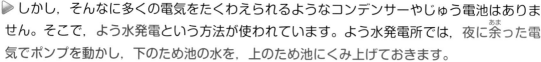

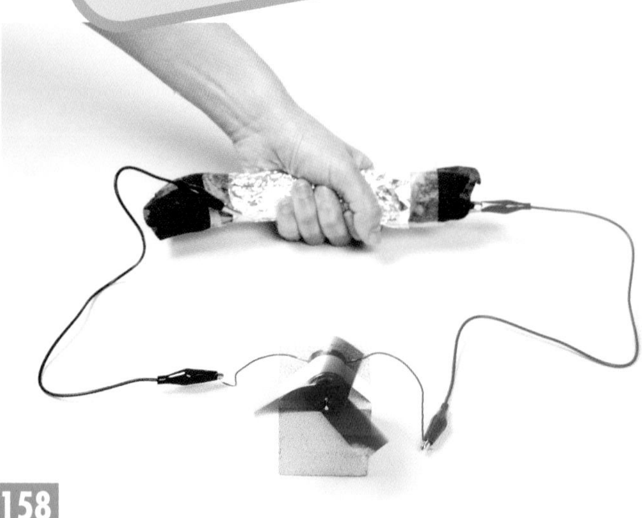

▶しばらくすると，回転がおそくなり，止まってしまいます。このときアルミニウムはくを見ると，穴があいてボロボロになっています。アルミニウムが，別の物に変化してしまったからです。

▶かん電池やじゅう電池も，中に入っている物を変化させて電気をとりだしています。完全に変化してしまい，電気をとり出せなくなってしまうのが，電池切れです。

10 人のくらしと環境

★ 地球上の水のうち，ま水は全体の0.8％しかない。

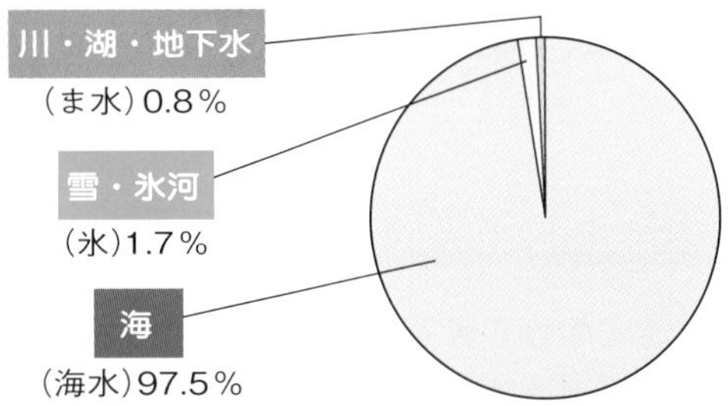

★ 人の食べ物も，もとをたどればすべて植物がつくった物である。

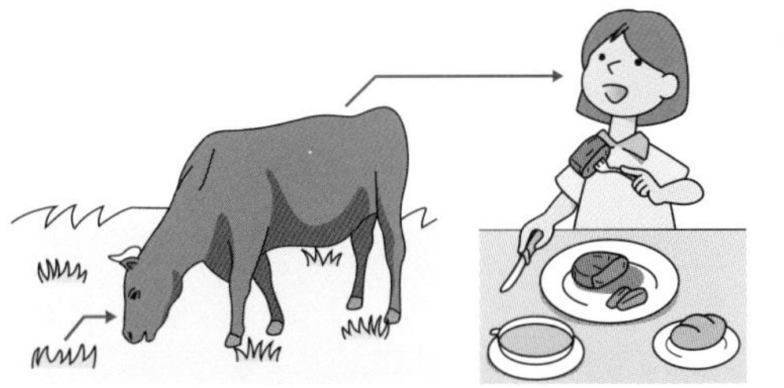

★ 人の活動のえいきょうで，空気中の二酸化炭素がふえてきている。

★ 人やほかの生物は，自然とかかわりあいながら生活している。

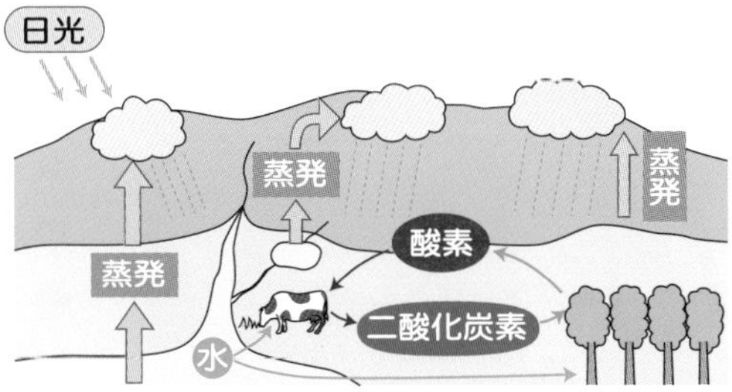

★ 人の活動のえいきょうで，酸性雨や赤潮などのひ害が起こっている。

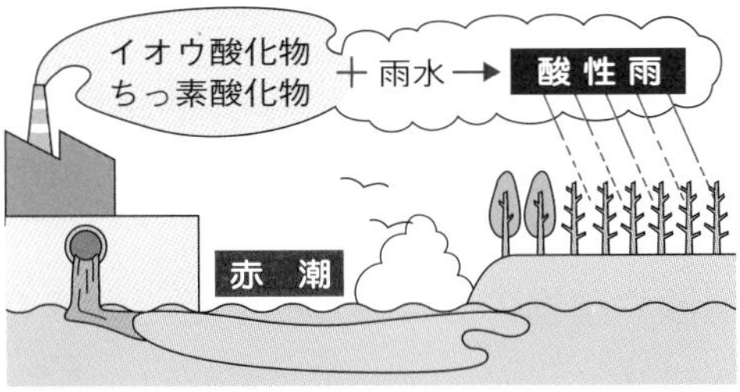

★ 人やほかの生物がずっと暮らしていけるよう，考えていかないといけない。

1 人のくらしと水

1 考えよう

地球上の水分のうち，ま水(塩分をふくまない水)はどれぐらいだろうか。

正しいのは？

Ⓐ およそ80%

Ⓑ およそ8%

Ⓒ およそ0.8%

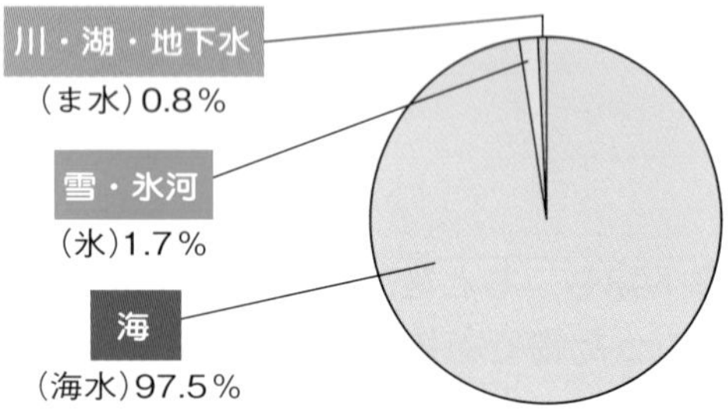

地球上の水分

● わたしたちは，いろいろな活動で水を使っています。人が使う水は，そのほとんどが川の水や地下水，雨水などのま水です。

● 地球上にはたくさんの水があります。しかし，そのうちの約97.5%は塩分をふくんだ海水です。

● さらに，残った約2.5%のうちの約1.7%は，氷山や氷河などの氷で，ま水は全体の約0.8%しかありません。

答 Ⓒ

2 考えよう

人の活動によって，雨がどうなってきているのだろうか。

正しいのは？

Ⓐ 強い酸性になってきている。

Ⓑ 中性になってきている。

Ⓒ 強いアルカリ性になってきている。

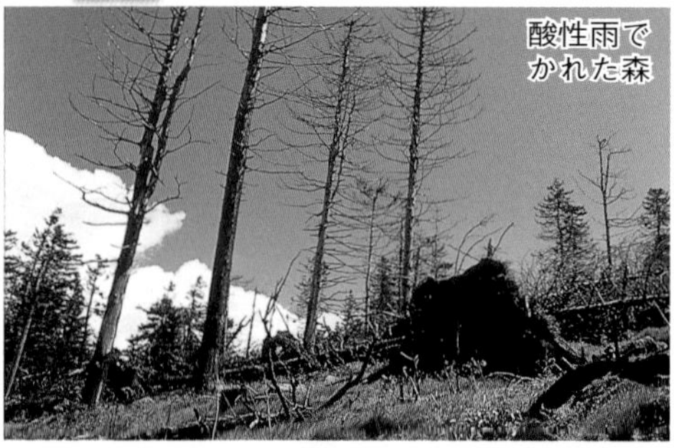

酸性雨でかれた森

酸性雨でとけたコンクリート

● 雨には，もともと空気中の二酸化炭素がとけこんでいるため，ふつうの雨は弱い酸性をしめします。しかし，最近強い酸性の雨が降ることがふえてきています。このような雨のことを酸性雨とよびます。

● 酸性雨のおもな原因は，自動車や工場から出されるはい気ガスやけむりだと考えられています。自動車や工場では石油(ガソリンなど)や石炭を燃やしますが，そのときに出るガスやけむりにふくまれているイオウ酸化物やちっ素酸化物などが雨水にとけると強い酸性になります。

● 酸性雨はヨーロッパや北アメリカ，中国などでよくみられ，森林の植物がかれたり，川や湖の魚が死んでしまうひ害が出ています。

● また，銅像や建物のコンクリートをとかすひ害も起こっています。

答 Ⓐ

3 考えよう　人が生活で使った水は，どのようにされているのだろうか。

正しいのは？
- A 川にそのまま流されている。
- B きれいにしてから川に流されている。
- C かんそうさせてごみといっしょにうめている。

● 生活で使った水をそのまま流すと，川や海の水がよごれてしまいます。そこで，使った水を，じょう化そうできれいにしてから川に流すしくみがつくられました。

● 現在では，はい水を**下水処理場**に集めて細きんなどのはたらきできれいにする，**下水道**というしくみがつくられています。

● 日本では，まだ下水道ができていない地域もありますが，川や海の水をよごさないために工事がすすめられています。　答 B

下水処理場

もっとくわしく　日本人と水…日本人は，１日１人あたり，トイレ・ふろ・洗たくなどにおよそ300Lの水を使っています。食べ物をつくるときに使われる水もふくめると，１日1500L以上の水を使っているといわれています。

4 考えよう　川や海でプランクトンがふえすぎるとどうなるだろうか。

正しいのは？
- A プランクトンを食べる魚がふえる。
- B プランクトンによって水がきれいになる。
- C 魚やほかの生物が死んでしまう。

● 人の使った水には，いろいろな養分がふくまれているので，使った水がきれいにされないまま川に流されてしまうと，**川や海の植物プランクトンがたくさんふえてしまいます。**

● **植物プランクトンがふえすぎると，水の色が変化します。**海の水が赤くなることを**赤潮**といいます。

● プランクトンが多くなると，夜のうちに水中の酸素を使い切ったり，えらにプランクトンをつまらせたりして，**魚やほかの生物が死んでしまう**ことがあります。また，**いやなにおいも出します。**　答 C

赤　潮

植物プランクトンで青く変色した海

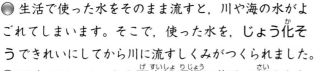

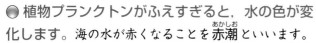

たいせつポイント
- **酸性雨…はい気ガスなどのはたらきで酸性になった雨。**
- **下水道…使ってよごれた水を下水処理場できれいにするしくみ。**

2 人のくらしと空気

1 考えよう 空気中の二酸化炭素がふえすぎると，どうなるおそれがあるだろうか。

正しいのは？

A 地球全体がどんどん冷えてしまう。

B 地球全体がどんどん暖まってしまう。

C 空気中のちっ素がどんどんへってしまう。

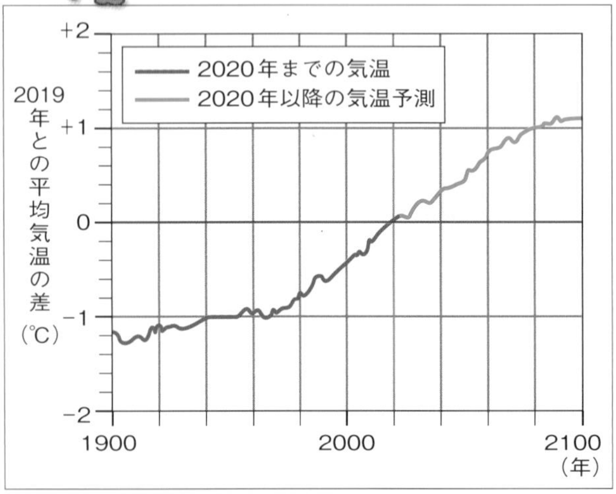

1900 年から 2100 年の気温変化と予測

● 生物が呼吸したり，人が物を燃やして出す二酸化炭素の量と，光合成でとりこまれる二酸化炭素の量がほぼ同じで，だいたい一定になるようにバランスがとれていました。

● しかし，ここ100年で二酸化炭素の量が急激にふえてきています。

● これは，科学技術が一気に発達して，電気を起こしたり，物を動かしたりつくったりするために，大量の石油や石炭を使うようになった一方で，森林が畑にされたりして少なくなり植物がへってしまったせいだと考えられています。

草や木を燃やしてつくる畑（焼き畑）

● 二酸化炭素はちょうど温室（ビニールハウス）のようなはたらきをするため，二酸化炭素がふえすぎると地球の温度が上がってしまうおそれがあります。これを地球温暖化といい，大きな問題になっています。

● 地球温暖化が進むと，海水がぼうちょうしたり，氷河の氷がとけて海の水がふえ，低い土地が海にしずんでしまうおそれがあります。ほかにも，異常気象を引きおこしたり，人をふくめた多くの生物が大きなえいきょうを受けると考えられています。

● そのため，最近では火力発電のかわりに風力発電や太陽光発電，原子力発電などを使ったり，自動車を動かすために，石油ではなく植物を材料にする燃料や電気を使ったりと，二酸化炭素をあまり出さない方法が世界的にとり入れられてきています。 **答 B**

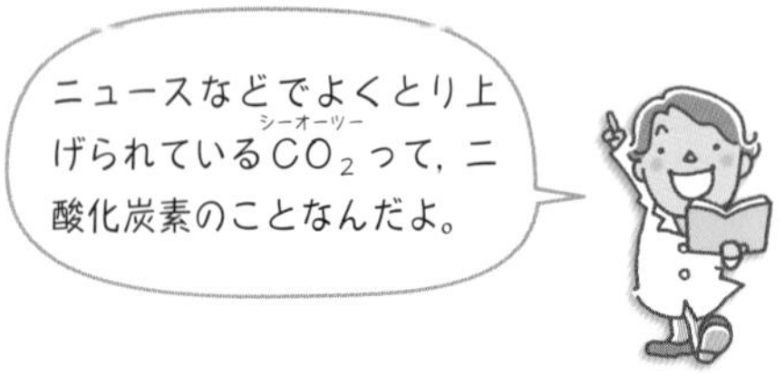

ニュースなどでよくとり上げられているCO_2って，二酸化炭素のことなんだよ。

たいせつポイント 二酸化炭素 { 人間のはたらきでここ100年ふえてきている。 / 地球温暖化を引きおこすといわれている。

3 人のくらしと環境

1 考えよう

人の食べ物は，もとをたどると，何がつくりだしたのだろうか。

正しいのは？

- A 動物がつくった。
- B 植物がつくった。
- C 人が自分でつくった。

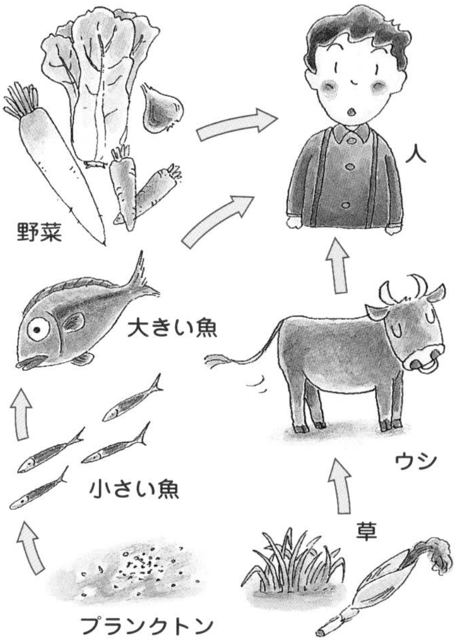

● 人は，米や野菜などの植物や，魚・ニワトリ・ウシ・ブタなど動物の肉や卵などを食べます。

● 魚のえさは，自分より小形の魚や**プランクトン**です。小形の魚もプランクトンを食べています。そして，動物プランクトンは**植物プランクトン**を食べています。

● ニワトリやウシなどは，**穀物**や**草**などを食べます。

● このように，**動物が育つもとになるえさは植物**なので，**人の食べ物も，そのもとはすべて植物であるといえます。**

答 B

もっとくわしく 養分をつくった植物…人にかぎらず，動物の食べ物のもとはすべて植物です。動物に必要なのは，たんぱく質，炭水化物，しぼうなどの養分ですが，動物のからだの中で，これらをつくりだすことはできません。それで，動物は植物を食べて，これらの養分をとり入れなければならないのです。(→p.63)

2 考えよう

人がもちこんだ生物のえいきょうで何が起こっているのだろうか。

正しいのは？

- A 特に何も起こっていない。
- B もとの生物が新しい生物に変化してしまっている。
- C もとの生物が追い出されてしまっている。

● 人が，実や肉や毛皮をとったり，ペットにしたり，かりやつりを楽しむために，**生物をもともと生きていた場所とは別の所へもちこむことがあります。**

● このような生物は，**もともと住んでいた生物を食べたり，食べ物や肥料をうばったりして，追い出してしまいます。**このような生物を**外来種**とよびます。

● 日本では，**オオクチバス（ブラックバス）**や**アカミミガメ**などが大きな問題になっています。逆に，日本の海にはえていた**ワカメ**がオーストラリアなどでふえていて，これも問題になっています。

答 C

オオクチバス

3 考えよう 生物のくらしは，自然界とどんなかかわりをもっているだろうか。

正しいのは？
- A すべての面でかかわりがある。
- B 食べ物として，生物どうしのかかわりはある。
- C あまりかかわりはない。

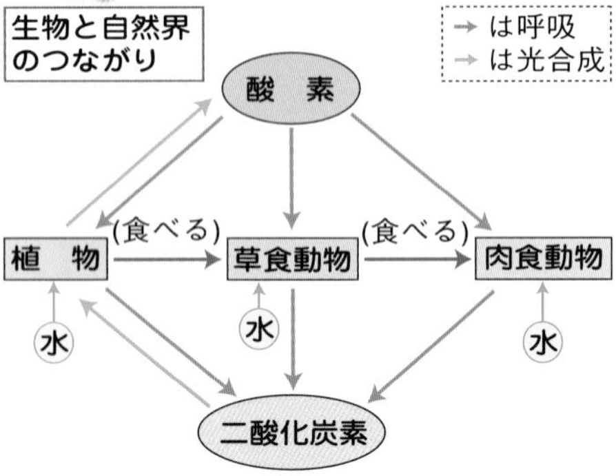

● 生物どうしは，呼吸や光合成によって，空気を通してかかわりあっています。

● また，すべての生物が，水がないと生きていけないように，水を通してもかかわりあっています。

● 食べ物も同じです。植物が養分をつくり，草食動物が植物を食べ，肉食動物が草食動物を食べるというように，食べ物を通してもかかわりあっています。

● このように，生物と自然界は，すべての面でかかわりあっています。

答 A

4 考えよう 自然環境の問題は，すべて解決されたのだろうか。

正しいのは？
- A 自然環境の問題はすべて解決された。
- B 人には自然環境を守ることはできない。
- C 一人一人が考えていかないといけない。

木を植える作業

● 工業がさかんになり，生活が豊かになった反面，空気や水がよごされたり，木が切られたりしてきました。その結果，酸性雨や地球温暖化などいろいろな環境問題が起きています。

● そこで，きれいな空気を守るために，工場や自動車から出るガスをきれいにしたり，空気をよごさない方法をみつける努力がおこなわれています。

● きれいな水を守るために，下水道をつくったり，川のごみを集めたりもしています。水源となる森林をもとのすがたで残したり，育てる努力もおこなわれています。

● しかし，まだ十分とはいえません。一度こわれた自然環境をもとにもどすことはとても大変です。生物がずっと暮らせるよう，自然環境について一人一人が考えていくことが必要なのです。

答 C

たいせつポイント

生物は，すべての面で自然とかかわりあっている。
自然がこわれると，生物は生きていけない。

教科書のドリル

答え → 別冊15ページ

1 次の文の(　　)にあてはまることばを書きなさい。

(1) 人が大気をよごしたことで，雨水が強い(　　　　)性になる(　　　　)が問題になっている。

(2) 人が生活で使った水を，下水処理場に集めてきれいにする(　　　　)というしくみが広がっている。

(3) 物を燃やしたときに出る(　　　　)のえいきょうで，(　　　　)が進んでしまうおそれがある。

2 空気と環境について，次の問いに答えなさい。

(1) 近年，地球の温暖化が問題となっていますが，その主な原因は，ある気体がふえてきていることとされています。ある気体とは何ですか。名前を答えなさい。

(　　　　)

(2) (1)の気体がふえてきている理由は何ですか。次のア～オから2つ選び，記号で答えなさい。(　　　)(　　　)

ア　フロンガスがふえたから。
イ　南極の氷がとけはじめたから。
ウ　森林が少なくなっているから。
エ　石油をたくさん燃やすようになったから。
オ　植物プランクトンがふえたから。

(3) 地球の温暖化が進んでいくと，どのような問題が起こりますか。例を1つあげなさい。

(　　　　　　　　)

3 水と環境について，次の問いに答えなさい。

(1) 海の水が赤くなったり青くなったりすることがあります。これは海の中に何が大量発生するからですか。

(　　　　)

(2) (1)のようなことが起こると，どんなひ害が起こりますか。例を2つあげなさい。

(　　　　　　　　)
(　　　　　　　　)

(3) 強い酸性になってしまった雨のことを何といいますか。

(　　　　)

(4) (3)のようなことが起こると，どんなひ害が起こりますか。例を2つあげなさい。

(　　　　　　　　)
(　　　　　　　　)

(5) (1), (3)のおもな原因は何ですか。次のア～ウから選び，それぞれ記号で答えなさい。

(1)(　　　)　(3)(　　　)

ア　車や工場から出るけむり。
イ　宇宙から降り注ぐしがい線。
ウ　きれいにせずに流したはい水。

4 人間と環境について，次の問いに答えなさい。

(1) 人間の食べている養分のおおもとは次のうちどれですか。記号で答えなさい。

(　　　)

ア　植物　イ　動物　ウ　石油

(2) 人間がほかの地域から持ちこみ，すみついて問題になっているような動物を何といいますか。(　　　　)

テストに出る問題

答え → 別冊15ページ
時間30分　合格点80点　得点　／100

1　人間のくらしに大きなかかわりをもつ水について，次の問いに答えなさい。［合計25点］

(1)　地球上の水のうち，ま水はおよそどれぐらいの割合ですか。次のア～オから１つ選び，記号で答えなさい。

［5点］〔　　〕

ア　0.2パーセント　　イ　0.8パーセント　　ウ　3.2パーセント
エ　12.8パーセント　　オ　51.2パーセント

(2)　近年，雨の性質が変化して，石像や金属がとけるなどのひ害が起こっています。雨がどのように変化してしまったのか答えなさい。

［10点］〔　　〕

(3)　(2)の現象で起こるひ害を，石像や金属がとけることのほかに１つ答えなさい。

［10点］〔　　〕

2　近年，空気中の二酸化炭素の量が急激にふえてきていることが，問題になっています。次の問いに答えなさい。［合計25点］

(1)　空気中の二酸化炭素が，近年，急激にふえはじめた原因は何ですか。次のア～エから１つ選び，記号で答えなさい。

［5点］〔　　〕

ア　火山のふん火が多くなったから。
イ　石油・石炭などの燃料を大量に燃やすようになったから。
ウ　焼き畑農業が世界中に広まったから。
エ　海面からの水の蒸発量がへったから。

(2)　(1)で選んだ原因のほかに，熱帯林をはじめとする森林がへったことも，二酸化炭素が急激にふえたことに深く関係しています。この理由を25字以内で答えなさい。

［10点］〔　　〕

(3)　このまま二酸化炭素がふえ続けると，どのような問題が発生すると考えられていますか。次のア～オから２つ選び，記号で答えなさい。

［各5点］〔　　〕〔　　〕

ア　世界各地で異常気象が起こりやすくなる。
イ　強いしがい線が地上にふりそそぎ，皮ふがんや目の病気がふえる。
ウ　強い酸性の雨が降り，湖や森林などの生物が死めつする。
エ　プランクトンが異常発生し，沿岸漁業の漁かく量が落ちる。
オ　南極の氷がとけ，海水面が高くなり，低地が水につかる。

3 人の活動のえいきょうで起こった，次の①～③の環境(かんきょう)問題について，あとの問いに答えなさい。

［5点ずつ…合計20点］

① 地球全体の平均気温が上がってきていること。
② 植物プランクトンが大量発生(たいりょうはっせい)して，海水が赤色に変色(へんしょく)すること。
③ 雨の性質(せいしつ)が変化して，石像(せきぞう)などをとかすようになってしまうこと。

(1) ①～③のことを何といいますか。名前を答えなさい。

①〔　　　　〕 ②〔　　　　〕 ③〔　　　　〕

(2) ②のおもな原因(げんいん)は何だと考えられていますか。次のア～エから1つ選(えら)び，記号で答えなさい。

〔　　　　〕

ア 二酸化炭素を多くふくむはい気ガス
イ ちっ素酸化物を多くふくむはい気ガス
ウ 養分(ようぶん)を多くふくむはい水
エ 養分をほとんどふくまないはい水

4 人と生物のかかわりについて，次の文を読んで問いに答えなさい。

［合計30点］

人は〔 ① 〕も〔 ② 〕も両方食べる動物です。このうち，〔 ① 〕は光合成(こうごうせい)をして〔 ③ 〕という養分をつくり出します。また，〔 ③ 〕と，根からとり入れた肥料(ひりょう)をもとにして，ほかの養分も体内でつくり出すことができます。

一方，〔 ② 〕は自分で養分をつくり出すことはできません。そのため，ほかの生物を食べて養分をとり入れています。

また，〔 ① 〕は〔 ③ 〕をつくり出すとき，空気中の〔 ④ 〕という気体をとり入れて，かわりに〔 ⑤ 〕を外に出します。このおかげで人は〔 ⑥ 〕することができます。

(1) 文中の〔　　〕にあてはまることばは何ですか。次のア～シから1つずつ選び，それぞれ記号で答えなさい。

［各4点］①〔　　〕 ②〔　　〕 ③〔　　〕
④〔　　〕 ⑤〔　　〕 ⑥〔　　〕

ア 岩石	イ 光合成	ウ 呼吸(こきゅう)	エ 酸素(さんそ)
オ 植物	カ 水蒸気(すいじょうき)	キ たんぱく質(しつ)	ク ちっ素
ケ でんぷん	コ 動物	サ 二酸化炭素	シ プランクトン

(2) もともとすんでいなかった生物を人がつれてきて，その生物がすみついてしまい，さまざまな問題を起こしています。このような生物のことを何というか，答えなさい。

［6点］〔　　　　〕

「オゾンホール」って何？

▶テレビや新聞で「オゾンホール」ということばを見たり聞いたりしたことはありませんか。「オゾンホール」というのは，地上から10〜50kmの上空で地球をおおっているオゾンという気体の層がうすくなっている所です。

▶オゾンホールは，オゾン層のオゾンがこわされてできました。

▶オゾン層は，太陽からくる有害なしがい線から生物を守るはたらきをしています。そのため，オゾン層がこわされると，しがい線が大量に地上までやってくるようになり，皮ふがんや白内障などの目の病気になる人がふえたり，農作物に悪いえいきょうが出たりします。

▶オゾン層をこわしているのはフロンガスという気体で，冷蔵庫やエアコン，スプレーなどに使われていましたが，現在では使用が禁止され，オゾンホールの拡大は止まってきています。

地球温暖化とカメの話

▶空気中の二酸化炭素がふえると，地球全体の気温が上がる地球温暖化という現象が起きます。温暖化は，カメにとっても大問題なのです。どのように大問題なのかというと……。

▶多くのカメは，卵のときの温度によっておすになるかめすになるかが決まってしまう，少し変わった動物です。たとえば，クサガメの場合，卵がある地中の温度が平均で26.8℃よりも高ければめすになり，逆にそれよりも低ければおすになります。ですから，温暖化が進むと，めすだけになってしまい，絶めつしてしまうおそれがあります。

▶カメと似たように，卵のときの温度でおすかめすかが決まってしまう動物にワニがいますが，ワニの場合，卵のときの温度が高いとおすになり，温度が低いとめすになります。

クサガメ

ミシシッピーワニ

野生の生物種がへっている!!

▶地球にすんでいる生物の種類は，300万～１億種といわれています。そのうち，わかっているのは約175万種です。つまり，地球に住んでいる生物種を少なく見つもって300万種としても約42%はまだわかっておらず，１億種だと約98%がまだわかっていないことになります。

▶ところが，まだわかっていないものもふくめて，野生の生物種がどんどん絶めつしているのです。しかも，そのおもな原因は人の活動にあります。

絶めつが心配されているオオタカ

▶野生の生物種は，自然のままでも少しずつ絶めつしていきます。しかし，昔と今では，そのはやさがまったくちがいます。約１億年前は100年で１種の生物種が絶めつしていたのが，100年前になると１年で１種となり，現在では１年で４万種の生物種が絶めつしていると考えられています。

▶野生の生物種がへるということは，自然と生物とのかかわりが変化し，こわれることにつながります。そうなると，もちろん人も生きていくことができなくなり，ほろんでしまいます。そうならないように，生物種を保護する活動が世界中でおこなわれています。

サワガニのすむ川

▶川にすむ生物は，川の水のよごれによって，直接えいきょうを受けます。そのため，水のよごれに弱い生物は，水のきれいな所にしかすめません。そこで，川にすむ生物の種類によって，川の水のよごれぐあいを知ることができます。

▶たとえば，サワガニやカワゲラの幼虫などがいれば，その川の水はきれいな水といえますが，ヒルやイトミミズがいれば，その川の水はよごれた水といえます。

▶サワガニがすめるような水になるよう，川をきれいにしていきましょう。

イトミミズ

サワガニ

まとめテスト

答え → 別冊16ページ
時間45分　合格点70点

得点	/100

1 私たち人間は，呼吸をして生きています。次の問いに答えなさい。〔合計32点〕

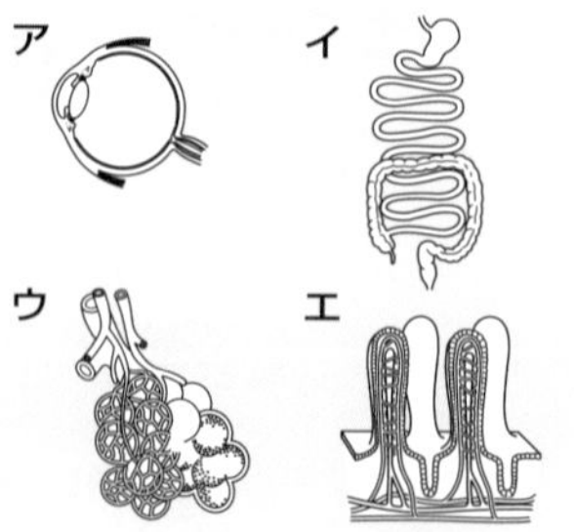

(1) 人間が，呼吸をして，空気中のある気体をとりこむはたらきをする所の図として正しいものを，右のア～エから１つ選び，記号で答えなさい。〔7点〕〔　　　〕

(2) 人間が呼吸してとりこむ気体について述べた文として最も適当なものを，次のア～エから１つ選び，記号で答えなさい。〔7点〕〔　　　〕

ア　空気に約80％ふくまれている気体で，水にとけにくい。
イ　二酸化マンガンに過酸化水素水をくわえることによってつくることができる気体で，この気体の中に，火のついた線香を入れると，線香は，ほのおを出して激しく燃える。
ウ　水にとかしたものに青色リトマス紙をつけると，青色リトマス紙は赤色に変化する。
エ　うすい塩酸の中に石灰石を入れることによって発生させることができる気体で，この気体を石灰水の中に入れてよくふると，石灰水は白くにごる。

(3) 人間が呼吸によってからだの中にとりこんだ気体を，全身に運ぶものは何ですか。漢字２字で答えなさい。〔9点〕〔　　　〕

(4) 全身に運ばれた気体と交かんして，からだの外へ出される気体は何ですか。漢字で答えなさい。〔9点〕〔　　　〕

〔京都府・京都教育大附属京都中〕

2 学校や病院などの大きな建物を建てるときに，その土地のいくつかの場所で地下にパイプを打ちこんで，地下深くの土や岩石をとり出すことがあります。そのようにしてとり出した物から，地層を直接見ることのできない場所でも，地下のようすを調べることができます。これについて，次の問いに答えなさい。〔合計26点〕

(1) 機械で地面に穴をほって地下の物をとり出す，この作業を何といいますか。カタカナで答えなさい。〔9点〕〔　　　〕

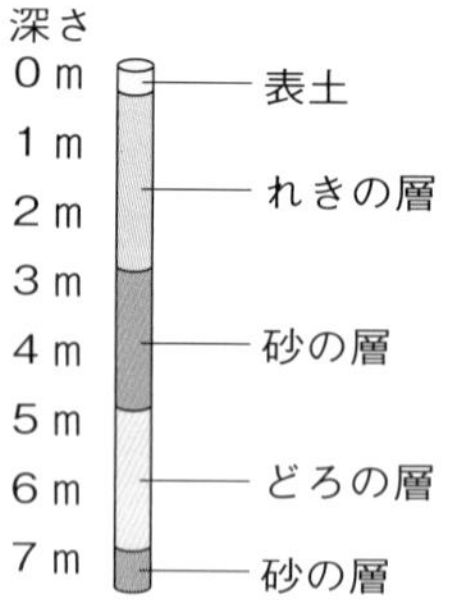

(2) 右図は，ある場所で(1)の作業をして，とり出したものです。深さ５～６m付近からとり出した試料はかたい岩石でした。この岩石の名前を答えなさい。〔9点〕〔　　　〕

(3) 地層についての説明として，まちがっているものを次のア～エから１つ選び，記号で答えなさい。〔8点〕〔　　　〕

ア　地層ができたとき，その場所は水底であったといえる。
イ　この試料をよく調べると，化石が見つかるかもしれない。
ウ　砂の層を調べると，大きいつぶの上に，小さなつぶが積み重なっている場合が多い。
エ　れきの層には，ごつごつと角ばった石や，小さな穴がたくさんあいた石がまじっている場合が多い。

〔京都府・京都教育大附属桃山中-改作〕

3

少量(しょうりょう)の水を入れた集気びんにふたをして，燃焼(ねんしょう)さじに乗せたろうそくを燃(も)やしたところ，しばらくすると火は消えてしまいました。次の問いに答えなさい。 ［合計 18 点］

(1) ろうそくの火が消えた理由を「びんの中に…」に続(つづ)けて，12 文字以内(いない)で書きなさい。

［9点］〔びんの中に　　　　　　　　〕

(2) 火の消えたろうそくをとり出したあと，ふたをしてびんをよくふって中の気体を水にとかしこみました。この気体をとかした水よう液(えき)の性質(せいしつ)としてあてはまるものはどれですか。ア～ウからすべて選(えら)び，記号で答えなさい。 ［9点］〔　　　　〕

ア　水よう液にスチールウールを入れると，細かなあわを出してとけた。

イ　水よう液に石灰水(せっかいすい)をくわえてふりまぜると，白くにごった。

ウ　水よう液をスライドガラスに１てきとってドライヤーで温めると，白い固体(こたい)が残(のこ)った。

〔東京都・筑波大附属駒場中-改作〕

4

植物は呼吸(こきゅう)（生きていくために養分(ようぶん)を使う）や光合成(こうごうせい)（生きていくための養分をつくる）をおこなっています。これらを調べるために以下(いか)の実験(じっけん)をおこないました。 ［合計 24 点］

〈実験〉 24 時間ほど暗室に置(お)いたはち植えのインゲンマメを使って次の実験をしました。図のようにＡの葉にはとう明なビニールぶくろを，Ｂの葉には光の量を半分しか通さない半とう明のビニールぶくろを，Ｃの葉には黒色のビニールぶくろをそれぞれかぶせて，日の当たる場所に５時間置きました。その後すぐに，それぞれの葉について以下のような操作(そうさ)をおこないました。ただし，１枚(まい)の葉の面積(めんせき)や重さは同じものとします。

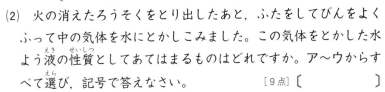

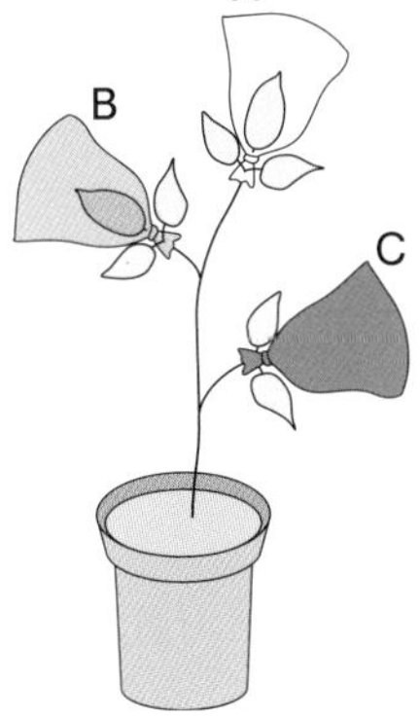

〈操作１〉 やわらかくなるまで湯にひたす。

〈操作２〉 葉を冷(つめ)たい水の入ったビーカーに入れて冷(さ)ます。

〈操作３〉 葉をヨウ素液(そえき)につける。

(1) インゲンマメの葉を 24 時間暗室に置いたのはなぜですか。次のア～オから１つ選(えら)び，記号で答えなさい。 ［8点］〔　　　　〕

ア　葉の緑色をなくすため　　　イ　葉をやわらかくするため

ウ　葉にふくまれているでんぷんをなくすため

エ　葉の消毒(しょうどく)をするため　　　オ　葉の成長(せいちょう)を止めるため

(2) 〈操作３〉をおこなったとき，色が最(もっと)もこく染(そ)まる葉はどれだと予想されますか。正しいものをＡ～Ｃから１つ選び，記号で答えなさい。 ［8点］〔　　　　〕

(3) 光を当てた後にＡ～Ｃの葉をとって重さをはかりました。Ａ～Ｃの重さの関係(かんけい)を示(しめ)しているもので最も適当(てきとう)なものを，次のア～オから１つ選び，記号で答えなさい。

［8点］〔　　　　〕

ア　Ａ＝Ｂ＝Ｃ　　　イ　Ａ＞Ｂ＞Ｃ　　　ウ　Ａ＜Ｂ＜Ｃ

エ　Ａ＝Ｂ＜Ｃ　　　オ　Ａ＞Ｂ＝Ｃ

〔広島県・広島女学院中〕

さくいん　この本に出てくるたいせつなことば

さ 行

た 行

な 行

は 行

ま 行

や 行

ら 行

わ 行

□ 編集協力　有限会社キーステージ21　出口明憲　平松元子
□ デザイン　福永重孝
□ 図版・イラスト　小倉デザイン事務所　藤立育弘　松田行雄　松見文弥　柳内雅浩　よしのぶもとこ
□ 写真提供　OPO　亀村俊二写真事務所　小松真一　JAXA　東京電力　NASA

シグマベスト
これでわかる
理科　小学6年

編　者　文英堂編集部
発行者　益井英郎
印刷所　凸版印刷株式会社
発行所　株式会社文英堂
〒601-8121　京都市南区上鳥羽大物町28
〒162-0832　東京都新宿区岩戸町17
(代表)03-3269-4231

●落丁・乱丁はおとりかえします。

ΣBEST
シグマベスト

これでわかる理科 小学6年

くわしく わかりやすい

答えと解き方

- 「答え」は見やすく，答えあわせをしやすいように，各ページの左側にまとめてあります。
- 「ここに気をつけよう」では，みなさんがまちがえやすい所をわかりやすく説明してあります。答えがあっていても，読んでください。

文英堂

1 物の燃え方と空気 本冊 8, 12, 17〜19 ページの答え

<table>
<tr><td>答　え</td><td>ここに気をつけよう</td></tr>
</table>

教科書のドリル　8ページ

❶ (1)消えて　　　(2)大きな
　(3)新しい空気　(4)上下
❷ (1)火が小さくなる。
　(2)消える。
　(3)新しい空気が入らなく
　　なるから。
❸ (1)イ　　(2)ウ
　(3)新しい空気
❹ (1)上にのぼっていく。
　(2)びんの中に吸いこまれ
　　る。

教科書のドリル　12ページ

❶ (1)二酸化炭素
　(2)酸素
　(3)酸素だけ，ちっ素だけ
❷ (1)A 酸素　B ちっ素
　(2)激しく燃える。
　(3)消える。
❸ (1)①過酸化水素水
　　　（オキシドール）
　　②二酸化マンガン
　　③酸素
　(2)最初は三角フラスコ内
　　の空気がまざっている
　　から。
❹ウ

教科書のドリル　17ページ

❶ (1)白くにごる
　(2)へり，ふえて
　(3)ない
❷ (1)酸素
　(2)白くにごる。
　(3)二酸化炭素

❶ (2)大きなびんのほうが，中の空気が多いからです。
　(4)あたためられた空気は上に上がるので，下に空気が入るすきま，上に空気がぬけるすきまがあればよく燃えます。
❷ (1)少しずつふたをしていくと，空気の出入りする所がせまくなり，火が小さくなります。
　(2)(3)空気の出入りがなくなると，新しい空気が入ってこられなくなり，火が消えてしまいます。
❸ (1)(3)上下にすきまがあると，新しい空気が入ってきやすいので，ろうそくの火もよく燃えます。
　(2)アとウはどちらも上だけあいていますが，ウのほうが小さなすきまで，空気が入りにくいので，小さなほのおになります。
❹ 下から上に空気の流れがあるので，線香のけむりも同じように動きます。

❶ (1)二酸化炭素は，空気中の約0.04%をしめる気体です。
　(2)酸素は，自分自身は燃えずに，ほかの物を燃やすはたらきがあります。
　(3)空気中に酸素は21%しかありませんが，酸素だけを集めたびんの中は，100%が酸素なので，物が激しく燃えます。
❷ (1)空気の約5分の4はちっ素，約5分の1は酸素です。
　(2)酸素の割合が高いので激しく燃えます。
　(3)酸素がないので，火がすぐに消えてしまいます。
❸ (1)液体の過酸化水素水（オキシドール）は，二酸化マンガン（黒いつぶ）と反応して，気体の酸素を出します。
　(2)酸素が発生しはじめると，最初に三角フラスコ内の空気が出てきます。そのため，フラスコの体積と同じぐらいの気体が出てきた後に，気体を集めはじめます。
❹ 線香は，空気中ではほのおを上げずに燃えますが，酸素中ではほのおを上げて燃えます。

❶ (1)石灰水に二酸化炭素がとけると，白くにごります。
　(2)ろうそくや木，紙，布などが燃えると，空気中の酸素がへって，かわりに二酸化炭素がふえます。
　(3)二酸化炭素やちっ素に，物を燃やすはたらきはありません。
❷ 物が燃えるときに酸素を使うので，空気の出入りがなければ，そのうち火が消えてしまいます。また，燃えてできた二酸化炭素を石灰水にとかすと，石灰水が白くにごります。

❸ (1)イ
(2)酸素はへり，二酸化炭素はふえる。

❹ (1)イ　　(2)ウ→イ→ア

テストに出る問題　18ページ

❶ (1)ウ　　(2)①イ
②びんの下から，新しい空気が中に入ってくるから。　③ア

❷ (1)ア　　(2)白くにごる。
(3)イ

❸ (1)A過酸化水素水
(オキシドール)
B二酸化マンガン
(2)イ　　(3)ウ　　(4)ア

❹ (1)ウ　　(2)炭（木炭）
(3)同じように炭になる。

❸ 木やろうそくを燃やすと，酸素がへり二酸化炭素がふえます。
❹ (1)空気の量が少なければ赤いほのお，ちょうどよければ青いほのおです。空気が多すぎると青白くなります。
(2)火をつけるときと逆で，空気調節ねじを最初にしめます。

❶ (2)下のあなから新しい空気が入り，上のあなから出ていきます。そのため，びんの中の酸素が少なくなることはないので，ほのおが燃え続けます。また，下のすきまに線香を近づけると，けむりが引きこまれます。
❷ (1)火が消えたのは，二酸化炭素がふえたからではありません。
(2)(3)ろうそくが燃えると二酸化炭素ができるので，びんをふると，石灰水に二酸化炭素がとけて，白くにごります。
❸ (1)二酸化マンガンにうすい過酸化水素水（オキシドール）をくわえると，酸素が出てきます。
(2)入れた過酸化水素水が水そうのほうに出てこないよう，イのように，ガラス管の長さを調節します。
❹ (1)木や木綿などをむし焼きにすると，気体が出てきます。この気体に火をつけると，ほのおを上げて燃えます。
(2)(3)木や木綿などをむし焼きにすると，炭になります。

2 人や動物のからだ　本冊26，32，37～39ページの答え

答え	ここに気をつけよう

教科書のドリル　26ページ

❶ (1)二酸化炭素，酸素，酸素，二酸化炭素
(2)白くにごる

❷ A 二酸化炭素
B 酸素

❸ (1)○　　(2)×　　(3)×

❹ (1)①気管支
②毛細血管
(2)Aイ　Bア

❺ (1)A　　(2)えら

教科書のドリル　32ページ

❶ (1)ア口　イ食道　ウ胃
エすい臓　オ大腸
カ小腸　キこう門
クかん臓　ケたんのう

❶ (1)吸いこんだ空気の中の酸素は，肺の中で血液にとりこまれ，血液にとけていた二酸化炭素が，肺に出されます。
(2)二酸化炭素が石灰水にとけると，石灰水は白くにごります。
❸ (2)クジラは水中の生物ですが，魚のなかまではありません。そのため，えらをもっておらず，肺で呼吸をしています。
(3)はく息に入っている酸素は，もとの空気よりも少なくなっています。それでも，約16～17％は残っています。
❹ (1)気管が枝分かれした管を気管支といい，肺ほうという小さなふくろにつながっています。肺ほうのまわりには，毛細血管という細い血管が，あみのようにとりまいています。
❺ 魚のなかまは，肺をもっていません。水中にとけている酸素を，えらを使ってとり入れています。

❶ (1)(2)食べ物は，ア口→イ食道→ウ胃→カ小腸→オ大腸→キこう門 の順に通っていきます。この食べ物の通り道のことを，消化管といいます。食べ物は，エのすい臓，クのかん臓，ケのたんのうは通りません。

(2)ア→イ→ウ→カ→オ→キ

(3)ア，ウ，カ　(4)カ

❷ (1)B

(2)だ液がでんぷんを消化したから。

❸ (1)小腸

(2)じゅう毛

(3)①×　②×

(3)イの食道，オの大腸，キのこう門では消化液は出ません。

(4)消化された養分や水分は，カの小腸で吸収され，残った水分をオの大腸で吸収します。そして，残ったものが便となってこう門からからだの外に出されます。

❷ でんぷんはヨウ素液を青むらさき色に変えます。Aはでんぷんだけなので，ヨウ素液は青むらさき色に変わります。いっぽうBに入っていたでんぷんは，だ液によって消化され，糖に変わってしまうので，青むらさき色になりません。

❸ (1)(2)小腸にはたくさんのひだがあり，じゅう毛という小さなとっ起があります。このとっ起が，養分とふれる面積を広げて，吸収しやすくしています。

教科書のドリル　37ページ

❶ (1)養分　(2)酸素

(3)二酸化炭素

❷ (1)ア 右心ぼう

イ 右心室

ウ 左心ぼう

エ 左心室

(2)A　(3)B

(4)血液を全身に送り出すはたらき。

❸ (1)A

(2)C 二酸化炭素

D 酸素

(3)⑥

❹ (1)×　(2)○　(3)○

❶ 血液は，吸収した養分や酸素などを全身に運び，いらなくなった二酸化炭素やアンモニアなどを運び去ります。

❷ (1)心臓のへやは，本人の左手側が，それぞれ左心ぼうと左心室，本人の右手側が，それぞれ右心ぼうと右心室という名前です。そのため，正面から見ると，左右逆になります。

(2)(3)肺から送られてくる，酸素のたくさん入った血液は，左心ぼうにもどされて，左心室から全身に送られます。全身から送られてくる，二酸化炭素の多い血液は，右心ぼうにもどってきて，右心室から肺に送られます。

❸ (3)養分はおもに小腸で吸収され，かん臓でたくわえられます。そのため，食後は小腸とかん臓をつなぐ血管に，養分が最もたくさんふくまれています。

❹ (1)心臓から出ていく血液が流れる血管を動脈，心臓にもどる血液が流れる血管を静脈といいます。静脈には逆流をふせぐ弁があります。

(3)水のしみこんだガーゼをかけるほかに，とう明なふくろに水とヒメダカを入れて観察する方法もあります。

テストに出る問題　38ページ

1 (1)イ　(2)二酸化炭素

(3)肺

2 (1)C　(2)ウ

(3)B　(4)E

(5)A 食道　D 気管

(6)肺ほう

3 (1)ウ

(2)ヨウ素液

(3)①でんぷん　②だ液

(4)ア

4 (1)Aa　Bb　(2)ア

(3)ア　(4)B　(5)A

1 (1)(2)空気中の二酸化炭素は約0.04％しかありませんが，はく息の中には約4％の二酸化炭素がふくまれます。これが石灰水にとけると，石灰水が白くにごります。

2 (1)(2)A食道は消化管ですが，食べ物を消化するはたらきはもっていません。C胃では，胃液という消化液が出され，たんぱく質を消化しています。

(3)酸素をとり入れて二酸化炭素を出すのは，B肺のはたらきです。

(6)肺の中には，肺ほうという小さなふくろがあります。

3 (1)だ液などの消化液は，ふつう体温に近い温度で最もよくはたらきます。

(2)でんぷんがあるかを調べるのに使うのはヨウ素液です。ヨウ素液は，でんぷんがあると青むらさき色になります。

4 全身から心臓にもどる血管Bの血液には二酸化炭素，肺から心臓にもどる血管Aの血液には酸素が多くふくまれています。

3 植物のからだと日光　本冊 44, 49, 53～55 ページの答え

答え

教科書のドリル　44 ページ

❶ (1)でんぷん
(2)青むらさき
(3)芽，根
(4)青むらさき，でんぷん，養分

❷ (1)でんぷん
(2)青むらさき

❸ ウ

❹ (1)10cm
(2)30cm
(3)ぶよぶよになっている。
(4)いもの中のでんぷんが成長に使われたから。

ここに気をつけよう

❶ (1)(2)ジャガイモのしるがかんそうしたあとに残るつぶが，でんぷんです。でんぷんは，茶色のヨウ素液をかけると青むらさき色になる性質をもっています。
(3)ジャガイモの表面にはたくさんのくぼみがあります。このくぼみから芽が出て，しばらくすると根が出てきます。
(4)ジャガイモのでんぷんは，葉やくきの成長に使われます。

❸ ジャガイモの芽は，いものくぼみから出てきます。そのあと，芽のつけねから根がはえてきます。

❹ (3)葉やくきが育ったころにたねいもをほり出すと，ぶよぶよと，やわらかくなっています。
(4)ぶよぶよになったジャガイモにヨウ素液をたらしても，ヨウ素液は青むらさき色になりません。これは，いもの中のでんぷんが，葉やくきを大きくするために使われてしまったからです。

答え

教科書のドリル　49 ページ

❶ (1)エタノール，ぬいて
(2)水，二酸化炭素(順不同)，光(日光)
(3)糖

❷ (1)右図

(2)でんぷん

❸ (1)①イ　②ア　③ウ
(2)昼間つくられたでんぷんは，夜の間に葉からなくなる。

❹ (1)×　(2)○

❺ ア

ここに気をつけよう

❶ (1)葉を湯につけてやわらかくしたあと，湯で温めたエタノールにつけると，葉の緑色がぬけて，葉の色が白っぽくなります。すると，ヨウ素液をつけたときの色の変化がわかりやすくなります。
(2)(3)植物が光のエネルギーを使って，水と二酸化炭素からでんぷんと酸素をつくることを光合成といいます。つくられたでんぷんは糖に変わって移動します。

❷ でんぷんができた部分は，青むらさき色に変わります。しかし，アルミニウムはくでおおった部分にはでんぷんはできません。そのためアルミニウムはくでおおっていない葉だけ色が変わります。

❸ 夕方太陽がしずむと，光合成ができなくなり，葉のでんぷんは糖になって移動します。そのため，だんだん葉の中のでんぷんは少なくなっていきます。

❹ (1)植物の葉は，光がなければでんぷんをつくり出すことができません。
(2)いもの中のでんぷんは，もともとは葉でつくられたものです。

❺ ふつう，植物の葉はできるだけ多くの葉が日光を受けられるように，上から見たときに重ならないようについています。

教科書のドリル　53ページ

❶ (1)道管，葉
(2)外，上
(3)気こう，裏
❷ (1)道管　(2)ウ
❸ (1)ア　(2)ア
❹ (1)気こう　(2)蒸散

❶ (1)根で吸い上げられた水は，くきにある道管というくだを通って葉まで運ばれます。ホウセンカなどの道管は，くきの外側に近い所に，輪のように並んでいます。
❷ ホウセンカの根を色のついた水につけておくと，くきや葉の中の，水の通り道が染まります。
❸ 吸い上げられた水は，おもに葉の気こうから蒸発するので，葉をとってしまったホウセンカのふくろは，あまりくもりません。

テストに出る問題　54ページ

1 (1)ウ　(2)ウ
(3)ヨウ素液
2 (1)葉の色をぬくため。
(2)イ
(3)葉がでんぷんをつくるためには，日光が必要なこと。
3 (1)でんぷん　(2)糖
(3)でんぷんのままでは水にとけないから。
(4)イ
4 (1)葉がついているほう
(2)葉のあるものとないものをくらべれば，葉が水の蒸発にかかわっているのかがわかるから。

1 (1)ジャガイモのしるには丸い形のでんぷんがふくまれます。
(2)でんぷんは，葉で光合成によってつくられます。
(3)でんぷんにヨウ素液をかけると，青むらさき色に変わります。
2 (1)葉の緑色はエタノールでぬくことができます。
(2)(3)葉では光合成ででんぷんがつくられるので，ヨウ素液をつけると青むらさき色になります。しかし，アルミはくでおおった部分には日光が当たらないので，でんぷんができません。そのため，おおった部分の色は変わりません。
3 (1)(2)ジャガイモの葉でつくられたでんぷんは，いったん糖に変化して運ばれ，いもでふたたびでんぷんに変わります。
(3)でんぷんは水にとけにくいので，水にとけやすい糖に変化させて，全体にいきわたらせています。
(4)新しいいものでんぷんは，古いいもから運ばれたものではなく，葉でつくられたものです。
4 (1)根から吸い上げられた水は，葉の表皮にある気こうというすきまから蒸発します。これを蒸散といいます。
(2)葉のついているものと，葉をとったものをくらべなければ，本当に葉が蒸散に関係しているのかわかりません。

4 生物と環境

本冊 62, 69～71 ページの答え

答え	ここに気をつけよう

教科書のドリル　62ページ

❶ (1)植物，光合成
(2)血液
(3)水，二酸化炭素（順不同）
(4)呼吸，光合成
(5)雲，雪，雨（雲，雨，雪）

❶ (1)(3)植物は光合成をして，二酸化炭素と水からでんぷんと酸素をつくり出します。
(2)動物のからだの中で必要な物やいらない物は，血液にとけて運ばれています。
(4)動物も植物も，呼吸をして酸素をとり入れ二酸化炭素を出しています。植物は光合成をして，たくさんの二酸化炭素をとり入れたくさんの酸素を出しています。

❷ (1)根
(2)二酸化炭素，酸素，養分，にょう素など
(3)いない

❸ (1)①呼吸　②燃焼
③光合成
(2)→二酸化炭素
→酸素

❹ (1)ア酸素　イ二酸化炭素
(2)→光合成　→呼吸

❷ (1)植物は根から水をとり入れて，葉の気こうから蒸発させています。
(3)どんな動物も植物も，みな水を使って生きています。

❸ 動物は，呼吸をして，酸素をとり入れ二酸化炭素を出します。同じように，工場や自動車で燃焼がおこると，酸素を使って二酸化炭素を出します。植物は呼吸もしますが，光合成をして，二酸化炭素をとり入れ，酸素を出しています。

❹ (1)動物がとり入れているのは酸素，出しているのは二酸化炭素です。
(2)動物と植物の両方がおこなっているのが呼吸，植物だけがおこなっているのが光合成です。

教科書のドリル　69ページ

❶ (1)できない
(2)水，二酸化炭素
(3)草食動物，肉食動物

❷ Aア，ウ，エ，オ，ク
Bイ，カ，キ

❸ ア＞イ＞ウ

❹ イ

❺ ア…アオミドロ
イ…ゾウリムシ
ウ…ミジンコ
エ…ミカヅキモ

❶ (1)(2)動物は日光を受けてでんぷんをつくることができないので，植物が光合成でつくり出した養分を食べて生きています。植物は二酸化炭素と水から光合成をして，でんぷんと酸素をつくり出しています。
(3)おもに植物を食べる動物を草食動物，動物を食べる動物を肉食動物とよびます。

❷ ミジンコは小さな植物プランクトンなどを食べる草食動物です。カエルの親は，小さなこん虫などを食べます。

❸ 合計の重さをくらべると，ふつう自然界には食べる生物よりも，食べられる生物のほうがたくさん生きています。

❹ ダンゴムシはかれ葉を食べて生きています。

❺ ア～エは，水の中の生物の代表的なものです。必ずおぼえておきましょう。

テストに出る問題　70ページ

1 (1)A雨(雪)　B水蒸気
C川の水　D地下水
(2)ウ

2 (1)右図
(2)食物連鎖
(3)①ウ
②ウ
③ウ

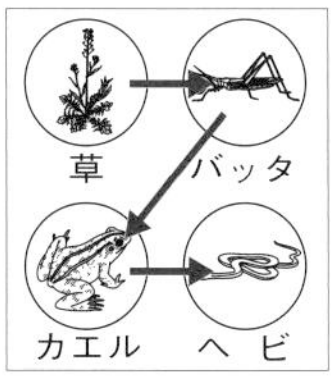

3 (1)イ
(2)①肺　②血液
③二酸化炭素

4 (1)イ，カ　(2)イ　(3)ウ

5 ア…イカダモ
イ…ミカヅキモ
ウ…ミジンコ
エ…アオミドロ
オ…ワムシ

1 (1)雨や雪として地上に降った水は，川の水や地下水となって海や湖に流れ，太陽の熱によって蒸発して水蒸気となります。水蒸気は上空で雲に変わり，やがて雨や雪になります。
(2)水は地上と空気中の間をじゅんかんしており，量は一定です。

2 (1)(2)草はバッタに食べられ，バッタはカエルに食べられ，カエルはヘビに食べられます。このようなつながりを食物連鎖といいます。
(3)ふつう，動物は自分の体重よりもはるかに多くの量の生物を食べて生きています。

3 (1)酸素は，空気の約21％をしめ，残りの約79％のほとんどをちっ素がしめます。

4 (1)カビや細きんのように目に見えないほど小さな生物をび生物といいます。

5 これらのび生物は代表的なものです。おぼえておきましょう。

5 月と太陽　本冊77,81～83ページの答え

答え	ここに気をつけよう

教科書のドリル　77ページ

❶ (1)満ち欠け
(2)新月，三日月
(3)満月，半月
(4)公転

❷ (1)下げん　(2)エ

❸ (1)ア→オ→エ→ウ→イ→カ→ア
(2)A

❶ (1)月の見かけの形が変わることを満ち欠けといいます。
(2)(3)全く見えなくなった月を新月，まん丸に見える月を満月とよびます。半分だけ見える月を半月とよびます。

❷ (1)新月のあとの半月を上げんの月とよび，右半分が光っています。満月のあとの半月を下げんの月とよび，左半分が光っています。
(2)太陽は月の光っている側にあります。

❸ 月は新月のあと右側から大きくなり，満月のあと右側から欠けていきます。

教科書のドリル　81ページ

❶ (1)光球，黒点
(2)自転
(3)陸(高地)，海
(4)クレーター

❷ (1)○　(2)×　(3)○
(4)○　(5)○

❸ (1)イ　(2)×　(3)×
(4)ア　(5)イ　(6)イ

❹ (1)日食
(2)日食…アーウーイ
(イーウーア)
月食…アーイーウ
(ウーイーア)

❶ (1)太陽の光を出している部分を光球とよび，その中で暗く見える部分を黒点とよびます。黒点も光を出していますが，まわりより温度が低いので暗く見えます。
(2)太陽や月や地球がこまのように回ることを自転，地球が太陽のまわりを，月が地球のまわりを回ることを公転といいます。
(3)月の黒っぽくて平らな所を海といいます。月の海には，水がありません。

❷ (1)満月はかならず太陽の反対側に見えます。
(2)月の表面に，水や大気はありません。
(4)いつも，月の半分には太陽の光が当たっています。当たっている部分を見る方向が変わるので，満ち欠けして見えます。

❸ (4)太陽は地球の約109倍の大きさです。
(6)月は，地球にいつも同じ方向を向けています。

❹ (1)地球から見て月が太陽をかくしてしまうことを日食，月が地球のかげに入って見えなくなってしまうことを月食とよびます。

テストに出る問題　82ページ

1 A エ　B オ　C カ
D ウ

2 (1)オ　(2)新月　(3)ア
(4)右図

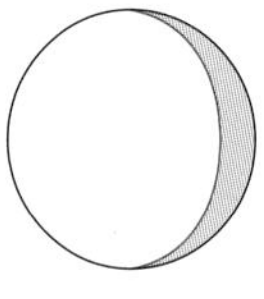

(5)イ

1 A月がAの位置にあるとき，右側が光って見えます。また，半月よりも太陽の向きに近いので，半月よりも欠けて見えます。よって正解はエとなります。

2 (1)(3)満月のとき，地球から見て月は太陽の反対にあります。そのため，太陽が西にあるとき，月は東に見えます。
(5)月は約29.5日で満ち欠けをしています。よって，新月→上げんの月→満月→下げんの月→新月と変化するのに必要な日数は，それぞれ約7.4日ずつです。1月25日は，1月3日の満月から数えて22日目なので，上げんの月が見えます。

❸ (1)月食　(2)ア　(3)ウ

❹ (1)Ⅱ　(2)黒点
(3)イ　(4)クレーター
(5)太陽

❸ 月全体または月の一部が地球のかげに入り，月が欠けて見えることを月食といいます。このとき，位置関係は，太陽－地球－月の順番です。そのため，月食が起きるのは満月のときだけです。

❹ 太陽の表面には黒点，月の表面にはクレーターが見えます。

6 土地のつくりと変化　本冊 90, 94, 99, 103～105 ページの答え

答え	ここに気をつけよう

教科書のドリル　90 ページ

❶ (1)地層
(2)ボーリング
(3)大きさ　(4)岩石
(5)れき，砂，どろ
(6)れき

❷ (1)〇　(2)×

❸ (1)ア　(2)しずむ速さ

❹ Aア　Bウ　Cイ

❶ (1)(3)がけなどにしまもようがみられるのは地層があるからです。ふつう，地層の層ごとにつぶの大きさがちがいます。
(2)地下の岩石をくりぬいてとりだす方法をボーリングといいます。ボウリングと書くのはまちがいです。

❷ ふつう，地層はがけの中まで広く続いています。そのため，切り通しの片方にしまもようがあれば反対側のがけにもあります。

❸ 大きなつぶのほうが速くしずむ性質をもっています。

❹ 小さなつぶのどろはしずみにくいので，河口近くにはあまりつもらず，遠くまで運ばれます。

教科書のドリル　94 ページ

❶ (1)でい，砂
(2)もち上げ　(3)化石

❷ (1)水のはたらきを受けてできた。
(2)たい積岩
(3) Aれき岩　Bでい岩

❸ (1)断層
(2)両側から強い力で引っぱられてできた。
(3)しゅう曲
(4)両側から強い力でおされてできた。
(5)ヒマラヤ山脈，アルプス山脈など

❹ 時代…アンモナイト
環境…アサリ

❶ (1)たい積岩には，どろがかたまったでい岩，砂がかたまった砂岩，れきがかたまったれき岩などがあります。
(2)多くの地層は，水中でつくられたものです。地上で見られるのは，大地のはたらきでもち上げられた地層です。
(3)生物の骨や葉，生活のあとなどが残ったものを化石といいます。多くは，石に変化しています。

❷ (1)地層やたい積岩の中の丸いつぶは，水のはたらきを受けたつぶです。
(2)たい積岩をつくっているつぶの大きさをくらべると，つぶの大きいほうかられき岩，砂岩，でい岩の順番になります。

❸ (1)(2)アのような地層のずれを断層とよび，地層が左右から引っぱられたりおされたりしてできたものです。アの断層は引っぱられてできたものです。
(3)(4)イのような地層のうねりをしゅう曲とよび，地層が左右からおされてできたものです。

❹ アンモナイトの化石は，その地層が約１億年前～２億年前にできたことをあらわしています。また，アサリの化石は，その地層ができたころ，浅い海だったことをあらわしています。

教科書のドリル　99ページ

❶ (1)火山灰，角ばった
(2)マグマ，よう岩
(3)湖

❷ (1)①よう岩　②マグマ
③マグマだまり
(2)火山ガス

❸ ①イ，ウ　②ア，オ
③エ

❹ ①浅間山　②有珠山
③富士山　④三原山
⑤桜島

❶ (1)火山のふん火で出される細かいつぶを火山灰といい，水のはたらきを受けていないので，角ばった形をしています。
(2)地下にあるマグマが，ふん火で地上に出ると，火山ガス，火山灰などをはき出し，よう岩に変わります。
(3)よう岩によって川がせき止められてできた湖をせき止め湖といいます。栃木県の中禅寺湖などが有名です。
❷ (1)マグマがたまっている場所をマグマだまりといいます。
(2)火山ガスのなかで最も多い気体は，水蒸気です。
❸ ①は，ねばりけの強い(大きい)よう岩の火山，③は，ねばりけの弱い(小さい)よう岩の火山，②はその中間ぐらいの火山です。
❹ 本冊98ページの火山の名前と位置は覚えておきましょう。

教科書のドリル　103ページ

❶ (1)しん源　(2)ウ
(3)津波

❷ (1)ゆれの強さ(ゆれはば)
(2)弱い，強い

❸ (1)ウ　(2)ア
(3)しん度

❹ (1)断層
(2)土砂くずれ(がけくずれ，山くずれ)

❶ (1)地しんの発生した地下の場所をしん源，そのま上にある，地上の場所をしん央といいます。
❷ (1)地しん計の記録は，たてがゆれの強さ，よこが時刻をあらわします。よって，アが大きいほど強いゆれです。
❸ しん度は起こったゆれの強さを表すので，場所によってちがいます。マグニチュードは地しんのきぼ(エネルギーの大きさ)で，地しんごとに1つだけ決められます。
❹ (1)引っぱったりおしたりする力が大地に加わると，切れ目が入ります。このようにしてできたずれを，断層といいます。

テストに出る問題　104ページ

1 (1)⑥　(2)①，③
(3)④　(4)④
(5)水のはたらきを受けたから。
(6)浅い海
(7)③でい岩　⑤砂岩
⑥れき岩

2 ①海の底　②土砂
③骨　④石　⑤しゅう曲

3 (1)よう岩　(2)イ
(3)ウ

4 (1)断層　(2)ウ　(3)B
(4)地しんのゆれが大きいから。弱いゆれの続く時間が短いから。のうち1つ

1 (1)(2)(5)大きなつぶほどしずみやすいので，河口に近い所につもり，小さなつぶほどしずみにくく，遠い所につもります。これらのつぶは水のはたらきで，丸くなっています。
(3)(4)火山灰の層は，火山がふん火したときに出された火山灰が積もったものです。火山灰は水のはたらきを受けていないので，れきや砂，どろとくらべて角ばっています。
(6)アサリは浅い海で生活するので，アサリの化石のある地層ができた当時は，浅い海だったということがわかります。
2 化石になりやすいのは，骨や歯，貝がらのような固いものです。肉のようなものは，あまり残りません。
3 (1)マグマが地上にふきだした物を，よう岩といいます。
(2)このような形をした火山は，ふつう，中ぐらいのねばりけをもったよう岩を出します。
(3)津波は，ふつう大きな地しんによって発生します。
4 (2)断層は，大地が強い力で引っぱられたりおされたりして，地層が切れ，ずれができたものです。
(3)(4)ふつう，しん源に近いほうが強くゆれます。また，しん源に近いほうが，弱いゆれが始まってから強いゆれがくるまでの時間が短くなります。

7 水よう液の性質

本冊 114, 119～121 ページの答え

答え

教科書のドリル 114ページ

❶ (1)アルカリ
(2)酸　(3)中　(4)黄
(5)緑　(6)青

❷

①	赤	②	×
③	×	④	青
⑤	×	⑥	×
⑦	赤	⑧	×
⑨	×	⑩	×
⑪	赤	⑫	×
⑬	×	⑭	青
⑮	×	⑯	青

❸ (1)白，消石灰
(2)塩化水素，
何も残らない
(3)食塩
(4)気，何も残らない

❹ (1)イ　(2)二酸化炭素

ここに気をつけよう

❶ (1)(2)(3)赤色リトマス紙にアルカリ性の水よう液をつけると青色に，青色リトマス紙に酸性の水よう液をつけると赤色に変わります。これ以外のリトマス紙の色は変わりません。
(4)(5)(6)BTBよう液は，酸性で黄色，中性で緑色，アルカリ性で青色に変わります。

❷ これらの水よう液のうち，塩酸と炭酸水とホウ酸水は酸性，水酸化ナトリウム水よう液と石灰水とアンモニア水はアルカリ性，砂糖水と食塩水は中性です。

❸ (1)石灰水は，消石灰という固体が水にとけたものです。そのため，石灰水を蒸発させると消石灰の白いつぶが残ります。
(2)塩酸は，塩化水素という無色の気体が水にとけたものです。そのため，塩酸を蒸発させても何も残りませんが，蒸発するとき塩化水素の強いにおい(しげきしゅう)がします。
(3)食塩水は，食塩が水にとけたものなので，食塩水を蒸発させると，食塩の白いつぶが残ります。
(4)アンモニア水は，アンモニアという無色の気体が水にとけたものです。そのため，アンモニア水を蒸発させても何も残りませんが，アンモニアの強いにおいがします。

❹ 気体のとけた水よう液を温めると，とけていた気体が出てきます。炭酸水は，二酸化炭素が水にとけたものなので，あたためると二酸化炭素が出てきます。そのため，出てきた気体を石灰水に通すと，石灰水が白くにごります。

教科書のドリル 119ページ

❶ (1)鉄
(2)水素

❷ (1)水素　(2)とける。
(3)イ

❸ (1)B，C　(2)水素
(3)ア　(4)C

❶ (2)アルミニウムをアンモニア水に入れると，1週間ぐらいかけて，水素を出しながらゆっくりととけていきます。

❷ アルミニウムは，塩酸にも水酸化ナトリウム水よう液にもとけますが，塩酸と水酸化ナトリウム水よう液が中和したものにはとけません。そのため，あわが出なくなったとき，水よう液は中性です。

❸ (1)(2)鉄とアルミニウムは塩酸にとけて水素を出しますが，銅はとけません。
(3)鉄のとけた塩酸を蒸発させると黄色い固体が，アルミニウムのとけた塩酸を蒸発させると白い固体が残ります。

テストに出る問題 120ページ

1 (1)ア 酸性　イ 中性
ウ アルカリ性

1 (1)アとエは，青色リトマス紙が赤色になっているので酸性，イは，どちらも変化していないので中性，ウは，赤色リトマス紙が青色になっているのでアルカリ性です。

(2)ア 塩酸　イ 食塩水
ウ アンモニア水
エ 炭酸水
(3)とけていた気体が蒸発してしまうから。

2 (1)消える。
(2)白くにごる。
(3)二酸化炭素
(4)へこむ。
(5)二酸化炭素が水にとけるから。

3 (1)アルカリ性　(2)ア

4 (1)銅
(2)アルミニウム
(3)水素
(4)鉄，アルミニウム
(5)イ　(6)ア

(2)アはアルミニウムをとかす酸性の水よう液なので塩酸，イは中性の水よう液なので食塩水，ウはアルミニウムをゆっくりととかすアルカリ性の水よう液なのでアンモニア水，エはアルミニウムをとかさない酸性の水よう液なので炭酸水です。

2 (1)びんの中に酸素は入らないので，火は消えます。
(2)(3)炭酸水にとけている気体は二酸化炭素です。二酸化炭素は石灰水を白くにごらせる性質をもっています。
(4)(5)プラスチックの容器の中の二酸化炭素が水にとけたぶんだけ，中の気体の体積がへり，容器がへこむのです。

3 (1)BTBよう液にアルカリ性の液を入れると，青くなります。
(2)石灰水には，消石灰の固体がとけています。そのため，蒸発させると白い固体が残ります。

4 (1)(2)鉄は塩酸に，アルミニウムは塩酸と水酸化ナトリウム水よう液の両方にとけます。銅はどちらにもとけません。
(3)アルミニウムを塩酸や水酸化ナトリウム水よう液に入れてとかすと，水素のあわを出します。
(4)(5)(6)金属を塩酸にとかし，塩酸を蒸発させると，固体が残ります。しかし，これはもとの金属とは別の物です。

8 てこのはたらき

本冊 128, 134, 135, 139～141 ページの答え

答え

教科書のドリル 128ページ

❶ (1)ア，エ　(2)てこ

❷ (1)ア 上向き　イ 下向き
(2)小さくなる。

❸ (1)ア 作用点　イ 支点
ウ 力点
(2)砂ぶくろの重さ，手でおす力
(3)右　(4)左　(5)右
(6)イ

教科書のドリル 134ページ

❶ (1)水平，止まって
(2)同じ　(3)12cm

❷ (1)4番　(2)2個
(3)左うでが下がる。
(4)ウ

ここに気をつけよう

128ページ

❶ アやエのように，棒をてこにして短いほうにバケツを下げ，長いほうに力をくわえると，楽にもち上げることができます。

❷ (1)アのバケツにかかる力は，バケツをもち上げる上向きの力です。いっぽう，棒がイのひもにくわえる力は，下向きです。
(2)支点には，砂ぶくろの重さと，手が棒にかけている力の合計の力がはたらいています。そのため，バケツの中身を軽くすると，支点にかかる力も小さくなります。

❸ (1)物に力がはたらく（作用する）点アを作用点，棒を支える点イを支点，力をくわえる点ウを力点といいます。
(3)(4)(5)支点と作用点のきょりが短いほうが，また，支点と力点のきょりが長いほうが，楽にもち上げられます。

134ページ

❶ (3)実験用てこの目もりは，等間かくについています。そのため，2番が支点から8cmのとき，目もり1つで4cmぶんの長さなので，3番までのきょりは4cm×3＝12cmです。

❷ てこをかたむけるはたらきは，「おもりの重さ×支点からのきょり」できまります。この数字が左右で同じならつり合います。ちがうなら，数字が大きいほうが下にかたむきます。

教科書のドリル 135ページ

❶ (1)60

(2)

支点(してん)からのきょり	かたむけるはたらき
1	30
2	60
3	90
4	120
5	150
6	180

(3)2番

❷ (1)つり合う。
(2)左うで…80
右うで…100
(3)4個(こ)

❸ (1)左うで…70
右うで…120
(2)左うでの5番

❶ (1)おもりの重さが20g，支点からのきょりが3なので，左うでをかたむけるはたらきは20(g)×3＝60となります。
(2)てこをかたむけるはたらきは，おもりの重さが30gなので，30(g)×支点からのきょりになります。
(3)つり合うのは，左右のかたむけるはたらきが同じになるときです。右うでをかたむけるはたらきが60になるのは，支点からのきょりが2のときです。

❷ (1)左うでをかたむけるはたらきは，40(g)×3＝120です。いっぽう，右うでをかたむけるはたらきは，60(g)×2＝120です。かたむけるはたらきが左右同じなので，つり合います。
(2)左うでをかたむけるはたらきは，40(g)×2＝80，右うでをかたむけるはたらきは，20(g)×5＝100になります。
(3)左うでをかたむけるはたらきは30(g)×4＝120なので，右うでの3番に4個つるすと，40(g)×3＝120になり，つり合います。

❸ (1)左うでをかたむけるはたらきは10(g)×4＝40と，10(g)×3＝30をたし合わせた，40＋30＝70です。右うでをかたむけるはたらきは，30(g)×4＝120になります。
(2)左うでをかたむけるはたらきのほうが50小さいので，左うでの5番におもりを1個つるすと，左うでをかたむけるはたらきが50だけふえて，つり合います。

教科書のドリル 139ページ

❶ (1)○　(2)×　(3)○
(4)×　(5)○

❷ ア力点　イ作用点
ウ支点(してん)

❸ (1)A支点　B作用点
C力点　D作用点
E力点　F支点
(2)せんぬき…ア，エ
パンばさみ…イ，ウ

❹ (1)輪(りん)じく
(2)さおばかり

❶ (2)てこの支点は，まん中にくるとは限(かぎ)りません。
(4)ハンドルのような輪じくでは，力をかける点がじくから遠いほど，力点にくわえる力が小さくてすみます。

❷ 手で力をくわえるアの点が力点，力をはたらかせる(作用させる)イの点が作用点，てこをささえるウの点が支点です。

❸ (2)支点から作用点までのきょりよりも，支点から力点までのきょりが短いてこでは，作用点は大きく動くかわりに，作用点にあたえる力は小さくなります。逆(ぎゃく)に，支点から力点までのきょりが長いてこでは，作用点にあたえる力が大きくなるかわりに，作用点の動きは小さくなります。

❹ (1)じくに大きな輪(わ)をつけ，小さな力で回せるようにしたものを輪じくといいます。

テストに出る問題 140ページ

1 (1)ア作用点　イ力点
(2)①う　②あ　③う
(3)①作用点　②力点

2 ①イ　②ウ　③ア
④イ　⑤ア　⑥ウ

3 (1)①80g　②16g
(2)2番

1 (2)どの点を動かしても，支点(してん)から作用点までのきょりよりも，支点から力点までのきょりが長いほうが，力点にかける力は小さくてすみます。

2 ⑥左うでをかたむけるはたらきは，10(g)×3＝30と，30(g)×2＝60をたし合わせた，30＋60＝90です。

3 (1)②20(g)×4＝80になるように右のうでをおさえればよいので，80÷5＝16(g)。

4 (1)支点…㋑　力点…㋒
作用点…㋐
(2)ア

5 (1)輪じく　(2)エ

4 (2)アのように紙を支点の近くで切ると，支点と作用点のきょりが短くなるので，紙を楽に切ることができます。
5 操だ輪や自動車のハンドルを輪じくといい，じくから遠い部分に力をかけたほうが，かける力は小さくてすみます。

9 電気とその利用　本冊 149, 155～157 ページの答え

答え

教科書のドリル　149 ページ

❶ (1)強く
(2)逆向きに
(3)発電，発電所

❷ (1)豆電球…○
モーター…△
電子オルゴール…×
発光ダイオード…×
(2)逆向きに回る。

❸ (1)ア　(2)イ　(3)イ

教科書のドリル　155 ページ

❶ (1)音　(2)光
(3)熱，電熱線

❷ (1)○　(2)○　(3)×
(4)×　(5)×

❸ ラジオ…エ
電気ストーブ…ア
信号機…イ
せん風機…ウ

❹ (1)ウ　(2)はたらく

テストに出る問題　156 ページ

1 (1)ウ　(2)ア
(3)逆向き

2 (1)イ
(2)発光ダイオード
(3)①ア　②ウ

3 (1)ア，ウ　(2)ア
(3)ならない。

ここに気をつけよう

❶ (1)(2)手回し発電機では，ハンドルを速く回すと出てくる電流が強くなります。また，ハンドルを逆向きに回すと，出てくる電流も逆向きになります。
❷ 電流の向きが逆になると，発光ダイオードや電子オルゴールははたらきません。また，モーターは逆向きに回転します。
❸ (1)流す電流の向きが決まっているコンデンサーに，逆向きに電流を流すと事故や故障の原因になります。そのため，手回し発電機を回す向きにも注意しなければいけません。
(2)電気をためたコンデンサーから流れる電流の強さは，電流を流すとしだいに弱くなり，最後には流れなくなります。
(3)発電機をたくさん回すと，コンデンサーにたまる電気の量もふえます。そのため，豆電球のつく時間も長くなります。

❶ (1)(2)電気は，電子オルゴールやスピーカーを使うと音に，発光ダイオードや豆電球を使うと光に変えることができます。
(3)ニクロム線などの電熱線に電流を流すと，熱が出ます。
❷ (3)発光ダイオードのほうが使う電気が少ないので，発電機の手ごたえは小さくなります。
(4)電流の向きが逆になると，回転の向きも逆になります。
❸ 154ページの図で、それぞれの器具が何を利用しているかを覚えておきましょう。
❹ (1)光が光電池に直角に当たるようにすると，光電池はよくはたらきます。

1 発電機を回す向きを逆にすると，流れる電流も逆向きになりますが，豆電球は電流の向きにかかわらず光ります。
2 (1)コンデンサーには，電気をたくわえることができます。
(3)この実験では，光の強さをくらべることはできません。
3 (1)(2)光電池に光が正面から当たるようにすると，強い電流がとり出せます。また，鏡で反射させた光を光電池に当てるとき，たくさん重ねるほど光が強くなるので，電流は強くなります。